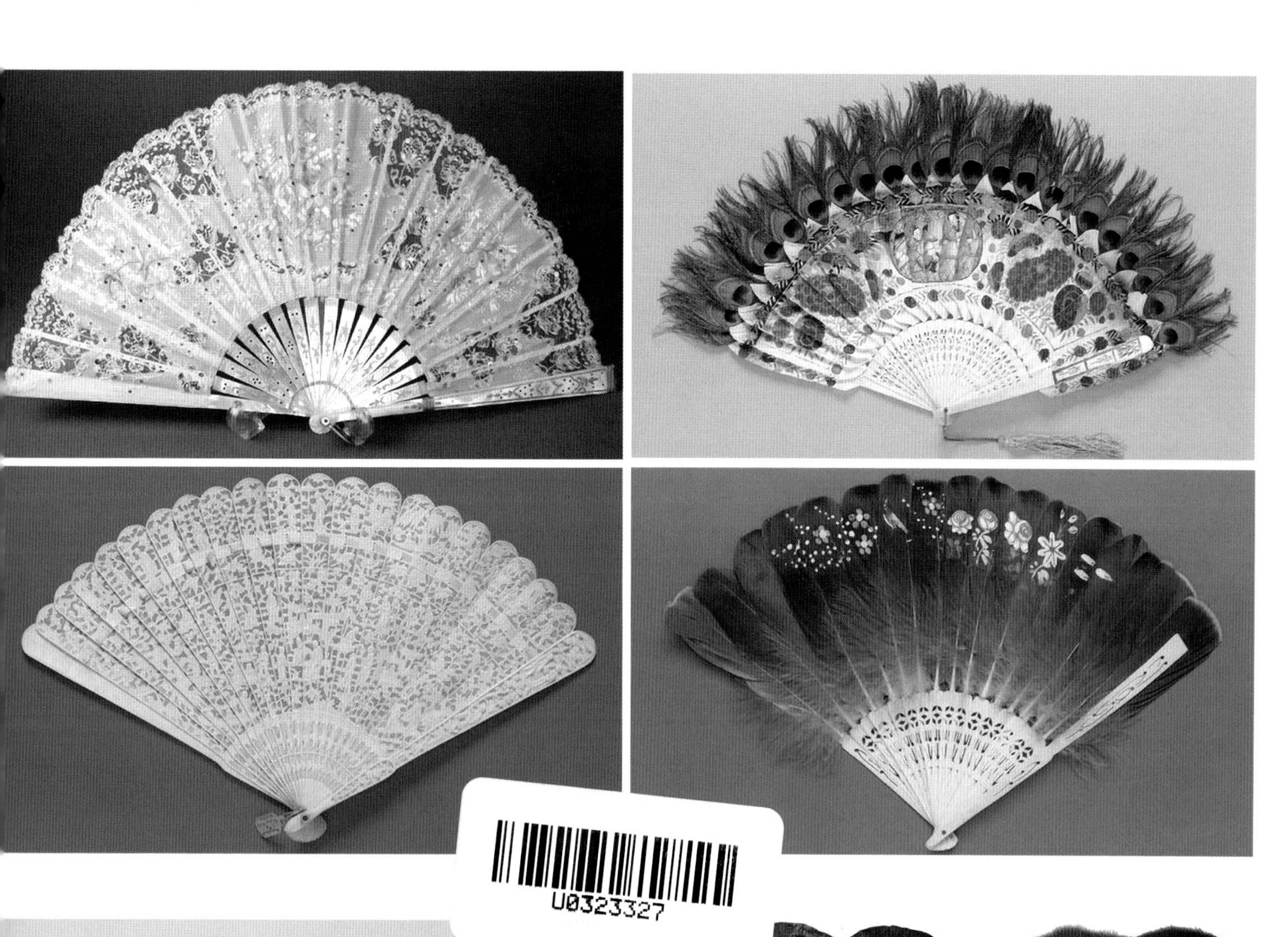

Arai
Arai

服装高等教育“十二五”部委级规划教材

服饰配件艺术

（第4版）

许　星　主编

中国纺织出版社

内 容 提 要

本书较为全面、系统地论述了服饰配件的艺术理论、设计原理及制作方法，主要包括中外服饰配件的产生与发展、服装发展历史中服饰配件的作用、服饰配件与服装的关系、服饰配件的造型风格和艺术特色、服饰配件的设计原理与制作技巧、现代著名的服饰配件品牌简介等内容。本书注重理论研究、设计创新与动手实践相结合，内容循序渐进，深入浅出，图文并茂。

本书可作为高等院校服装专业的教材，同时也为广大的服装设计专业人员和服装设计爱好者提供了一本既有理论依据又可动手制作的参考书籍。

图书在版编目（CIP）数据

服饰配件艺术/许星主编.—4版.—北京：中国纺织出版社，2015.5（2021.7重印）
服装高等教育"十二五"部委级规划教材
ISBN 978-7-5180-0732-5

I.①服… II.①许… III.①服饰—配件—高等学校—教材 IV.①TS941.3

中国版本图书馆CIP数据核字（2015）第039559号

策划编辑：金 昊　责任编辑：杨 勇　责任校对：寇晨晨
责任设计：何 建　责任印制：储志伟

中国纺织出版社出版发行
地址：北京市朝阳区百子湾东里A407号楼　邮政编码：100124
销售电话：010—67004422　传真：010—87155801
http://www.c-textilep.com
E-mail:faxing@c-textilep.com
中国纺织出版社天猫旗舰店
官方微博 http://weibo.com/2119887771
北京通天印刷有限责任公司印刷　各地新华书店经销
1999年3月第1版　2015年5月第4版　2021年7月第21次印刷
开本：889×1194　1/16　印张：16　插页：2
字数：260千字　定价：42.00元

本书编委组成

主　编：许　星　　苏州大学艺术学院

编　委：廖晨晨　　南京农业大学人文社会科学学院

王　欣　　苏州经贸职业技术学院艺术系

黄燕敏　　苏州大学艺术学院

张　茵　　苏州大学艺术学院

吴晓菁　　惠州学院服装系

张　露　　江南大学服装学院

胡　蕾　　浙江理工大学服装系

刘艺艺　　佛山大学艺术学院

张文辉　　武汉科技学院服装系

出版者的话

全面推进素质教育，着力培养基础扎实、知识面宽、能力强、素质高的人才，已成为当今教育的主题。教材建设作为教学的重要组成部分，如何适应新形势下我国教学改革要求，与时俱进，编写出高质量的教材，在人才培养中发挥作用，成为院校和出版人共同努力的目标。2011年4月，教育部颁发了教高［2011］5号文件《教育部关于“十二五”普通高等教育本科教材建设的若干意见》（以下简称《意见》），明确指出“十二五”普通高等教育本科教材建设，要以服务人才培养为目标，以提高教材质量为核心，以创新教材建设的体制机制为突破口，以实施教材精品战略、加强教材分类指导、完善教材评价选用制度为着力点，坚持育人为本，充分发挥教材在提高人才培养质量中的基础性作用。《意见》同时指明了“十二五”普通高等教育本科教材建设的四项基本原则，即要以国家、省（区、市）、高等学校三级教材建设为基础，全面推进，提升教材整体质量，同时重点建设主干基础课程教材、专业核心课程教材，加强实验实践类教材建设，推进数字化教材建设；要实行教材编写主编负责制，出版发行单位出版社负责制，主编和其他编者所在单位及出版社上级主管部门承担监督检查责任，确保教材质量；要鼓励编写及时反映人才培养模式和教学改革最新趋势的教材，注重教材内容在传授知识的同时，传授获取知识和创造知识的方法；要根据各类普通高等学校需要，注重满足多样化人才培养需求，教材特色鲜明、品种丰富。避免相同品种且特色不突出的教材重复建设。

随着《意见》出台，教育部于2012年11月21日正式下发了《教育部关于印发第一批“十二五”普通高等教育本科国家级规划教材书目的通知》，确定了1102种规划教材书目。我社共有16种教材被纳入首批“十二五”普通高等教育本科国家级教材规划，其中包括了纺织工程教材7种、轻化工程教材2种、服装设计与工程教材7种。为在“十二五”期间切实做好教材出版工作，我社主动进行了教材创新型模式的深入策划，力求使教材出版与教学改革和课程建设发展相适应，充分体现教材的适用性、科学性、系统性和新颖性，使教材内容具有以下几个特点：

（1）坚持一个目标——服务人才培养。“十二五”普通高等教育本科教材建设，要坚持育人为本，充分发挥教材在提高人才培养质量中的基础性作用，充分体现我国改革开放30多年来经济、政治、文化、社会、科技等方面取得的成就，适应不同类型高等学校需要和不同教学对象需要，编写推介一大批符合教育规律和人才成长规律的具有科学性、先进性、适用性的优秀教材，进一步完善具有中国特色的普通高等教育本科教材体系。

（2）围绕一个核心——提高教材质量。根据教育规律和课程设置特点，从提高学生分析问题、解决问题的能力入手，教材附有课程设置指导，并于章首介绍本章知识点、重点、难点及专业技能，增加相关学科的最新研究理论、研究热点或历史背景，章后附形式多样的习题等，提高教材的可读性，增加学生学习兴趣和自学能力，提升学生科技素养和人文素养。

（3）突出一个环节——内容实践环节。教材出版突出应用性学科的特点，注重理论与生产实践的结合，有针对性地设置教材内容，增加实践、实验内容。

（4）实现一个立体——多元化教材建设。鼓励编写、出版适应不同类型高等学校教学需要的不同风格和特色教材；积极推进高等学校与行业合作编写实践教材；鼓励编写、出版不同载体和不同形式的教材，包括纸质教材和数字化教材，授课型教材和辅助型教材；鼓励开发中外文双语教材、汉语与少数民族语言双语教材；探索与国外或境外合作编写或改编优秀教材。

教材出版是教育发展中的重要组成部分，为出版高质量的教材，出版社严格甄选作者，组织专家评审，并对出版全过程进行过程跟踪，及时了解教材编写进度、编写质量，力求做到作者权威，编辑专业，审读严格，精品出版。我们愿与院校一起，共同探讨、完善教材出版，不断推出精品教材，以适应我国高等教育的发展要求。

中国纺织出版社

教材出版中心

前言

在灿烂的人类文明发展史中，服装及配件所起到的作用是至关重要、不容忽视的。从原始人用最简陋的工具将石块和贝壳打磨成一定的形状，并钻上孔，再将其精心排列、用野兽皮条或植物纤维穿起来佩戴在身上开始，人类的原始审美观和装饰观就已经初步形成了。

随着时间的推移和历史的变迁，服饰配件一直伴随着人类文明的进步而发展，它不但真实地记录了不同时代、不同地区和不同民族人们的审美喜好与工艺水平，同时也反映了一定的民族习俗和文化内涵。在封建社会中，服饰配件常被统治阶级作为“辨尊卑，别贵贱”的标志，借以区别等级和地位；而在民间，则多被百姓用作祈福、避邪、追求平安的精神寄托。

在现今社会，服饰配件已成为广大民众修饰、美化自身不可或缺的装饰品，起着塑造人的整体形象、烘托个性和气质的作用。为了能够更好地展现自己，人们除了通过穿着服装来美化自己外，还想方设法用饰物和化妆来装扮自己，使自己的外观和精神面貌更加完美地显现出来。

服饰配件与服装的关系十分密切，因此有经验的服装设计师往往会统一考虑,对其进行配套设计。所谓服与饰的配套设计，是指服装与饰物的整体系列设计，也就是说在设计服装的同时，还要设计与其相配套的巾、帽、领带、手套、鞋袜、皮带、包袋、首饰、香水等装饰、化妆品。现代饰物还包括时尚手表、笔、打火机、眼镜等。有时根据人们的需要，化妆和发型也在设计之列。配套设计的目的在于展现人们整体完美的形象。但这种设计并不是将各种服装和饰物盲目地进行堆砌，而是根据不同对象的具体状况有针对性地进行装饰，使服与饰恰到好处地体现出艺术的完美，这种设计理念已在国际上许多成功的服装设计师那里得到了印证。

我们所熟悉的许多国际知名服装品牌都呈现出这个特征。如经典的意大利服装品牌古驰（Gucci），每次推出的服装都尽显豪华性感和新颖美观，头饰、箱包和带扣等饰品的搭配也不同凡响，每一组服装及饰物上都印有同类型的花纹或字样，以表现不同系列独特的艺术风格和文化品位。

现代人对服饰的要求越来越高，对服与饰的搭配也更讲究。设计师可以为同一服装设计多系列饰品，而饰品同时又可以单独出售。如套装裙可有五六个搭配方案，灵活变化，供购买者选择。化妆品中的口红、香水等可有针对性地搭配某一服装款式，也可以相应地配套于多个款式。系列饰品可分可合，给消费者一个完全自由的选择搭配空间。

本人长期从事服装及服饰配件方面的教学和研究工作，多年来搜集、整理了大量有关的资料，于1999年撰写出版了《服饰配件艺术》一书。短短几年中，该书已经重印了四次，被国内众多服装院校用作专业教材或参考书，受到读者的广泛欢迎。2003年，经纺织总会教材专业委员会建议，《服饰配件艺术》被列入“十五”部委级规划教材，在修订的基础上于次年出版。2006年，该书被中国纺织总会评为部委级“十五”规划优秀教材。2007年，该书又被定为国家级“十一五”规划教材。2010年，《服饰配件艺术》（第3版）被评为“纺织服装教育部委级优秀教材”，2011年被评为“江苏省高等学校精品教材”。

为此,本着与时俱进的原则,在第4版中，我对书稿又进行了认真的修订，在原有的内容基础上删减和修改，一些部分增加了新的内容,更新了大量的图片。我邀请了兄弟院校几位有丰富教学经验的老师参与此项工作。其中，南京农业大学的廖晨晨、苏州经贸职业技术学院的王欣进行了文字、图片和专业术语中英文对照的修订、增补等工作；苏州大学艺术学院的张茵撰写和修改了本书的附录1“著名服饰配件品牌介绍”，并搜集整理了相关的图片资料；苏州大学艺术学院的黄燕敏补充了包袋设计方面的内容；惠州学院服装系的吴晓菁修改和补充了部分设计作品；武汉科技学院服装系的张文辉撰写了第四章“手工编结饰品设计”的部分内容。另外，浙江理工大学服装系的胡蕾、江南大学服装学院的张露和佛山大学艺术学院的刘艺艺等也都根据多年的教学实践经验提出了各个章的知识点、思考题和练习题。本书还选用了苏州大学、江南大学、广东惠州学院和苏州经贸职业技术学院部分学生的作业。另外，在本书的撰写、修订过程中，从编写提纲、细节到插图设计都得到了苏州工艺美术职业技术学院廖军老师的支持和帮助。在此向所有参与本书工作的老师一并表示感谢。

在此书的编写过程中，我深感服饰文化犹如浩瀚之海洋，博大而精深。相对而言，个人的学识显得十分有限。因此，书中的疏漏和不足一定在所难免，所以恳请专家同仁不吝赐教。

许　星

2014年8月于苏州大学艺术学院

教学内容及课时安排

章/课时	课程性质/课时	节	课程内容
第一章 （4课时）	基础理论与研究 （10课时）		**·概论**
		一	服饰配件的特性
		二	服饰配件的产生与文化内涵
		三	服饰配件的发展趋势
第二章 （6课时）			**·服饰配件设计的造型规律**
		一	服饰配件设计的基本要素
		二	服饰配件的设计构思
		三	服饰配件设计的构成规律
第三章 （12课时）	基础训练与实践 （70课时）		**·首饰设计**
		一	首饰概述
		二	首饰的分类
		三	首饰的材料
		四	首饰 的基本工艺
		五	首饰设计与造型规律
第四章 （12课时）			**·手工编结饰品设计**
		一	手工编结艺术概述
		二	编结材料的属性
		三	传统编结技法
第五章 （12课时）			**·包袋设计**
		一	包袋概述
		二	包袋的种类
		三	包袋的设计及制作
第六章 （12课时）			**·帽型设计**
		一	帽的历史沿革
		二	帽的类别及特点
		三	帽的设计与工艺制作
第七章 （10课时）			**·腰带设计**
		一	腰带的历史沿革
		二	腰带的分类与设计
第八章 （4课时）			**·鞋、袜、手套**
		一	鞋、靴
		二	袜
		三	手套
第九章 （4课时）			**·刺绣**
		一	刺绣的源流与发展
		二	中国四大名绣的特点
		三	刺绣工艺
第十章 （4课时）			**·其他配饰**
		一	花饰
		二	领带、领结、围巾
		三	扇
		四	眼镜

目录

基础理论与研究——

概论

课题名称： 概论

课题内容： 服饰配件的特性

服饰配件的产生和文化内涵

服饰配件的发展趋势

课题时间： 4课时

训练目的： 通过对服饰配件的特性、历史以及文化内涵的介绍，让学生了解学习服饰配件的必要性，初步掌握服饰配件的基础知识，为接下来的学习做好准备。

教学要求： 1. 让学生了解服饰配件的特性。

2. 让学生了解服饰配件的产生与沿革。

3. 让学生了解服饰配件在不同文化背景下的不同内涵。

4. 通过以上内容的学习，让学生掌握服饰配件演变规律并且使之了解服饰配件设计的现状以及对于未来设计趋势的展望。

课前准备： 1. 预习本章节的内容，查看有关的服饰史书籍。

2. 收集与课程内容相关的服饰配件历史图片。

第一章 概论

衣着服饰是人类重要的生活必需品之一，在服饰发展的漫长历程中，配件所起到的作用是不容置疑的。服饰配件也称服饰品、装饰物、配饰物，是指与服装相关的装饰物。服装与装饰物是两个不同的概念，但又是相互联系、不可分割的整体。“服装”包含了衣服与穿着的含义，“装饰物”包含了饰品与装饰的意思，它们之间相互关联，相辅相成，形成了人们完整的着装视觉形象。

服饰配件不是孤立存在的，不可避免地要受到社会环境、习俗、风格、审美等诸多因素的影响，经过不断的演进和完善，才形成了今天丰富的种类和样式。如精美华贵的首饰、夸张亮丽的礼帽、典雅大方的包袋、时髦别致的鞋靴以及形形色色的手套、扇子、花饰、领带和眼镜等，它们的造型、材料、色彩、图案等，都是随着社会的发展而逐步形成并演进的，深深烙下了时代、地域、民族风情及政治、宗教、经济、文化等多方面的印记。正是这些不可缺少的条件，构成了服饰文化体系中服饰配件这一重要的组成部分。

装饰物的起源较早，从考古学家和人类学家的研究成果中我们可以看到，有一些装饰物在数十万年前的旧石器时代就已出现，早于服装的出现。装饰物出现的原始动机是多方面的，诸如原始巫术说、护体说、实用说、遮羞说、荣誉说、装饰说等。从装饰物所表现出的外观形态及装饰形式上看，实际的需要或对巫术神灵的信仰可能会导致某种装饰物的出现，而客观美感的存在及其对人们的感染力又导致了装饰物的发展，使装饰物的种类越来越丰富，样式也越来越美观。

服饰配件在服装的穿着中起着重要的作用，适当合理的装饰能使人的外观视觉形象更为整体，装饰物的造型、色彩以及装饰形式可以弥补某些服装的不足。服饰配件独特的艺术语言，能够满足人们不同的心理需求。在人类文明发展不断进步的今天，服装配件在服装领域中仍是不可缺少的，已成为人类群体中十分重要的文化成分之一。在许多场合，人们所追求的精神与外表上的完美，是借助服饰配件得以完成的。例如，每个人都可以按照自己的兴趣爱好来修饰装扮自己，在不同的环境场合中，选用合适的装饰物能起到很好的修饰点缀作用。

服饰配件的审美包含了设计艺术与穿着佩戴艺术两方面的内容。我们在学习服饰配件的过程中，应掌握服饰配件方面的丰富知识，如了解不同时期、不同风格以及各个不同品种的服饰配件的特征；了解服饰配件的造型、材料以及工艺制作流程；了解服饰配件与服装之间的关系及如何进行佩戴的知识，并逐步培养和提高我们的艺术素养、审美能力和创新思维。同时，应拓展思维、掌握设计规律，勤于动脑、善于动手，以使我们能够在今后的服装设计和服饰配件设计中得心应手地进行创作，为社会提供更多的优秀作品。

第一节 服饰配件的特性

世界上几乎各个国家和民族的历史都有关于服饰配件的记

载，其装饰形式及装饰行为与各地区的生活环境、生活习俗息息相关。人们的观念和技术的积累也导致了服饰配件的发展。首饰的应用、腰带的式样、背包的功能、鞋靴的变化等都有其历史文化背景和特定的内涵，人类世代相传的习俗形成了服饰配件的特有含义，具有区域特征和传统形式。

如果将各时代、各民族的服饰配件作一比较分析，就可以清楚地看到，服饰配件有诸多特性，如从属性与整体性、社会性与民族性、审美性与象征性等。由于这些特性，决定了服饰配件在服饰艺术中的地位及其完整的概念。围绕着这个概念而引发出的各种现象，自然会令我们去思考、去追究，弄清它的来龙去脉，弄清它的内涵及意义。

一、从属性与整体性

从服饰配件中的“配”字中可以看出，它在服装体系中所属的地位具有从属的特征。一个人的仪表要通过内在因素和外在条件两个方面体现出来。内在因素包括个人气质、文化修养、道德标准等，而外在条件则是通过服装、饰物、发型、化妆等方面体现出来，两者有机结合、统一，才能更加完美。在一般情况下，人们穿衣服除了有御寒保暖等实用作用外，还可以烘托人的气质、个性，使人的整体形象更加美好，因而衣服应具有主导地位。相对于衣服本身而言，配件、化妆、发型等都要围绕衣服来考虑，通过配件、化妆、发型突出服装这个主体，从而进一步突出穿着者的整体形象，由此体现着装者和设计师的审美水平和艺术品位。

然而，在某些特定的场合中，为了突出装饰物，设计师也可能将服装与配件的关系倒置，从而产生意想不到的特殊效果。例如在首饰发布会上，模特身着款式简洁、色调素雅的服装，但佩戴着华丽的首饰，珠光宝气，光彩迷人，突出了珠宝首饰的特点，达到了宣传的目的。有的少数民族地区或原始部落，由于受民族文化和习俗的影响，服饰装扮特别丰富，首饰、鞋帽等配件都非常有特色，有的甚至比服装本身还要耀眼。如我国苗族的银饰（图1-1）、藏族等民族的装饰物、澳洲有些部落的贝饰和鸵鸟毛的头饰等，它们的外观都远远超出了服装本身给予人们的印象，展示出神秘古朴的原始风情。

整体性也是服饰配件的基本特征之一。服饰配件的每一个类别既可以单独的形式存在，又可融入着装的整体之中。如从材料、款式、色彩、工艺以及服饰配件的种类等方面看，每一个配件的类别都有着自己独特的要求，它们之间也有着本质的区别。但是从服饰的装饰效果看，它们之间又有着必然的联系。无论是首饰、包袋还是鞋帽，每一个局部如果配合不当都会引起整体上的不协调。从美学的角度来分析，服饰作品的完成过程实际上是一种艺术综合过程，在此过程中，许多独立的服饰配件种类被设计师有机地结合起来，形成一个崭新的、完整的视觉形象。

服饰配件的艺术组合有两种形式，一是由独立的饰品组合成一个品种的整体系列，如耳环、项链、戒指、胸针、发簪等组合为首饰整体系列；书包、沙滩包、宴会包、公文包等组合为包袋的整体系列；皮靴、皮鞋、凉鞋、布鞋等组合为鞋靴系列等。

图1-1　苗族的银饰

其中还可以分为更小单元的系列组合，如同类型的戒指系列、沙滩包系列、皮靴系列等，在小范围的独立饰品中组合成小型的整体系列。另一种形式是由不同的、独立的品种组合成一个完整的服饰形象系列，如将衣服、首饰、帽、鞋、手套、腰带、伞等不同元素按照设计师的创意综合于服装设计中，所展示出来的作品应该是整体而完美的，虽然每件装饰物各自具有独立的特点，但将其有机地结合在一起，可达到多样装饰物间和谐、统一的艺术效果。如果在设计中，将服装与配件分别考虑，将其整体构思与独立的特点割裂开来，则必然会削弱服饰整体形象的表现力。

由于环境、时代、文化等方面的差异，人们对服饰的装扮有不同的要求，服装与饰物之间的隶属关系也根据具体的因素而变化。在现代日常生活中，人们的着装准则依赖于当今的环境、文化、审美和潮流，人们对着装的要求体现在美观、舒适、卫生、时尚、个性和整体协调等方面，以服装为主体，鞋帽、首饰等服饰物都要围绕服装的特点来搭配，从款式、色调、装饰上形成一个完整的服饰系列，与着装者形成完美的统一。

二、社会性与民族性

服饰配件的发展体现出社会性与民族性。从纵向看，不同时期的文化、科技、工艺水平、政治、宗教及各方面对服饰配件产生了深刻的影响，这种影响必然反映出艺术性、审美性、工艺性、装饰性等方面的变化；从横向看，不同的民族风情、民族习俗、地域环境、气候条件等因素，使不同民族、不同地域的服饰配件具有各不相同的形式和内容。

社会变化的因素对服饰配件的影响很大，有时甚至对饰物的发展变革起决定性的作用。如在我国历史发展进程中，珠宝饰物及其他佩饰都被赋予了一定的政治含义，成为当时社会地位或身份的象征，社会对于珠宝的佩戴、配饰的穿用都有严格的等级区分，不仅普通百姓受到限制，就连朝廷命官也受到严格的制约。

社会的重大变革往往引起生活习俗的变化，也会影响服饰配件的发展和变化。例如，辛亥革命推翻了大清王朝，使体现封建等级的官爵命服、顶戴花翎与朝珠一律废除，珠宝佩饰也失去了等级的意义。人们的鞋帽服装逐渐演变得更为简练、实用、舒适，人人平等，均可穿用。又如，第一次世界大战的爆发，使欧洲处于残酷的枪林弹雨之中，人们生活在悲哀紧张的环境中，无心顾及时髦的衣服和精美的佩饰，实用、牢固、使用方便才是当时人们的需求，那些奢侈的珠宝首饰被人们无奈地舍去，而一些简单、体积小的项链、宝石等饰品被作为护身符或避邪物随身佩戴，带有保佑平安或纪念亲人的含义。

社会经济的发展、工艺技术的提高，也能给服饰配件带来新的转机和变化。如金属冶炼技术的发明和进步，使金属首饰的发展从无到有，愈加完善；纺织面料的出现使包袋、鞋帽等由皮革制品或单一的编结制品发展为多面料、多品种、多功能的形式。因此，服饰配件的发展和变化，与社会的进步是分不开的。

民族习俗代代相传，经过漫长的时期而形成，因此变化缓慢，也不会轻易改变。服饰品在许多民族中是非常重要的装饰形式，每种饰物的形成都包含了本民族特定的风俗，从饰品的外形、选材、图案、色彩等方面都体现出各自的风俗习惯及特点。如我国土族妇女非常注重头饰，不同地区的土族头饰的样式和名称都不相同。土族把头饰称为“扭达”，根据不同的地区，分为“吐浑扭达”、“适格扭达”、“雪古郎扭达”等。我国苗族也是极为重视头饰的民族，头饰以银制品为主，造型别致丰富，银白亮丽，显得雄浑壮观。大洋洲巴布亚新几内亚土著人的头饰，用大块的动物毛皮围裹在头上，再装饰上红黄色羽毛（图

1-2），除表示其部落图腾的含义外，还表明佩戴该头饰的男孩已步入成年。同样都是头饰，但所用的材质、造型、色彩、装饰手法、装饰形式及所体现出来的含义的差别，最终取决于各自的民族习俗、地理环境及其他因素。

图1-2 巴布亚新几内亚土著人的头饰

三、审美性与象征性

服饰配件的形成和发展，是在人与自然的交融中逐渐发展与成熟的。随着人类各方面能力的不断提高，所使用的各种器物包括服装与饰物都被发明、创造出来并作不断的功能改进（图1-3）。同时，在实际应用的基础上，人们更注重审美追求，在造型、色彩、纹样等方面不断完善，使服饰配件日趋完美。如我国新石器晚期的龙山文化遗址出土了簪发玉笄，笄上镂刻有精美的饕餮和鸟首等装饰纹样（图1-4）。汉代妇女常用的步摇簪珥，造型别致精巧，步摇以金银为首、以桂枝相缠，下垂以珠，用各种兽禽形象以点翠作为花胜，将其插于发髻之上，步则动摇。簪的造型美观夸张，簪长一尺有余，一端饰以花胜，加上以翡翠点于羽毛、嘴衔白珠的凤鸟。簪在汉代被普遍使用，既有固定发髻的作用，又可作为装饰。另外，横插于发髻上的镊、花枝状的花胜、象骨制的鸥等装饰物，都是非常美观的头饰。

(a)山东大汶口出土的镂空璇纹梳

(b)战国时期的玉梳

图1-3 早期的梳子

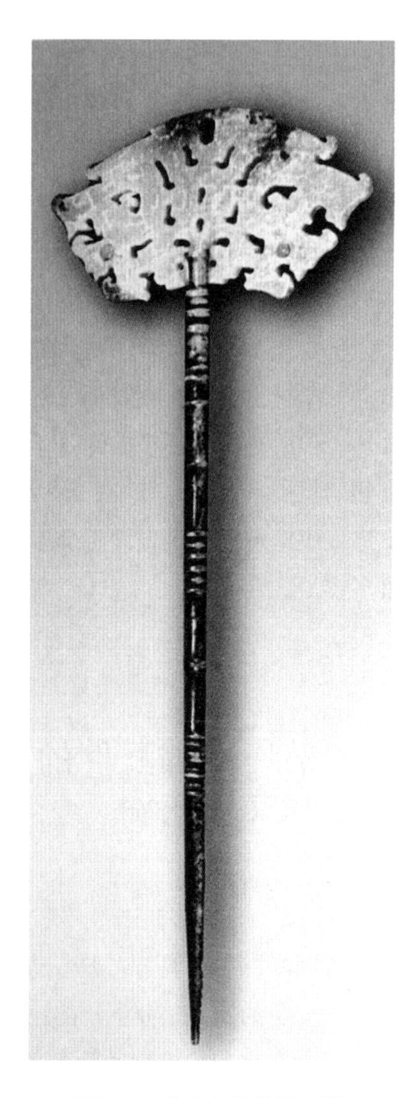

图1-4 龙山文化簪发玉笄

服饰配件的审美性往往与象征性密切联系，自社会开始有阶级分化，等级制度逐步形成后，等级差别也必然反映到服饰配件中。如冕服制确立了上下尊卑的区分，按贵贱尊卑各服其装，不可越礼。单从冠帽上看，帝王冠冕堂皇，百官职位的高低以冠梁数的多少及色彩、饰物的不同来区分，平民百姓只能戴巾、帻等，人们从服装穿戴中能够清楚彼此的身份地位。同时，人们还通过服饰配件表达富有和奢华，不惜花费大量的金银珠宝进行装饰以满足心理上的追求。在这一点上，纺织工匠和金银首饰工匠做出了不朽的贡献。他们生产出各种纺织面料，在服装上镶嵌各类晶莹的珍珠宝石。贵妇们为了炫耀富有的程度，穿着华丽的服饰，从头至脚都佩戴着饰物，如装点着珍贵的宝石，镶着珍珠的耳环、项链等，无形中也促进了饰物的发展。因此，在漫长的历史进程中，装饰物的发展越加丰富多样，美观华丽。

第二节　服饰配件的产生和文化内涵

服饰配件的起源与人类劳动生活和文明的发展是分不开的，它反映出文化艺术与社会经济、精神生活之间密切的关系。我们研究服饰配件的起源应与研究服装的起源联系起来，它们是同一体系中的两个分支。

一切事物的起源，都要受到历史背景的制约，如果脱离了这个条件，我们也就无法理解事物产生的特性，无法揭示事物所呈现出的心理因素与文化因素之间的关系。对于服饰配件的起源，也应依照有关的历史背景与文化背景来考虑，从人类赖以生存的环境对服饰配件产生所起到的作用以及服饰配件产生的各种动机和目的等方面加以探讨与追寻。

服饰配件的起源，是民族文化、艺术起源的一部分。人们在探究服饰起源时，总是想弄清原始人类穿着服装、佩戴饰物究竟出于何种动机和目的。人们从审美、文化人类学、艺术史等角度去探讨，通过心理学、行为学、社会学等多学科的综合研究，逐步揭示了服饰起源的内在含义。这种多学科的探索说明，服饰的起源和发展是由错综复杂的因素共同孕育而成的，也是与服装的产生和发展同步进行的。

一、护身与装饰

服装与装饰物的出现，离不开实用目的，护身、御寒、防晒、防虫是最基本的功能。腰带用于绑扎衣服、悬挂战利品；帽子用来御寒、防晒；鞋子用作护足与保暖等。日常生活中逐渐形成了固定的服饰物，同时还包含了装饰的意义。

人类最显著的特征之一，是对美和装饰的普遍追求。在原始的穿着习惯中，装饰物多于衣物的现象很普遍，人们佩戴饰物的重点在头、颈、臂、腕、腹与腿足部。德国学者格罗塞认为，原始部落的人“不但很热心地搜集一切他认为可以做装饰品的东西，他还很耐心、很仔细地创制他的项链、手镯及其他的饰物……他们实在是将他们所能收集的一切饰物都戴在身上，也是把身上可以戴装饰的部分都戴起装饰来的”。自然界的花草、贝壳、石头等物本来就有其美的一面，原始人类善于利用自然物来装饰美化自己，如将不同色彩的贝壳按一定规律间隔排列，将处理过的纤维制成绳索编结起来，把兽皮按人体结构裁剪制作成鞋帽等，这些装饰物在实用的基础上都尽可能美观、漂亮。最常见的颈饰，层次多、夸张、引人注目，而头饰、腕饰也同样丰富。有的原始部族所欣赏的美，在我们今天看来是不可思议的，因为美感的实施建立在忍受痛苦磨难之上。如有的部落在小孩七八岁时开始在其下唇和耳轮上穿孔栓塞，随着年龄的增大逐步更换大一些的栓塞，直到定型为止，形成一种永久性的装饰。据说，这个部族的人如果外出时没有饰栓塞，则在族人面前会觉得难堪。各种形式的原始装饰审美性有其特别的含义，自身的美化可以引起人们的注意、吸引异性或是满足自己的美感要求以及维系在同伴中的地位和关系。在原始的礼仪活动、庆典活动或宗教活动中，人们的服饰装扮更为突出，装饰的形式也比日常生活中更加夸张（图1–5）。

有一些原始民族，由于气候炎热，他们并不穿着衣服，但其装饰物却特别的丰富，如美丽的羽毛、艳丽的花卉、奇异的贝壳、毛茸茸的动物尾巴等特别的东西都被用来作为装饰物。有的原始民族身体装饰的程度远远超过了衣服本身，如他们用贝壳、赤珊瑚、乌龟骨等物装饰在绳带之上，将绳带绕在背上作为饰物，也有的在帽子边缘饰以鹦鹉毛制成的扇状装饰。头部和颈部是他们装饰最丰富的部位，美丽、奇特的原始装饰物给头部和颈部增添了特殊的美感（图1–6）。

图1–5　埃塞俄比亚穆尔西部落妇女的唇盘

二、图腾崇拜与部落标志

图1–6　原始民族的身体装饰

图腾由北美奥日贝人的土语“Totem”、“Dodaim”转化而来，意为“彼之血族”、“种族”等，其特征和形态各不相同。如某个原始民族或部落，以某种动植物为名称，相信其与之有血缘关系，遂拜为祖先。对于这种祖先之图腾，人们认为其能够保佑部落成员安全，具有神秘的力量，因此部落中所有成员都必须加以崇敬。在这个部落，从身体装饰、日常用具、墓地等方面，都要采取同一的图腾装饰，以区别不同部落或集团。图腾的装饰形式多样，服饰配件作为图腾标志只是其多种形式之一。在原始社会这是一种极为普遍的装饰现象，甚至在当今世界上许多遗存的原始部落中还可见到端倪。

象征图腾崇拜、部落标志的服饰配件，主要有颈饰、头饰、腕饰等。所取材料以图腾的不同而各异，各种图腾形象——即动物、花草和自然形象都被应用在原始装饰上。装饰物则能够直观地给人以视觉效果，如有的狩猎民族直接把图腾动物的皮毛披绑在身上，头悬于胸前、尾垂于后，象征着部落的祖先或图腾形象。

原始部落比较封闭、流动性小，但他们仍有许多与其他部落交往的机会，因此有自己部落特定的标记是很有必要的。很多原始部族是通过文身、佩戴装饰物加以区分。他们装饰的标记丰富

(a)非洲某部落头盔标志　　(b)非洲某部落面具标志

图1–7　非洲某部落标志

奇特，区别也非常明显，使人一看便知是哪个民族或部落。如有的原始部落以鼻栓作为标记，有的则以发饰、胡须的装饰来表示，或在饰物上雕刻出来，或用刺绣方法表现，或绘制在兽皮、纺织品上，或用绳线编结出来，从服饰到日常用品，处处可见这种现象，标志的作用被反复体现出来（图1–7）。

原始人类所处的环境艰难险恶，人们无法解释自然界中出现的各种现象，也无法抵御突如其来的生死病变。当他们面对茫茫天地束手无策时，一些现象或物体反复地出现并且显现出突出的特征，给他们以强烈印象，使原始人产生一种充满力量的意象。他们相信万物有灵，灵性充满人类整个环境和所有事物。某物的灵性能够赐给他们超自然的力量，去征服那些“不可战胜”的现象。由此而产生的形形色色的生灵、神灵、精灵等统治了原始人的精神世界，再由物质形象体现出来。服饰配件是体现原始宗教观念的一个组成部分。世界上许多民族都具有丰富的装饰物，而原始民族的装饰物，除美观之外多带有特定的宗教含义，如护身、避邪、除魔、驱鬼、符咒等。人们利用自然材料加工，把羽毛、石头、动物的骨、齿、贝壳等物制成项圈、鼻针、耳环、面具等物，悬挂于身。尤其是颈部“相接于头部与躯干，原始人视为性命关键之所在，故必在其上套以咒物，行超自然力的（互拒魔术）而保护之”。有许多原始部落尽管在热带强烈的阳光照射下，但他们却并不需要依靠戴帽子来遮挡阳光，帽子在那里显示出的宗教意义远比实用意义要大得多。帽子或是当男子成人之时才可佩戴，或是部落首领才有资格佩戴，它带有“巫术性”的神秘特征。

三、勇士与权力的象征

原始民族大都以平和、友善、共同生活为特征。他们将捕获来的猎物大家一起分享，按照不同的等级地位进行分配。在装饰形式上也有着其特殊的意义。原始民族的天敌之一是猛兽，但是当勇敢的捕猎者制服了这些猛兽后，将猛兽的齿、角、蹄、尾等部位串饰起来佩戴于身，起到了美化自身、展示勇猛的标志性作用。

装饰物在原始时期还可作为权力的象征。部族的首领所佩戴的饰物都有一定的样式和形制。通过服装、装饰物和装饰方法来体现尊卑等级，这种形式和观念一直延续下来，甚至如今在一些民族和地区还能寻到它的踪影。原始部落的首领一般都是德高望重、有勇有谋的人士，他们的装束大都更为丰富、夸张，以便与部落其他成员有所区别。这与后世皇帝佩戴皇冠、着龙袍而百姓只能戴便帽、着素装是一致的。

以上所述服饰配件的诸多内涵，不是单独、孤立地存在的，往往是多种因素并存。它离不开时代、环境以及人们的行为观念等各种因素的影响。在一种佩戴方式或表现形式当中，或许是审美、实用、宗教等因素同时体现出来，只是其中某种因素可能更为明显、突出。

第三节　服饰配件的发展趋势

每个时期的服饰配件都与社会的工业生产方式、社会政治因素等条件紧密相关。服饰配件也随着服装新的设计观念、新的风格、流行思潮以及层出不穷的新材料、新工艺而产生新的变化。如随着新型材料莱卡（LYCRA）的出现而使裤装或袜子更加合体、富有弹性；新型合金首饰以价格低、款式多的特点受到众多人的喜爱。现代服饰配件从设计、制作、生产、佩戴都形成了专门的体系，更讲究实用性和装饰性的完美结合，并注重配饰与肌肤的触感、透气性能、健康性能、装饰的合理性以及视觉上的独特感。

现代服饰配件设计早已跨越了民族与国家的界限，超越了以往狭义的设计范畴。各种与人们日常生活息息相关的精神、文化、经济等因素，都被充实到设计当中。人们追求生活的富裕美满、心理上的丰硕感和满足感，新的设计思维方式给现代服饰配件的发展增添了新的气息和魅力。

现代生活方式包括经济实力、心理状况、社会因素及个人的精神等各方面的条件，它决定了人们的审美观和心理需求，对服饰配件设计提出了多方面的要求。因此，我们应从这个角度来分析21世纪服饰配件的发展趋势。

一、中西合璧与民族交融

中国是一个文明古国，又是一个各方面正在与世界接轨的发展中国家，文化艺术正处于传统与现代交织、东西方融会的新时期。服饰配件也和其他艺术种类一样，正向着新的目标迈进。优秀的传统精华与现代艺术的结合，本民族艺术与外来艺术的融合以及人们对生活的更高要求，都使得服饰配件不断以新的面貌出现。中国人对西方文化艺术的借鉴运用，使许多服饰配件富有迷人的欧美情调；而西方人对东方传统文化的向往，又使他们的服饰装扮富有浓浓的东方韵味。他们各自从对方优秀的传统风格中发掘出灵感，将其与自己的民族特征相融，加以提炼和创新，设计出的作品具有更新的形式、更深一层的意义，而不是仅仅停留在模仿借鉴上。因此，我们可以从服饰配件的作品当中品味出中西合璧的意念及中西艺术相异的内涵。

20世纪90年代以后，国际首饰设计强调创意和个性化的风格。各国都立足本国、本民族的风情及文化特征，竭力去发掘其他民族文化的精华而激发出创作灵感，在东西方具有差异的文化艺术内涵方面互为补充。如西方浪漫而富有光彩的钻饰与东方细腻、精致、含蓄的饰物尽善尽美的组合，使得现代首饰更加华美多彩。

21世纪，各国各民族之间文化的交往进一步加强。我国丰富多彩的服饰配件以其柔婉含蓄的内在精神，被世界服饰艺术界所接受；西方服饰艺术中的精华之作，也会不断地影响着我们古老的中华文化。因此，中西合璧的风格本身既反映出人们共同追求的目标，又反映出强烈的时代感（图1–8）。

文化的民族共融现象已扩散到世界各地，在我们周围随时可以找到其他民族、文化带来的异国影响。在我们的服饰配件中尤其能感觉到不同民族风格带来的特性与趣味。

世界大家庭包容了数百个不同的民族以及他们各自的文化、

图1-8　中西合璧风格的首饰

图1-9　原始与现代结合的风格

风俗和艺术。现代通讯技术的发展把世界各个不同地方的古老而优美的服饰配件逐渐展现在人们面前：如苗族美丽的银首饰；美洲印第安人奇特的羽毛头饰；阿拉伯天方夜谭般神秘的面纱；西部牛仔们潇洒的帽子与领巾；非洲土著部落粗犷朴实的木制唇饰等。在亘古时空中演变至今的各民族传统服饰配件齐聚一堂，使人们眼界更加宽阔、思维更加拓展。各民族不同风格的服饰配件借鉴、交融而产生的新型装饰物，更具有现代气息，也更易于为人们所接受。

银制首饰是众多民族喜爱的装饰物，多以造型精致美丽、佩戴讲究、数量品种众多而著称。当代的设计师从其银白色的金属情调中寻找到灵感，从银饰诱人的高贵风格中找到了创作冲动。他们在黑色小背包上镶以银制品；在牛皮腰带、厚底凉鞋、裙装等物品上配上银饰物。用民族传统、古朴怀旧的风格来装点时尚，使装饰物的外观更显出现代风格。

来自非洲原野的土著民族，以他们编结的围腰、披挂装饰以及富于动感的流苏装饰征服了现代的设计师们，后者从粗犷的语言中寻求到原始与现代结合的语汇，从野性的服饰中找到民族的精华。原始民族的灵魂孕育了现代的潮流时尚，人们从中找到了更为纯真的生活与文化（图1-9）。

二、回归自然与环保潮流

回归自然之风在20世纪90年代后流行了多年。然而21世纪10年代的服装流行主题之一仍将“自然”之风推为首位。人们赖以生存的大自然，是服饰配件设计最好的灵感来源：联想自然、表现自然、回归自然成为服饰配件创意的主流。服饰配件在色彩、图案造型、质感肌理上，无不展示出自然界与生俱来的形态，如受大地干燥龟裂的纹路启示而设计出的耳环；自然动物造型的首饰；干枯树枝交错排列造型的帽子等。大自然中五光十色、艳丽夺目的色彩都被应用于装饰物的设计之中。天然纤维、天然材料制成的装饰物更加得到人们的青睐。天然纤维或亚麻绳编结出的肚兜、腰带，使T型舞台充满了生机；而鲜花头饰重又出现在新娘婚礼服上等。人们越来越多地看到：“自然”赋予我们的创作灵感主导了未来与现实，并呼唤人们拥抱自然、保护自然、崇尚自然。只有这样，和谐、安宁、美好才能与人共存，并产生无尽的活力与强大的生命力。

近年来，环保成为人们所关心的切身问题，甚至影响了人们的审美与价值的取向。因此，生态环保意识将继续在未来引领消费的价值取向。

绿色植物的茂盛生长、海洋的生态保护及生态环境的维持、防止水土继续流失、减少人为的大气污染等主题，激励着人们尽自己的努力创造美好的家园。服饰配件设计的灵感来源之一，就是将环保意识融入到创作中去。花卉植物茂盛生长的自然造型、各种动物生活在清洁无污染的自然环境中、人类免受各种化学品的侵害等，都以各种特殊的艺术形式表现出来。如圆形木片制成的幸运符、动物骨雕刻的项链、贝壳串成的腰带以及各式各样的麻织、草编的帽、鞋和包袋等，给人们带来大地的风情，受到人们的宠爱。

三、思乡怀旧与和平心声

现代社会人们的生活节奏加快，精神高度紧张及物质财富需求增加，人们更需要进行轻松的生活以及人与人之间情感的交流。人们重新发现宁静的田园生活、珍贵的温情友谊以及典雅的古典情调能够给紧张的现代生活带来温馨与慰藉；新世纪的忆旧情怀，出自于人们对过去生活经验积累的尊重与感怀，古代典雅精致的服饰配件又以新的面貌重新与人们见面。反映乡土情怀及乡村生活的宁静、安逸、平和、浪漫的各式服饰品，时常流露出传统、古老的风格。游牧、梦幻、高贵的怀旧服饰配件使喧嚣都市生活中的现代女性开阔了眼界，使之对服饰配件的主题有了新认识。各式饰带、流苏、刺绣以及珠宝首饰与现代服饰巧妙地结合，正符合了今日休闲轻松的服饰观。

近几年来，世界上一些地方充满了骚乱、争斗和血腥的杀戮，人们厌倦了无休止的战争、恐怖活动。因此，人们对世界和平的渴望与对生命的热爱比任何时候都迫切，在全世界人民渴望和平的大背景下，国际流行时尚潮流也掀起人们追求和平、呼唤和平的理念。人们用富有时尚感的服装和服饰配件设计诠释反对战争、崇尚和平的追求，如在珠宝首饰设计领域，人们将彩色、自然、和平内涵糅入珠宝的设计之中，用缤纷色彩表达了和平信念。在巨大的战争图片背景前，身着素色时装的模特展示出全新的数百款“反战首饰”，其中以“反对战争·珍惜生命”为主题的首饰，分别以和平鸽等元素为造型，外形设计简约、庄重。“彩色、自然、和平”系列首饰，以18K金为材质，镶嵌钻石、珍珠、紫晶等，用自然高贵与温和典雅的风格来表达崇尚和平的愿望。这一款款首饰，充分表达了人们反对战争、呼唤和平的心声。

总结

本章节是服饰配件设计的基础理论教学环节。通过对本章节的学习，让学生了解服饰配件的特性、历史以及文化内涵，明确学习服饰配件的必要性，开拓文化视野，掌握服饰配件的演变规律，为接下来的设计实践打下坚实的理论基础。

思考题

1. 请简述装饰物出现的原始动机及装饰物发展的原因。

2. 论述服饰配件与服饰在特性上具有哪些异同点。

3. 传统的服饰配件具有怎样的文化内涵？请择重点论述。

4. 服饰配件在现代人的日常生活中有怎样的作用和意义？

5. 举例说明你所在地区特有的服饰配件样式，并简述其成因。

6. 除了课本提及的内容以外，服饰配件还有哪些发展趋势？

练习题

1. 挑选某一个或数个服饰配件种类进行市场调研，完成服饰配件市场调研报告，内容主要包括当前的流行样式、品牌情况等。

2. 搜集服饰配件资料图片和专业服饰配件品牌的介绍。

基础理论与研究——

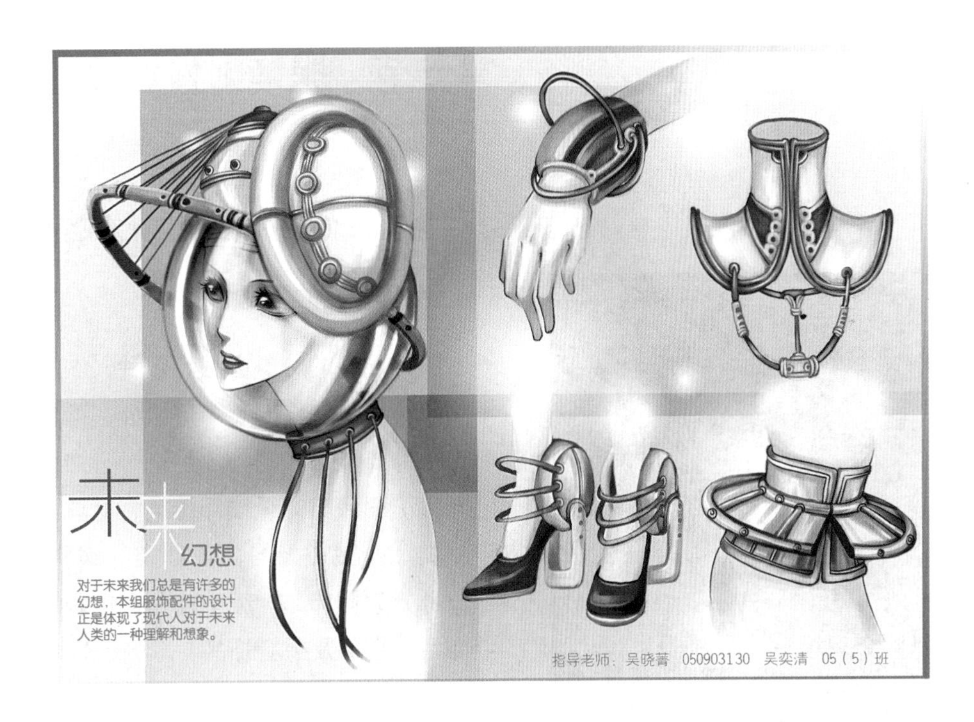

服饰配件设计的造型规律

课题名称： 服饰配件设计的造型规律

课题内容： 服饰配件设计的基本要素

服饰配件的设计构思

服饰配件设计的构成规律

课题时间： 6课时

训练目的： 学生掌握服饰配件设计的基本造型规律的理论知识，在今后的设计实践中能够娴熟地运用这些理论基础，充分拓展设计构思的思路。

教学要求： 1. 让学生了解服饰配件设计的造型规律。

2. 让学生掌握服饰配件设计构思的基本技巧。

3. 让学生掌握服饰配件设计的构成方法。

4. 教师对学生的练习进行讲评。

课前准备： 1. 预习本章的内容。

2. 收集相关的各类服饰配件的图片。

第二章　服饰配件设计的造型规律

第一节　服饰配件设计的基本要素

一、服饰配件的类别与设计主题

（一）服饰配件的类别

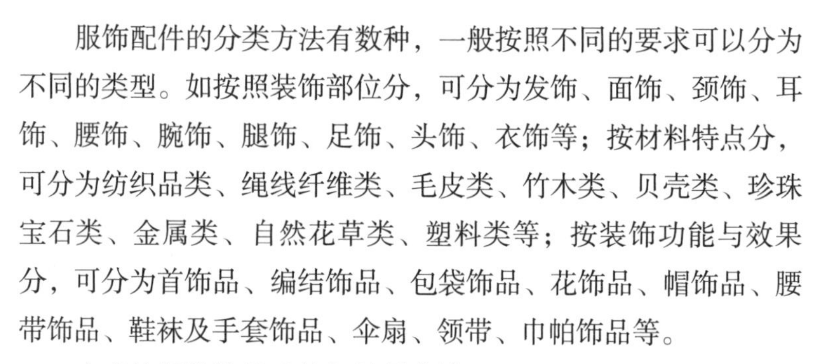

服饰配件的分类方法有数种，一般按照不同的要求可以分为不同的类型。如按照装饰部位分，可分为发饰、面饰、颈饰、耳饰、腰饰、腕饰、腿饰、足饰、头饰、衣饰等；按材料特点分，可分为纺织品类、绳线纤维类、毛皮类、竹木类、贝壳类、珍珠宝石类、金属类、自然花草类、塑料类等；按装饰功能与效果分，可分为首饰品、编结饰品、包袋饰品、花饰品、帽饰品、腰带饰品、鞋袜及手套饰品、伞扇、领带、巾帕饰品等。

本书按照装饰的功能与效果分类。

1. **首饰品**　由各种材料设计制作而成的纯装饰品和实用装饰品，用于装饰人体各个部位，具有审美、实用、保值以及其他目的（图2–1）。

2. **编结饰品**　由各种绳线编结、盘制的饰件，如盘花、盘扣、流苏、装饰挂件等，用于服装和人体的装饰（图2–2）。

(a)首饰品

(b)2世纪古希腊颈饰

图2–1　首饰品

图2–2　编结饰品

3. **包袋饰品**　由纺织品、皮革、绳草等制作的包袋饰品，以其实用性和装饰性与服装搭配。

4. **花饰品**　由各种材料以及自然花草制作成的花卉，主要用于装饰衣服、帽子以及装点服饰环境，烘托气氛（图2–3）。

5. **帽饰品**　由各种材料制成的头部饰品，用于遮阳、防寒、护体等实用目的以及装饰目的（图2–4）。

6. **腰饰品**　由各种材料制成的腰部饰物，用于绑束衣服及装饰之目的（图2–5）。

7. **鞋、袜、手套饰品**　由各种材料制成的足部、手部物品，有防寒保暖护足、手等实用功能，同时也有装饰美化作用（图2–6）。

8. **领带、领结、围巾饰品** 由纺织品及皮革等材料制成，用以固定衬衫或起装饰美化作用（图2–7）。

9. **其他饰品**　包括伞、扇、眼镜等，有的原为实用物品，后逐步过渡到实用与装饰相结合（图2–8）。

图2–3　花饰品

图2–4　20世纪50年代宽檐帽

图2–5　腰饰品

图2–7　围巾

(a)

(b)

图2–6　鞋

图2–8　眼镜

（二）服饰配件的设计主题

服饰配件设计是一个综合的概念，它包含了首饰设计、包袋设计、鞋类设计、帽型设计等。而我们的设计则是从每一个品种或每一件作品开始的，因此必须确定设计的主题。

主题的确立，是影响设计作品成功与否最重要的因素之一。设计作品的艺术性、审美性以及实用性通过主题的确立充分体现出来。而主题的确立又能够反映出时代气息、社会风尚、流行趋势及艺术倾向。

设计的前提是指对总体服饰流行风格分析、归纳后所设定的设计主题，如对世界主要服饰市场巴黎、香港和东京饰品的风格特色进行分析，对国际流行色的预测等，都是确立配件设计大前提的综合因素。确立了服饰主题之后，再就每一件饰品作独立的设计主题。当然，独立的设计主题也应符合于设计的整体（图2–9）。

(b)服饰主题系列设计一

(a)主题首饰

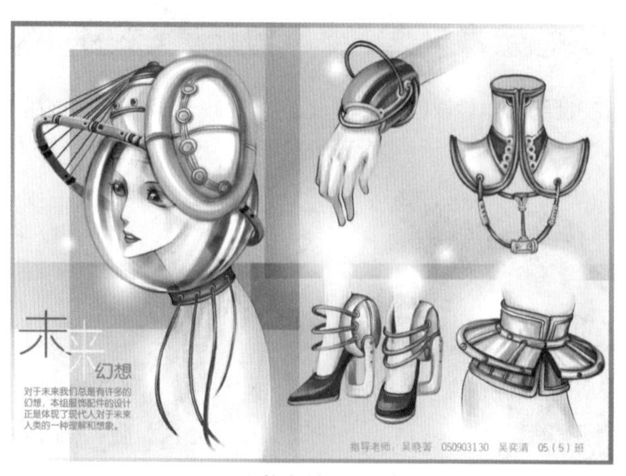

(c)服饰主题系列设计二

图2–9　服饰配件的设计主题

二、制作服饰配件的材料

不同的服饰配件使用的材料也不相同，如首饰以金属、珠宝、塑料为主；包袋以布料、绳子、皮革为主；鞋帽以毛毡、皮革、席草、布料为主等。在服饰配件设计中，材料的选择应用是很有讲究的，要考虑服饰配件与材料的协调性、合理性及美观性。要在现有材料的基础上创造和利用新型材料，使服饰配件的外观更新、更美。

服饰配件对材料的选用主要从以下三个方面体现出来。

（一）选材的合理性

不同的服饰配件品种对材料的要求不同，因此合理地选用材料是最基本的要求之一。“合理”体现于服饰配件能够充分显示出材料特征、肌理效果以及充分发挥出材料的优势，将配件的美感最有效地展示出来。每一种材料都有自己特定的形式和特殊的肌理效果，在设计师的眼中，这些都是非常宝贵的设计要素。不同的质地、纹理所产生的美感不同，在服饰配件的设计中可以利用这些天然的质地与纹理，也可以施以人工的组织变化，使其在视觉与触觉上产生新意，有助于服饰配件作品更丰富、优美。

（二）材料的综合应用

服饰配件外观效果的多样性，与多种材料组合很有关系。相同类型材料的组合使配件产生统一协调的感觉，而不同类型材料的组合则产生对比、变化的感觉。材料的组合应用可分为单项与多项组合。材料组合所强调的是搭配适当，面积、色彩、造型比例协调，有新意、有创造。如在现代服饰配件设计的材料中，金属、宝石、塑料、玻璃、布料、陶瓷、木、石、竹、草、漆、纸张等是常用的选材，将它们有机地结合，所产生的外观效果是不同的。如木材和钢是两种完全不同的材料，它们的外观效果，纹样肌理、质地完全不同。首饰设计师将它们巧妙地结合，设计出款式古典而华丽的镶嵌式首饰，将材质的对比、质感的优美都恰到好处地表现出来，成为受人欢迎的首饰作品。在首饰设计中，常见的有贵重金属与珠宝组合、一般金属与有机玻璃组合等，而现代人所喜爱的软体首饰则是用布料、皮革、绳线等软体材料编制的，有的在上面点缀珠串或碎钻组合而成，这样的组合软中有硬、柔中有刚，造型别致、活泼动人，因此广受欢迎。所以在设计服饰配件的过程中，我们应开拓思路，在选材、组合等方面才能有所创新（图2-10）。

(a)

(b)

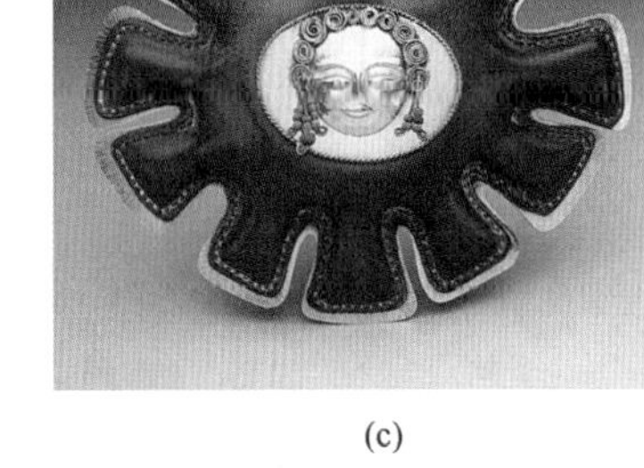
(c)

图2-10 不同材料组合的饰品

（三）开发利用新型材料

大自然中的材料经过加工处理后，能够有效合理地应用在服饰配件设计中，人工制造出来的各种材料同样可以合理地应用。塑料、橡胶、陶瓷、人造宝石、绒皮类、毛麻类材料在现代服饰配件中应用得非常广泛。在国外的一些少数民族中，甚至还有以活的昆虫、动物如小蛇、萤火虫、小鱼等作为装饰物。许多新型材料以其低廉的价格、美观的外形为饰物的创作提供了新的范围，适应了饰物的时装化、环境化、季节化、个性化的需求，同时也能扩大消费者购买挑选的余地。

三、服饰配件的色彩

色彩是服饰配件构成的主要因素之一。在服饰配件设计的过程当中，掌握好色彩的性能与配色规律是很重要的。综观古今中外服饰配件，有的造型可以不施纹样，但却不能不施色彩。色彩学是一门独立的科学，它集物理、化学、生理、心理、美学以及人们对色彩的认识、感觉、习俗等各方面的知识为一体，从客观的原理、概念到主观的感受形成一整套色彩学的理论。而服饰配件设计主要是从色彩的配置、色彩的感情因素、色彩的明暗和对比及调和等方面考虑，将服饰配件体现得更加完美。

自然界中的色彩和谐美丽，如贝壳的珍珠光泽、鸟类的羽毛、山光水色、天空彩霞等，除了给人们带来美好的享受之外，还能够使人们抒发情感和联想。在服饰配件的设计中，色彩的组合选用则是根据设计师的设想和实际需要来完成，它必须符合和适应人们的视觉、心理、生理上的要求和审美习惯，按照人们所处的社会、民族、宗教，根据人们的性别、年龄、个性、修养等多方面的因素进行设计。

许多天然材料的鲜艳、美丽的色彩和光泽给服饰配件设计创造了良好的条件，无须人为地施色赋彩，因此，色彩的搭配成为很重要的一个环节。色彩的搭配主要有原色的配合，即红、黄、蓝三色之间的配合、间色的配合、复色的配合、补色的配合、邻近色的配合、类比色的配合等。如首饰设计中在铂金项链上镶嵌蓝宝石，使铂金的金属色泽与晶莹的蓝色之间产生柔和、协调的感觉，整个作品显得高雅、名贵；而常见的K金项链上镶嵌淡淡的紫晶，则会产生较微弱的对比，同样有清新、典雅的感觉。服饰配件设计的色彩配置，应注意色彩的饱和度及色彩面积大小的比例适度，采用平衡、节奏、渐变、分隔等手法，形成不同的色彩效果，并达到调和统一（图2–11）。

图2–11　铂金镶嵌蓝宝石项链

四、服饰配件设计的表现形式和方法

服饰配件中不同的品种有不同的表现形式，但它们都是借助艺术造型的表现手段而形成服饰配件作品组织、结构的内在统一性。而形式因素的协调性、匀称性是作品完整性、完美性的必要条件。

服饰配件设计的艺术手法和表现形式，决定了配件作品的直观性和情感上的审美表现力。它主要体现在体积、比例、空间布局、结构等方面。

服饰配件作品是以空间立体的形式存在，通过复杂或简单的体面关系来达到三维空间的艺术效果；将物质材料加以变化成为实用与审美相结合的立体造型物；将平面的纹样与立体的造型相结合，以达到审美功能与实用功能的结合。因此，服饰配件设计的表现形式，应着重从形与形之间的主次、虚实、分合、交错、透叠等关系方面加以研究，以产生视觉效果上的冲击力，并采取盘丝、编绕、镶嵌、雕刻、切割、串联、烧制、缝缀、热固、切削、打磨等多种工艺表现方法，使服饰配件作品更加完美。

第二节　服饰配件的设计构思

服饰配件的设计构思是艺术构思和艺术创作的统一体，是将观念中的艺术形象通过设计创作以艺术作品的形式体现出来。对于设计师来说，思维方法和设计方法是艺术创作中最重要的一个环节。构思的过程需要充分发挥主观能动作用，它离不开艺术形象的酝酿和艺术技巧，同时还包含对物质材料质感的选择。

一、设计构思的形式

服饰配件设计构思依赖于人的思维形式。设计师在设计创作思维的过程当中，必须有其出发点和创作的指导思想即设计构思，以从整体上帮助设计师运用正确的思维方法来设计最佳方案。从古今中外众多的设计思维形式中，很难找到某种有规律而清晰可循的方法供今人描摹，但我们可将其归纳整理，总结出几个较为典型的类别。

（一）模仿

模仿可说是人类生活的本能，也是人类最为古老、最具有生命力的思维方式之一。幼儿本能地模仿周围人们的言谈举止，古人或出于本能或出于某种目的模仿大自然中各种形态，如鸟兽飞翔奔跑的动作以及它们的声音和色彩。随着社会的进步，人们的模仿由本能地、自发地上升到有思考、有意识地模仿，而且模仿的水平也由简单逐步到复杂，飞机模仿鸟禽的飞翔、电脑模仿人脑的功能，虽然不是逼真完美的，但对其“意”的模仿给设计创作提供了灵感的来源，并运用高科技的手段得以完成。

艺术的模仿更加注重装饰性及功能性，并从对自然的模仿当中得到艺术的灵感和艺术的升华。自然界绚丽多姿的自然景观，如花草、动物以神奇的美提供给人们无穷的创作来源。因此，服饰配件设计师能够在对自然、社会及生活的模仿中展示创作才华，不断地创新（图2–12）。

(a)

(b)

图2–12　仿生首饰

（二）继承

继承主要指对传统的模仿以及在模仿的基础上加以创新。传统是指在漫长的历史发展进程中形成的各种风格、形式和种类。因此，在服饰配件艺术创作过程中，人们应继承传统中优良的部分，剔除糟粕，结合时代形式，形成具有民族、时代之风的优良创作。

在历史上，艺术风格或样式的形成和演变是缓慢的，基本上是在后代继承前代的固有形式下，作一些局部的修正而形成较为创新的形式，但差距、变化不一定很大，它具有一定的普遍性和持久性。人们较易接受缓慢的改良，即使在科技发达、社会发展迅速的现代社会中，大多数人仍持有这种观点。

继承型的服饰配件设计形式强调推陈出新而不是照搬照抄，它与复古怀旧有一定的区别。艺术中的继承更强调对内容、形式、审美、风格等多方面的分析与学习，它是一个复杂的过程。

（三）借鉴与创新

在我们的服饰配件设计中，要注重培养学生的设计创新能力和对自然、传统、新技术和多种艺术形式的借鉴。许多著名的服装设计大师，尤为重视借鉴与创新的作用，常常从不同的传统艺术门类中汲取灵感，启发设计构思，创作出别有新意的服饰品。如今，高科技、数字化水平的发展，大大地拓宽了人们的艺术视野，为艺术设计带来了多元的创新启示。创作者通过对各类信息的搜集和积累增强了自身的艺术敏锐感，并结合创作对搜集的资料进行分类筛选，汲取精华进行创新。

借鉴的方式对我们的设计思维有着独到的促进作用，它能扩展我们的思维范畴，而设计所表现出来的服饰配件外观形式也更有新意。

二、设计构思的方法

设计构思属于思维方式的一种形式，在服装与服饰配件的设计中，依靠设计思维以及各种因素得以完成。每个人都有自己的构思方法，而且要考虑的问题很多，从要表达的主题、含义、思想、使用功能、工艺制作、消费观念到素材、形象、色彩以及材料的选择，都应一一考虑。这就要求服饰配件设计师学会系统、完整有序地思考，从整体出发，到每一个局部、每一个细节，反复思考、反复斟酌。

整体构思对服饰配件设计而言起到定位作用。设计师可根据需要制订设计思路，大体上应从装饰素材的选择、风格流派的定位、艺术手法的表现、人们心理生理需求等方面入手，从各方面启发设计构思。

设计构思的方式不要仅仅满足于传统的思维方法，要开拓各种思维渠道，在传统思维方式的基础上结合现代潮流，才有助于我们开阔视野。

（一）发散思维构思法

服饰配件设计构思，要综合设计的主题、内容、色彩、营销对象和地区等多方面的因素，以此为思维空间中的基点，向外部发散吸收其他的相关要素，如艺术风格、民族习俗、宗教艺术等一切可能吸收的要素。人类在进行思维活动时，每接触一件事、看到一个物体，都会产生想象和联想，接触的事物越多，想象力越丰富，分析和解决问题的能力也就越强。因此，我们在进行创作构思时，要扩展形成一个发散的思维网络，在思考的过程中，把已经掌握和积累的知识加以分析、取舍，让这些知识在思维空间中相互撞击，形成新的思维交点，从而产生新的创作思路。知识的交点越多，撞击的火花越多，创作的思路也越开阔。

在服饰配件设计空间中，发散性思维构思的方式能够产生无穷的动力，有着深层的潜力可挖。

（二）逆向思维构思法

逆向思维构思包含逆向和多向思维模式，在我们进行服饰配件创作时，可以从不同的方向、不同的侧面多角度地进行思考，有时甚至要否定自己重新开始。著名服装设计大师伊夫·圣·洛朗就是一位勇于创新的艺术家，在他的整个创作生涯中，始终保持一种反叛的理念：他想毁灭旧的一切，以便创造新生。他以独具匠心的创造力而产生了超前的、无可比拟的艺术魅力。有时按常规的思维方式，作品会流于平淡，或跟在别人后面亦步亦趋，没有个性可言，此时，若运用逆向思维方法，打破常规标新立异，或许就能获得新奇的突破。

（三）灵感思维构思法

灵感本身就是思维形式的一种体现。在服饰配件设计活动中，灵感的突然产生是非常普遍的，它是对事物反复思维的累积，是综合知识的再现，并非凭空想象而为之。服饰配件设计师在反复推敲、思考、斟酌的时候，某个偶发事情或环境因素都会触动他的灵感，使那模糊不清、反复思索的形象清晰起来，使心目中思考的无形语言转换成为有形的视觉形象。灵感的捕捉对于设计师来说，是职业的敏感加上天性的流露使然。灵感思维具有产生的突发性、过程的突变性和成果的突破性。灵感的出现能够突破人们常规的思路而产生特殊的效果，由于灵感的突现和启示，人们的思维活动会突然活跃，有众多的思绪同时闪现出来，这样就给艺术创作的过程增添了无数个新思路，使之突破常规，达到新的创作境界。

（四）联想思维构思法

想象与联想是进行服饰配件创作的重要思维形式，艺术的产生离不开想象和联想。人们在日常生活中对事物产生了特有的印象，而视觉形象的记忆又随着每个人的思维活动形成了知觉与感觉形象的联系。因此，当某件事情被提及时，人们的大脑立即活动起来，随着某个视觉形象的闪现而产生一系列的联想。艺术创作中联想的结果能够产生一种特殊的视觉形象。虽然想象和联想思维的形式往往是快速闪现或是模糊不清的，但却能被服饰配件设计师在创作过程中及时捕捉，成为清晰的艺术作品。

想象是服饰配件设计活动的先导，有广阔的自由空间，设计师的思维可以遨游于无限的未知世界之中。而创造性想象又离不开联想这个心理过程，在想象的过程中，联想起到重要的作用。联想是设计师在日常生活中对事物的观察形成的特有的印象，又随着他的思维活动形成了知觉与感觉形象的联系。在服饰配件设计中，充分发挥设计师的艺术想象力和联想力，调动起大脑思维神经各个触点的活动能力，积极地、活跃地进行想象，找到创作的触发点，引燃联想的火花，进行再创造。

（五）错视思维构思法

人们往往习惯于接受符合常规的视觉形象而忽视变异的方法。在人们日常生活中司空见惯的美，对于艺术家来说可能会觉得索然无味，设计的作品如果看上去一板一眼，也容易使人厌倦。因此，利用错视思维构思法，在人们看惯了的视觉形象中有意识地将局部进行错位处理，使人产生不正确的视知觉，改变原有的视觉形象，从而造成一种奇特、幽默和创新的意境。

（六）借鉴思维构思法

借鉴的手法在服饰配件艺术设计中是一种常用的方法。艺术作品之间有共性又有个性，与其他领域有着相应的联系。因此，除了艺术创作本身必须具备的条件之外，还要吸收、借鉴各方面的长处，才能使自身更加完善。

音乐中优美的节奏韵律、建筑上合理的空间分割、民间传统艺术的古朴、宗教艺术的神秘等方面，都有大量的精华可以借鉴。近年来，在服饰艺术上流行的回归自然之风、田园乐章之风、中世纪华丽贵族之风、向往东方之风等，都反映出合理借鉴的思维方法。

（七）比较思维构思法

服饰配件的创作思维本身就包含了比较的因素，在设计过程中，应对饰物加以分析。不同地区、不同民族、不同年代的服饰配件都有不同的特征，我们应该熟悉了解它们，从造型上、装饰手法上、风格特征上以及色彩运用上加以比较分析，总结出它们的共性和个性，才能产生新的思路、新的设计、新的作品。

设计构思是艺术创作的动力和源泉，思维方法的拓展，设计观念的变化，能够使艺术创作出现新的形象和面貌，服饰配件设计师的设计构思方式要顺应时代的潮流，符合社会的需要。

第三节 服饰配件设计的构成规律

服饰配件设计的构成规律，是设计原理中不可缺少的部分。相同的材料，经过不同的设计，按不同的规律加以组合，即可形成完全不同的作品。

一、和谐统一性

和谐统一是构成中最为完美的表现形式。自然界中美好的事物以及人们所创造出的美好物体都具有和谐统一这个基本特征。和谐统一指将“多样性”的元素统一在和谐的氛围中。多样性是指从造型、材料、面积、色彩等各方面都有程度不同的差异。在一件完整的作品中，这个差异应该适度，否则就会产生紊乱，因此要在多样中寻求和谐统一，使复杂的、变化的因素统一起来，达到完美。而过分的统一会使作品显得单调乏味，统一下的多样性可以弥补这个缺陷。也就是说，统一不只是按照某一种模式进行，它是多层次、多角度、多侧面、多样化的。

服饰配件中每一件作品都可被视为完整的艺术作品，它的美观与否在很大程度上取决于设计构成、取材、设色、装饰等多方面的和谐统一性。因此在设计中，尽可能在多样中寻求统一的因素，在统一中寻求多样的变化，使两者有机地联系起来，达到一个适中点，创造出一件和谐美观的作品。

二、调和与对比

调和区别于和谐，它是指由相近、相同的因素有机地组合，在相互关系上呈现较明显的一致性。在色彩上，相似或相近的色彩配合是调和的形式；在造型上，相近或相似的线条、结构、形体有规律地组合，也属调和的形式；而在选材上，相近或相似的质地、纹理、手感组合起来，同样是调和的形式。

对比相对调和而言，是以相异、相反的因素组合，将其对立面十分突出地表现出来，以此来突出服饰配件作品的强烈、夸张、尖锐、层次分明等效果。对比的手法在服饰配件设计中应用得很普遍，但对比的程度也存在适度的问题。强烈的对比方式包含色彩中黑与白对比、红与绿对比，在造型上直线与曲线对比、块面的大小对比，在材料质地中柔软与坚硬、细腻与粗糙的对比等（图2-13）。如果过分强调对比，可能会造成极端而失去美感。在首饰设计中，对比的尺度可从弱对比渐渐地过渡到强对比，而最终目的还是达到调和。他们是一对矛盾的统一体，而矛盾是可以互相转化的。

在服饰配件设计过程中，还可采取多种对比、调和的手法，

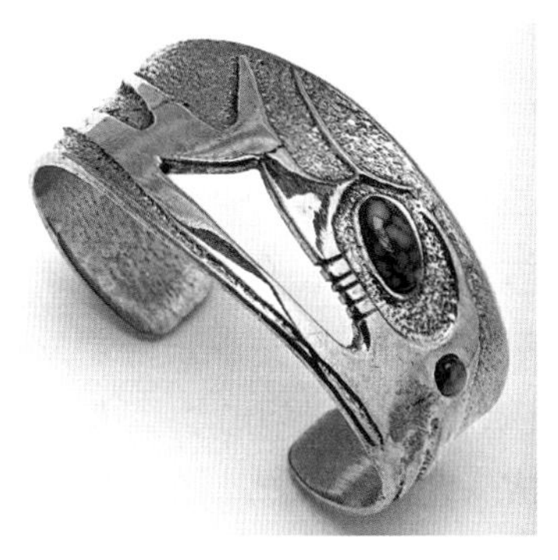

(a)光润珠宝与粗质金属对比的手镯

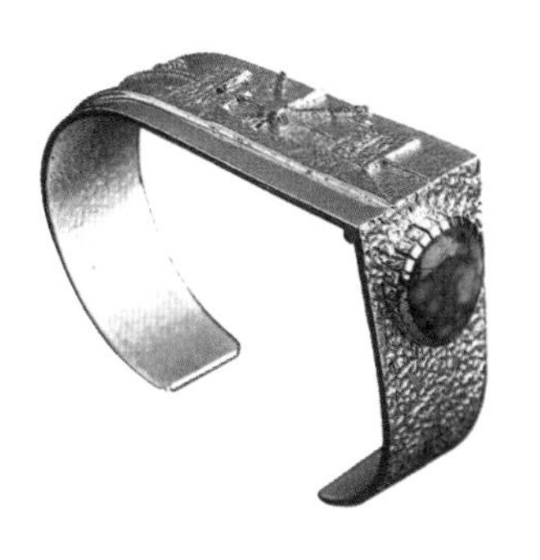

(b)蓝宝石与金色对比的手镯

(c)点线面对比的饰品

图2-13　具有现代对比风格的手镯

如明的调和，暗的调和，明暗的对比、调和，大小的对比、调和，粗细的对比、调和，长短的对比、调和，造型的对比、调和，材质的对比、调和等。通过各种对比、调和手法，达到主题突出、层次丰富、美观实用的效果。

三、均衡与对称

均衡是均齐平衡，在一件服饰配件作品中，假设有一个视觉中心，在这个视觉中心两边的分量相近则可达到均衡。体积的大小、色彩的浓淡、造型的动态等方面均可得到视觉上的平衡感。如果按照杠杆平衡的原理，支点两边分量相近，则可取得均衡。在首饰设计中，均衡的设计非常普遍，如图2-14所示是一枚18K金镶钻石的叶形胸针，其叶筋呈S形向上延伸，中心支点下的叶片向一侧倾斜，花和小叶片向左右倾斜，以求得视觉上的稳定感。

图2-14　均衡设计——胸针

图2-15　对称设计的项链

图2-16　具有节奏感的项链

图2-17　具有韵律感的首饰

规则的均衡称为对称，如果视觉中心两侧的分量相等则形成一种完全相同的画面。对称的视觉效果稳重、安定，在服饰配件中是最常用的方式，如项链、耳环的设计多以左右对称为主，皮包、皮鞋、手套也多为对称型。对称形式除了左右对称外，还有上下对称、上下左右对称、对角对称、四角对称、八角对称等多种形式。作为对称中轴或基点的点、线、面称为对称点、对称轴、对称面。以其中一种作为基准，可将原始的形反复配置、重复出现，或以相反的形反复出现（图2–15）。

四、节奏与韵律

节奏本为音乐中的名词，指音在时间上的长与短、程度上的强与弱、分量上的轻与重的变化秩序。在原理上，节奏的规律与文学、艺术、实用美术等各门类有一定的相通之处，在广义上已成为各类艺术常用的名词。在服饰配件设计中，节奏则指构成因素的大与小、多与少、强与弱、轻与重、虚与实、长与短、曲与直等有秩序的变化，也就是指一定单位的有规律的重复或形体运动的分节。在形式美中，节奏感是一个很重要的因素。图2–16所示是一件古典风格的铂金项链，由铂金镶绿宝石及圆珠形钻石组合而成，均由小至大、由细到粗，呈有规律的重复排列，形成一定的节奏感。在首饰设计中，这是最为常用的装饰手法之一。

节奏在造型处理上，可以产生多种律动感，如形状、大小、位置、比例等作有规律的排列和增减并形成段落，我们可以将其分为单位重复节奏和单位渐变节奏。单位重复节奏的特点是由相同形状作等距离的排列，如二方连续式排列、四方连续式排列、循环式排列、放射状排列等，都是最基本的节奏形式。单位渐变节奏也具有重复的性质，但其每一个单位都包含了逐渐变化的因素，如形状的渐大渐小、位置的渐高渐低、色彩的渐明渐暗、距离的渐远渐近等。具体的方法亦有运动迹象的节奏，让一个基本单位重复运动形成轨迹，产生连续的动感和节奏；生长势态的节奏，基本形逐级增大、增高以产生节奏；反转运动的节奏，线的运动方向或基本形运动的轨迹作左右、上下、来回反转，尤以曲线形式可产生较强的节奏感。

韵律本为文学创作技巧的用语，指诗歌中的音韵和节律。韵律一词也广泛用于其他艺术门类中。在造型艺术中，韵律是指既有内在秩序，又有多样性变化的复合体，基本单位多次反复，在统一的前提下加以变化（图2–17）。

总结

本章是服饰配件设计的理论教学环节，通过对本章的学习，学生可掌握关于服饰配件设计的造型基本规律以及设计构思的方法。通过作业及思考题的练习，学生可掌握对服饰配件造型类别及风格特征、材料及造型手段等知识点的运用。

思考题

1. 服饰配件设计的构思方法在具体的设计过程中怎样发挥作用？

2. 服饰配件设计的基本要素在设计构思过程中怎样起作用？

3. 对所收集的图片进行分析及判断，找出其中的设计方法和造型规律，并对图片中的作品所展现的风格特征进行研究。

4. 了解服饰配件设计的表现形式，按装饰的功能与效果对其进行分类。

5. 简述设计构思的形式、设计构思的方法以及服饰配件设计的构成规律。
6. 试述服饰配件的发展趋势。

练习题

1. 选择一种服饰配件，尝试与同一款式服装搭配出三种不同的着装风格。
2. 搜集10款服饰配件，对其设计构思进行分析。
3. 选择10款服饰配件，对其构成规律进行分析。
4. 根据服饰配件的分类，搜集造型资料。

基础训练与实践——

首饰设计

课题名称： 首饰设计

课题内容： 首饰概述

首饰的分类

首饰的材料

首饰的基本工艺

首饰设计与造型规律

课题时间： 12课时

训练目的： 通过对中西方首饰的历史与发展演变、首饰分类、材料成分、工艺制作等方面的介绍，让学生了解首饰的发展过程和设计规律，使学生初步了解首饰设计领域，并能进行首饰的设计与简单的制作。

教学要求： 1. 让学生了解关于中西方首饰的历史与沿革。

2. 让学生了解各类主要首饰的成分与特性。

3. 让学生概述首饰设计规律与制作方面的内容，并进行简单的设计制作练习。

课前准备： 1. 预习本章的内容，查阅中西服饰史中关于首饰部分的内容。

2. 收集各类主要首饰用材料的图片以及首饰制作介绍的书籍与网站。

第三章　首饰设计

第一节　首饰概述

一、首饰的历史沿革

人类佩戴首饰的历史已有数万年了。在距今四五万年之前的旧石器时期，人们就已开始将自身生活环境中可以找到或可以直接利用的动物的齿、骨，植物的纤维或种子用做装饰自己的饰物。随着社会的发展和科技的进步，首饰的家族越来越扩大，用材、造型、工艺、图案等方面也越来越完美。虽然在漫长的历史进程中，有些首饰曾被统治者所垄断，成为权力和地位的象征，但今天，首饰作为装饰艺术品已为越来越多的人所接受、所喜爱。它能够体现出人们的审美需要和情感需要，同时也反映出人们当今的价值观念和生活方式的一个侧面。

首饰起源的因素和动机是多方面的，从已发掘出的世界上最早期的首饰品之一——旧石器时代晚期“山顶洞人”由形态各异的石头稍加打磨、凿孔后串接而成的串饰来看，在数万年前，原始人类就已经懂得并会制作、佩戴项链，这给我们逐步揭开首饰起源这层神秘的面纱提供了原始依据。

从世界上许多地区发掘出的原始首饰中可以看出，它们有相似的造型、相似的装饰方法以及相似的手工技术，虽然所采用的原材料不尽相同，但都以本地区能够利用、便于得到的物品为主要用料。居住在山区的人们常选用动物的牙齿、骨头、蹄角、尾巴和鸟羽、石头等物作为首饰的材料；而居住在海边的部落则选用鱼骨、贝壳、龟壳以及美丽的珊瑚等天然物品作为材料。这些大自然赋予的神奇材料，不仅给原始人类带来了美的享受，更多的是满足了原始人类自然生活中多方面的需要，也就是首饰起源的一些必要的因素。

巫术礼仪或避邪等因素存在于原始人类的首饰中是普遍的（图3-1）。落后、简陋、原始的生活方式和人们对自然现象的

(a)良渚文化玉串饰

(b)巴布亚新几内亚贝饰

图3-1　巫术或辟邪等因素存在于首饰中

无知，都使他们无力抵御大自然中的各种灾害，无法战胜凶猛的野兽。因此，他们将希望寄托在神灵或鬼魂身上，一些用兽骨、牙齿、珠子、石头等串起来的项链、项圈、胸饰或腕饰都被当作护身符，以此来避邪镇妖，保佑平安。有的原始部落以某种动物象征自己的祖先，在住所、衣饰等物上都要雕刻上这种动物的图形，祈求处处受到它们的保佑。

审美因素也是首饰起源的一个很重要的因素。大自然中色彩艳丽、造型美观的花草、动物羽毛以及斑斓奇特的贝类、石头，都能给人们带来美的享受。颈部是人体上最适宜装饰的部位，因此，颈部所戴的装饰也最为丰富。原始人类将从大自然当中得到的任何材料，并不是任其自然地用作装饰，而是或多或少地经过美化加工、挑选、组合，使其形成新的结构和形态。如人们将石头、牙齿、果实、贝壳和花朵整齐、有规律地排列起来，串成颈饰或其他饰物，从审美的原则来看，它们显得对称、富有节奏感。从山顶洞人将小石珠穿孔制成的串饰，到仰韶文化遗址中发掘出的骨珠、穿孔的动物牙齿、蚌珠、蚌环制成的饰物来看，都包含了人为的排列、组合方法。

首饰的起源归纳起来，主要有如下几个方面：审美因素，情感需要，巫术礼仪，避邪，象征，模仿等，当然，有些因素可能是交错出现的，人们佩戴首饰的目的往往是多种因素综合所形成的。

在中外漫长的历史发展阶段，首饰的造型、用途、材料等都表现出不同的特点，一方面是阶级社会等级制度的出现，使首饰的佩戴方法有了一定之规，在各种礼仪活动中人们都要依照特定的要求佩戴首饰。如我国唐宋时期，皇后服饰中有白玉双佩、十二钿、大小花十二树等；皇太子妃的首饰中钿钗襢衣，首饰花为九树九钿。按照身份的不同，花钗树钿的多少也就不同（图3-2）。以统治阶级为代表的上层人士，其首饰精美华丽、丰富多彩。在欧洲，女式服装中金银首饰的应用更为普遍，上层妇女中形成了以珠宝首饰来显示财富、相互攀比的风气。人们竞相在珠宝首饰上投资，名贵的珍珠宝石镶满项链耳饰。紫晶石、镶金的黑色琥珀、贵重的钻石、红绿宝石等，都是人们追崇的珠宝。贵妇们尽其可能装饰金银珠宝饰品，周身的各色宝石，相互辉映，使其他饰物也显得光彩熠熠，耀眼夺目（图3-3）。

另一方面，社会经济、技术等方面的进步使首饰制作材料、工艺技术等越来越精湛，如我国汉代金属工艺发展迅速，1959年在湖南长沙出土的东汉前期金首饰中，有数串用金珠串成的项链，其中一串有小金珠193颗，中圈的珠粒较大，并以小管压成1～5粒不等的珠联管，饰有100余颗模制的八方形珠，下垂一个花穗饰。整串项链均以金珠串成，造型别致，技艺高超，充分体现出汉代工艺技术上的进步及高超精美的工艺水平。隋唐妇女的发髻式样非常丰富，因此在发髻上配有众多的首饰，常见的有梳、篦、簪、钗、步摇、翠翘、珠翠金银宝钿、搔头等，武元衡《赠佳人》有“步摇金翠玉搔头”之说。插戴的钗梳多至十数行，除了金银骨玉的簪钗外，名贵的象牙也被用于制作钿钗。当时，金粒镶嵌工艺从黑海沿岸的希腊传到中国。这是用细小的金颗粒镶嵌在光滑或浮雕金属的表面以形成各种图案的装饰艺术，这种工艺与金丝细工装饰相结合，被广泛应用在唐代的首饰制作中，形成了独特的风格。

在欧洲，人们对珠宝首饰的喜爱大大刺激了首饰设计和工艺技术的发展，从而推动了珠宝首饰技术的提高和珠宝业的发展。如罗马的玉石凹雕和浮雕闻名于世，镶嵌技术也非常高超，大量的首饰都是以金、银等金属为骨，在其上镶嵌珠宝和雕刻的玉石，并有许多流传至今的作品，其工艺技术展示了最杰出的水平（图3-4）。在整个欧洲服饰历史中，首饰与服装是密不可分的一个整体，无论服装如何变化，首饰总是随之发展变化。对金、银、铜的使用以及对珍珠、宝石的青睐使欧洲首饰业的发展非常迅速，至今已形成了以意大利、法国为中心的珠宝首饰业。20世纪30年代是世界上珠宝业的“黄金时代”，人们开始研究那些突出饰品表面立体感的加工技术及标新立异的饰品设计，首饰的设计多采用装饰艺术手法来表现。60～70年代以后，欧洲珠宝首饰业制作面向普通消费者，朴素和低价值及抽象主题的设计层出不穷。珠宝饰品的机械化生产和手工艺生产相结合的方法，受到人们的普遍欢迎。

现代首饰设计的潮流呈多元化发展趋势。

1. *向高档次方向发展* 讲究材料质地的纯真豪华及高档珠宝的设计新颖别致，制作工艺繁复精良。在设计风格上，强调多种主题的展现：

（1）以创意新颖取胜，追求构思独特和造型完美，运用常见的高档材料和巧妙的构思来达到新的意境和特殊的效果。

（2）注重古典设计，使传统首饰中美的意境重新焕发出时代的光彩。

（3）融合各民族优秀的传统精华及民族特色，相互启发、相互借鉴，使首饰立足于民族文化的基点上，更具有时代风格。

在这些主题的指导下，又引发出创意创新，独树一帜，讲究自然风情，增强环保意识，浪漫的细部设计等。

2. *向大众化、艺术化方向发展* 根据人们的心理、喜好和个性需求，使设计向中低档首饰、仿真首饰的方向发展。以高档首饰的材料、造型为模式，用人工制造的原材料加工成仿珊瑚、宝石、珍珠等饰品材料，外观效果逼真，造型丰富，款式众多。在设计上，仍注重精美的造型和外观效果，工艺制作上细致讲究、精益求精。由于这种首饰款式丰富、美观大方且新潮亮丽，价格比高档首饰便宜得多，因此，备受人们的喜爱。

3. *向整体配套设计方向发展* 无论高档首饰还是中低档首饰，最重要的一点是整体性、配套性。设计时以项链、耳环、戒指、手镯等首饰形成一组或一个系列，这样能够衬托出服装设计的整体性。当今服装设计师和首饰设计师联手协作，创作出众多优秀的服装与首饰作品，都是以其整体性取胜的。从创作内容来看，各种自然形态、抽象形态都能够展示出现代首饰的风采。

4. *更强调向实用性和功能性方向发展* 目前世界上已流行的、带有实用性的首饰已有不少品种，如磁疗项链、病历项链、放香戒指、放大镜戒指、照相机戒指、表镯、音乐项链等。今后会更注重对人类有益的功能设计，如具有医疗保健功能、测试环境污染或噪声的功能，方便人们生活、工作活动的功能等首饰，得到人们的信任、喜爱，会更有前途。

5. *制作工艺向高新技术方向发展* 高新技术介入现代珠宝首饰制作工艺之中，手工技术与机械化生产相结合。但是，这两方面的工艺独立性是现代首饰设计制作中缺一不可的，因此，尽管现代工业迅猛发展，从艺术性和创造性方面看，独立的手工艺师高超的技艺和高精密度的机械化生产并重，才能使现代首饰更完美地发展。当今社会已进入信息科学时代，电脑已被广泛应用于各行各业，首饰设计的领域也必不可少，首饰的发展必将进入一个崭新的时代。

二、首饰的佩戴艺术

首饰的种类、质地、造型、色彩千差万别，而佩戴首饰的每个人也各有各的特点。同一种首饰佩戴在两个不同的人身上，会产生不同的效果。如何使自己通过佩戴首饰而达到最佳的气质和效果？在不同环境、不同条件下应佩戴什么样的首饰？如何通过首饰的选择使自己更自然、更美丽？除了应对各种首饰有一定的了解以外，最重要的是要掌握佩戴艺术中普遍的美学原则。

图3-2　宋代曹太后服饰

图3-3　文艺复兴时期的发饰和项链

图3-4　古罗马男孩戴的避邪金坠

（一）首饰与服装的搭配

服装和首饰是密不可分的组成部分，单一地追求服装美或首饰美，都会使人感到不完整、不协调，唯有使首饰在款式、色彩上与服装相配，起到点缀的作用，才会使人感到整体、和谐之美。

首饰的风格、色彩应与服装相互呼应，首饰的价值、款式也应与服装协调一致。

豪放、粗犷风格的服装，选用首饰的风格也应热情奔放、粗大圆润、光亮鲜艳。

轻松、简洁、面料高档的直线型时装，配上抽象的几何形耳环、项链等首饰，有一种稳重、温柔之感。

带有民族风格的服装，配以银质、贝壳、竹木、陶瓷等首饰，更有一番乡土民风和返璞归真的情趣。

在色彩上，首饰的色彩与服装的色彩可以是同类色相配，也可以是在协调中以小对比点缀，如黄色系列的丝绸服装配以浅紫色首饰；素色的服装配以鲜艳、漂亮、多色的首饰；艳丽的服装配以素色的首饰等。

（二）首饰与仪态、个性的协调

服装与首饰协调是为了更好地进行装扮，以达到美好的形象。一些心理学家经研究认为，人的气质和精神状况，与文化素养、审美水平、衣着装扮都有一定的联系。如穿着大方、优雅，化妆得体，能增强自信心，从而更努力地工作与学习。

个人的审美观和欣赏能力对装扮起着决定性的作用，如素养较高、美感较好的人，往往可以把自己装扮得既和谐又有魅力。每个人的长相、体态、性格均不同，如果不能很好地把握自己的特点去装扮，就不会取得很好的效果。

一般说，体胖、脖短的人不宜佩戴大颗粒的短串珠，以避免看上去脖子更短。瘦高的人宜佩戴相对较短的颈链或多层组合链，使过于突出的脖颈用饰物点缀而得到掩饰。瘦小的人不宜佩戴过分粗大的首饰，佩戴小巧、精致的首饰能够使人产生娇柔、伶俐之感。胸部不丰满的女性不要为了显露项链而穿低领服装，佩戴合适长度的项链能够弥补这一缺点。

（三）特殊环境下首饰的佩戴

医务界不宜长期佩戴戒指。医护人员接触细菌、病毒的机会多，如长期佩戴戒指，细菌会在戒指下的皮肤上聚集，对自己和患者都有可能造成一定的危害。因此，医务人员至少在上班时不宜佩戴戒指。

工人在一些特殊的工作岗位上不宜佩戴首饰,如果使用不慎易酿成事故。

佛教葬礼仪式上佩戴的首饰是串珠，类似项链。珠粒的直径约为1.5～2cm，有的用乔木或菩提树的圆粒种子穿成，也有的用无色或紫色水晶、珊瑚珠穿成，根据教派的不同，由54颗、36颗、27颗、18颗珠粒组成，中间的大珠称为母珠，其他称为子珠。母珠下垂吊两颗黑色的大绒球或绒穗。

在一般情况下，办丧事时不佩戴首饰，或只戴珍珠制成的首饰，如胸针、挂件等，也可佩戴纯金或铂金戒指。在国外，传说珍珠是月亮流下的眼泪，人们看到珍珠就会联想到眼泪，因此，办丧事时佩戴珍珠胸针等一般不受限制。但不可佩戴珍珠项链、耳环、手镯等，其他首饰也尽量不戴。

第二节 首饰的分类

一、分类的方法

由于首饰的种类繁多，形式各异，导致了划分类别的难度。在此，我们可以对各种首饰加以归类分析，找出较为科学的分类方法。

（一）按制作工艺分类

按首饰的制作工艺分类，有模压首饰、铸造首饰、雕镂首饰、垒丝首饰、镶嵌首饰、镀层首饰、轧光首饰、烧蓝首饰、凿花首饰、焊接首饰、包金首饰、雕漆首饰、注塑首饰、热固首饰、软雕首饰、编结首饰、缝制首饰、刺绣首饰等。

（二）按装饰部位分类

按首饰的装饰部位分类，有：

头饰——簪、钗、笄、梳、篦、头花、发夹、步摇、插花、帽花。

颈饰——项链、项圈。

面饰——钿、靥、花黄、美人贴。

臂饰——臂钏、手镯、手链、手铃、手环、装饰表。

脚饰——脚钏、脚镯、脚链、脚铃、脚花。

鼻饰——鼻塞、鼻栓、鼻环、鼻贴、鼻钮。

胸饰——胸针、胸花、别针、领花。

耳饰——耳环、耳坠、耳花、耳珰。

腰饰——腰带、腰坠、带扣、带钩。

（三）按装饰风格分类

按首饰的装饰风格分类，有古典型首饰、高雅型首饰、概念型首饰、自然型首饰、前卫型首饰、环保型首饰、浪漫型首饰、怀旧型首饰、乡情型首饰、民族型首饰等。

（四）按价值分类

按首饰的价值分类，有名贵首饰、高档首饰、中低档首饰、廉价首饰。

（五）按应用场合分类

按首饰的应用场合分类，

有宴会首饰、时装首饰、日常首饰等。

（六）按材料分类

1. **金属类首饰** 贵金属首饰——铂金首饰、黄金首饰、包金首饰、双色金首饰、三色金首饰、变色金首饰、白银首饰等。

普通金属首饰——铜首饰、铝首饰、铅首饰、钢首饰、铁首饰等。

特殊金属首饰——稀金首饰、亚金首饰、亚银首饰、烧蓝首饰、轻合金首饰、黑钢首饰、仿金首饰等。

2. **珠宝类首饰** 名贵珠宝首饰——钻石首饰、祖母绿首饰、红蓝宝石首饰、猫眼首饰、翡翠首饰、珍珠首饰、欧泊首饰、珊瑚首饰等。

普通珠宝首饰——玉石首饰、水晶首饰、玛瑙首饰、绿松石首饰、青金石首饰、孔雀石首饰、大理石首饰、锆钻首饰等。

3. **雕刻类首饰** 雕刻类首饰有牙雕首饰、角雕首饰、骨雕首饰、贝雕首饰、木雕首饰、雕漆首饰等。

4. **陶瓷类首饰** 陶瓷类首饰有彩陶首饰、土陶首饰、釉瓷首饰、碎瓷首饰等。

5. **塑料类首饰** 塑料类首饰有塑料首饰、软塑首饰、热固首饰、有机玻璃首饰等。

6. **软首饰** 软首饰有绳编首饰、绒花首饰、缝制首饰、皮革首饰、刺绣首饰等。

二、常用首饰简介

（一）戒指

戒指是一种戴于手指的装饰品（图3-5）。在我国历史记载中又称为“指环”、“戒止”、“代指”、“手记”等。出土的新石器时代文物证明，那时我国已有指环存在，作为先民们的一种饰物。也有另一种说法，指环是原始先民们戴在手指上的咒物，随着社会的发展而流传下来，成为一种装饰物。

在我国，“戒指”一词来源于古代宫廷中后妃们避忌时（妊娠、月辰）戴在手指上的一种标记，故定名之。相传在古代也用作男女定情之信物，在《晋书·西戎传》及《宋·五经要义》中都有记载。“戒指”在古代是以骨、石、铜、铁等制作，以后则发展到用金、银、宝石制成。其做工精巧、别致，品种花型颇多，男女皆可佩戴。

外国人使用戒指要追溯到3000多年前的古埃及。据传当时古埃及的权贵们将自己的印章作为权力和地位的象征，为了使用方便，把印章佩挂在手上，以后又将印章制成环形套在手指上。由此印章的形式开始分化，一部分发展为今日的印章，而另一部分逐步演变为戒指，成了人们喜爱的装饰品。开始时，戒指造型较为简单，取材单一，佩戴方式也较随便。后来古希腊人在此基础上加以改造，设计出了新的图案，并开始利用黄金和宝石为材

(a)TOSCOW时尚水晶花形戒指

(b)POMELLATO镶宝石戒指

图3-5 戒指

料，对佩戴方式也开始讲究起来，达到了一定的工艺水平。现在，戒指除了装饰外，还具有纪念、标记、象征和信物等特定的含义。

戒指的种类很多，款式千姿百态，颜色五光十色，材料包罗万象，可分为以下几类：

1. **学生戒指**　学生戒指是大学或高中学生所戴的宝石戒指。通常在戒指上刻着有关学校的图案或标记，也可刻上自己的姓名。

2. **晚宴戒指**　晚宴戒指是出席晚宴等大型宴会活动时所戴的戒指。在18～24K金质指环上镶嵌钻石、玛瑙等大小宝石，也称“鸡尾戒指”。

3. **订婚戒指**　订婚戒指是男女订婚时的信物，通常由男方赠送给未婚妻，并戴在左手无名指上。在纯金、纯银的圆环形戒指上镶嵌一颗钻石或其他宝石。

4. **结婚戒指**　结婚戒指是在结婚仪式上由新娘和新郎互赠的纪念性戒指，是一种圆形朴素的指环，以纯金和纯银制成，几乎不镶嵌任何宝石。戒指的内侧常刻有男女双方名字的缩写和结婚日期。

戒指除了某些象征意义外，所表达的含义也是多方面的。

（1）日常戒指佩戴的含义：

戴于食指——表示大胆、勇敢；

戴于中指——正处于与亲人的离别中；

戴于无名指——与人相爱之中；

戴于小指——给人一种高傲的印象。

（2）订婚或结婚戒指的含义：

戴于食指——表示求婚；

戴于中指——正在恋爱中；

戴于无名指——已订婚或结婚；

戴于小指——表示独身。

大拇指一般不戴戒指。但在清代有男子用的一种扳指，是专门戴在大拇指上的，又称“玉韘”，为拉弓射箭时钩弦所用。以后逐渐转化为装饰品，又称“搬指”、“班指”、“绑指”，由玉石、象牙等材料制成。

5. **生日宝石戒指**　生日宝石戒指，又称为诞生石戒指，被视为理想的生日纪念物。在西方国家有着无数关于生日宝石神话般的传说，他们认为宝石具有某种神奇的力量，能给佩戴者带来好运，对不同月份的生日戒指镶嵌何种宝石都有自己的传统习惯。

1月——戴火红色的石榴石，象征忠实、真诚的友谊。

2月——戴紫水晶，象征内心的平静。

3月——戴海蓝宝石，能给人带来勇气。

4月——戴钻石，表示心境的清纯、洁净。

5月——戴绿宝石或翡翠，表示能带来幸福和爱情。

6月——戴珍珠或月亮宝石，表示健康长寿。

7月——戴红宝石，表示声誉、情爱和威严。

8月——戴红缟玛瑙，表示能得到夫妇的幸福。

9月——戴蓝宝石，表示诚实和德高望重。

10月——戴蛋白石，表示能克服困难，得到幸福。

11月——戴黄玉，表示能得到友情和爱情。

12月——戴蓝锆石，表示能带来成功。

另外，戒指的发展，充分显示了新的实用功能，如保健戒指、校徽戒指、音响戒指等。

戒指手表——戒指内设有微型石英机芯，走时精确度很高，电池可用1～2年。

保健戒指——外形类似普通戒指，但有测量并显示手指温度的功能，可以帮助人们监测身体的状况。

音响戒指——每隔一定时间报时，主要目的是提醒病患者按时服药，也适合定时交接班、换岗人员使用。

放大镜戒指——一种较贵重的戒指，戒面镶嵌的是放大镜而不是宝石，适合老年人或视力不好的人佩戴。

除此之外，还有熏香戒指、毒药戒指、照相机戒指等。

（二）项链

项链是一种佩戴在颈部的装饰物（图3-6）。项链的起源较早，在原始社会早期就已出现了以石、骨、草籽、动物的齿、贝壳等串成的“原始项链”。那时，除了表示装饰、审美的含义外，还有勇猛、宗教、标记、图腾崇拜等含义。随着生产的发展、社会的进步，所采用的原料也愈加丰富，逐步形成了今天的完美形式。

1. **多串式项链** 多串式项链是由不同等分长短的串珠组成，采用多串式结构。项链的选材多为珍珠、象牙、玛瑙、珊瑚玉等，是一种较为典型的珠宝项链。

2. **颈链** 颈链即短项链，是紧贴于颈根部的项链，多采用珍珠、象牙、玛瑙或人造宝石等制作，具有玲珑精细、雅致美观的特点。

3. **宽宝石项链** 宽宝石项链是一种由缎带制作并在上面镶有宝石或其他装饰物的项链，通常佩戴于颈根部。项链上的装饰物一般为天然珍珠、玛瑙、翡翠或人造宝石等，具有柔韧、舒适的特点。

4. **垂饰式项链** 垂饰式项链是一种法国式含垂饰或其他精致小挂件的项链，可采用金银或丝缎织物制作。垂饰通常由金银、玛瑙、翡翠或人造宝石等制作，其形状各异，有心形、花卉形或几何图形。

5. **夜礼服项链** 夜礼服项链是在晚间社交活动或观看戏剧时佩戴的。项链长度约为120～305cm，多采用珍珠、玛瑙、白玉等制作，具有珠光宝气、华贵富丽的风韵。

6. **日间社交用项链** 日间社交用项链是于白天参加招待会、观看戏剧时所佩戴的项链。其长度约为75～115cm，多选用天然珍珠、珊瑚玉、金刚石等材料制作。

7. **双套项链** 双套项链是一种在中部打结并形成两个大小不等链圈的项链，一般长度为75～90cm、120～305cm，多选用优质珍珠、白玉等制作，具有较强的立体感和艺术性。

8. **项链挂盒** 项链挂盒是与项链相配套的贵重金属小盒。项链或挂链通常为直径较细的18～24K金或银质项链，挂盒与链同一材质，其形状多为心形或其他几何图形，挂盒内可保存袖珍照片等多种微型纪念品，其装饰极为华丽。

另外，还有许多种类的项链，如男性项链、音乐项链等。

男性项链——大致可分为两种类型。以黄金、银、铂金为主的项链较短，粗细均有，价格较高，可常年佩戴，多以护身和祈求吉祥为目的而佩戴；宝石项链，多以橄榄石、鳖甲、玛瑙、黑曜石等为材料，颜色较深暗，珠粒较大，价格也较低廉。

音乐项链——国外研制的这种项链上有一微型音乐盒，它能反映出当地空气污染的情况，当室内有烟味或有害气体时，音乐盒便会播出音乐，提醒人们注意。

病历项链——美国制造的这种项链，其圆柱形挂坠内有一放大镜和一张微缩病历胶片，记载着佩戴人的姓名、年龄、病情等资料，一旦突发疾病，可根据病历资料的记载抢救病人。

磁疗项链——项链中装有磁石，利用磁场对人体组织产生作用的性质可促进人的新陈代谢、血液循环等。

（三）耳环

耳环是一种装饰耳部的饰品（图3-7）。

耳环作为一种饰物，在古时多为男、女通用。《诗经》曰：“有斐君子，充耳琇莹”。以后慢慢成为妇女首饰，也有少数男

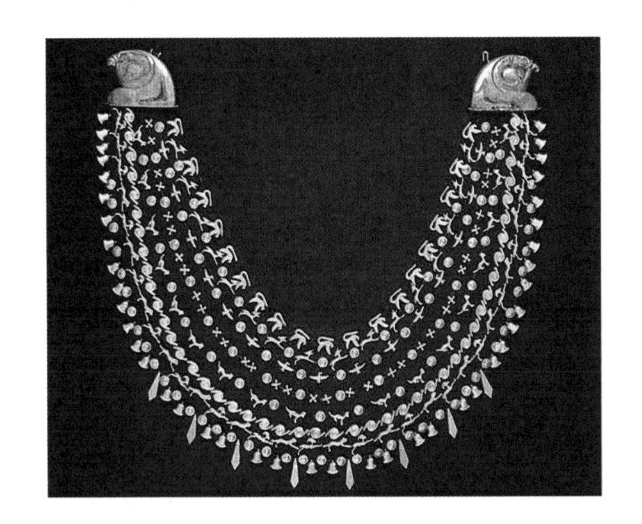

(a)古埃及Ahhotep女王黄金项链

(b)珠宝项链

图3-6　项链

(a)果实造型的金耳环

(b)具有现代风格的文字耳环

图3-7　耳环

(a)1世纪英国的黄金手镯

(b)中国的银手镯

图3-8　手镯

子佩戴耳环。

过去通常是用穿耳法佩戴各种耳饰，现在已发展到无需穿耳眼便可佩戴，如用弹簧夹头或螺旋轧环将耳环固定于耳垂上。

耳环的种类按形状来分主要有两种，一种是纽扣式，一种是耳坠式，每一类又有不同的款式和造型。

纽扣式——有花朵形、钻石形、珠形、圆形、菱形、链条形等，造型较小巧精致。

耳坠式——在耳扣的下面悬挂着各种形状的装饰，如圆环形、椭圆形、心形、梨形、花形、串形等，款式非常丰富。

1. **球形耳环** 球形耳环是一种可以用穿耳或夹耳方式将圆球状饰物固定于耳垂上的耳环，常用珍珠、翡翠、玛瑙或宝石等作为制作材料，外形小巧精致。

2. **耳扣** 耳扣的外形为半球形，表面呈圆形，常用珍珠、玛瑙、宝石及骨制品制作。

3. **枝形吊灯式耳环** 枝形吊灯式耳环是一种垂挂式装饰耳环，因其形状像枝形吊灯而得名。其上常挂有数个纽形垂状饰物，链条用金、银制作，饰物用翡翠、玛瑙、贝壳等制作。

（四）手镯

手镯包括手环、手链，是一种戴在腕部、臂部的装饰品。一般采用金属、骨制品、宝石、塑料及皮革等制成（图3-8）。

手镯是我国的一种传统手饰，汉族及众多少数民族中都有佩戴手镯的习俗。国外的许多民族和土著部落的人也非常喜欢这种首饰。在民间，人们认为戴手镯可以使人无病无灾，长命百岁，具有吉祥的含义。

在常见的手镯中，银镯最多，其次是玉石和玛瑙的。纯金的手镯用料多、价格较高，因此在民间比银镯数量少。但金手链或包金、镀金手镯由于价廉物美，深受人们欢迎。现代人更注重首饰的外在审美价值及做工的精致新奇，用现代材料如玻璃、陶瓷、塑料、不锈钢、合金等材料制作的手镯在市场上受到年轻人的欢迎。

手镯根据取材不同可分为以下几种：

金属手镯——由黄金、铂金、亚金、银、铜等制成，有链式、套环式、编结式、连杆式、光杆式、雕刻式、螺旋式、响铃式等。

镶嵌手镯——在金属或非金属的环上镶嵌上钻石、红宝石、蓝宝石、珍珠等加工而成。

非金属手镯——由象牙、玛瑙、鳖甲、珐琅、景泰蓝等雕琢而成。

常见手镯有：

无花镯——也称素坯镯，一般为打造银（或金）制成。把银条打成粗细不同的圆条、方条或其他条状，再截断弯曲制成银圈，表面无任何装饰性花纹。

錾花镯——也称雕花镯，在无花镯上用刀雕刻图案，通常以凹陷的细沟纹组成花卉或龙凤图案。

压花镯——用较薄的银片（或金片）压制而成，多为空腔和单面有花纹制品，花纹表面浮雕凸起，立体感强，给人一种厚实凝重的感觉。

镶宝镯——金、银环部分与压花镯或錾花镯的加工方法相同，再焊上各种形状的宝石托，以便镶嵌宝石。

花丝镯——用金丝或银丝编结成各种花色的环带。

五股镯——用五股较粗的金银丝编绞而成，形状和多股铝线相似。

金手链——黄金手链大多是链状形式，做工与黄金项链一样，有松齿链、马鞭链等。

身份手镯——镶着刻有主人姓名、身份的手镯，常用金、银、铜等坚硬材料制成，既有装饰性，又有实用功能。

蛇形手镯——手镯的外形呈盘缠式，戴于上臂部，类似盘绕的蛇形，细长而具有韧性，通常将“蛇头”作为环镯的装饰物。

表镯——是具有显示时间功能的手镯，常采用精致的塑料、象牙、金银或骨制品等制作。其表面与手镯相似，装饰性与实用性相结合，以弥补手表与手镯不能同时佩戴的不足。

防身手镯——用以防身的手镯，其表面与普通手镯相似，但里面藏着薄片型高压电池，若遇坏人侵犯，会立即释放出强大的高压电流，从而使人无法近身。

另外，还有以鳖甲、珐琅、象牙、玛瑙等制作的手镯。

手镯的戴法因民间传统的习俗和各国传统而异，但也有共同之处。如只戴一个，就应戴在左手上，而不可戴在右手上；戴两个手镯时，可每只手戴一个，也可都戴在左手上；戴三个手镯时，都应戴在左手上，不可一手戴一个，另一手戴两个。

若戴手镯又戴戒指，手镯和戒指的式样、质地、颜色要统一。

（五）脚镯、脚花和脚铃

1. *脚镯*　脚镯是中外人民非常喜爱的脚上装饰品，多为儿童佩戴。民间许多人给刚出生不久的小孩戴上脚镯，以求小孩免除一切病魔，长命、富贵。

脚镯一般以银为材料，种类较多，有单环式、双环式、系铃式、螺纹式、绳索式、链式等，这种脚镯体轻、洁白、明亮。另外，还有玉、玛瑙、翡翠、珊瑚、鳖甲等制作的脚镯。

2. *脚花*　脚花在国外男、女青年中流行，是一种新颖的挂在袜子上或鞋子上的装饰品。脚花有一种特殊的魅力，使青年人感到豪爽奔放、充满活力。

脚花的造型别致，有浮雕式、壁画式、编织式、模压式等，图案多以山水、动物、人物、花草、树木为主。选材多以金属制作，也可用珐琅、塑料、贝壳、有机玻璃、各种宝石等制作。

脚花多在骑自行车和表演舞蹈时佩戴，在人多拥挤的场合尽量少戴。

3. *脚铃*　脚铃是套在脚上的一种能发出声响的装饰品。它是由银、铜、铝等制成的环和3～5个小铃组成。环多为光杆式、压花式和绳索式，铃多为球形、钟形、桃形等。脚铃一般成双成对地佩戴，多半是孪生姐妹或孪生兄弟佩戴，每人在左脚上各戴一只。在我国，除了少数民族外，很少有成年人佩戴脚铃。

（六）胸针

胸针是人们用来点缀和装饰服装的饰品。胸针的造型精巧别致，有花卉型、动物型和几何型。材料多为金、银、铜以及天然宝石和人造宝石、贝壳、羽毛等（图3-9）。

图3-9　胸针

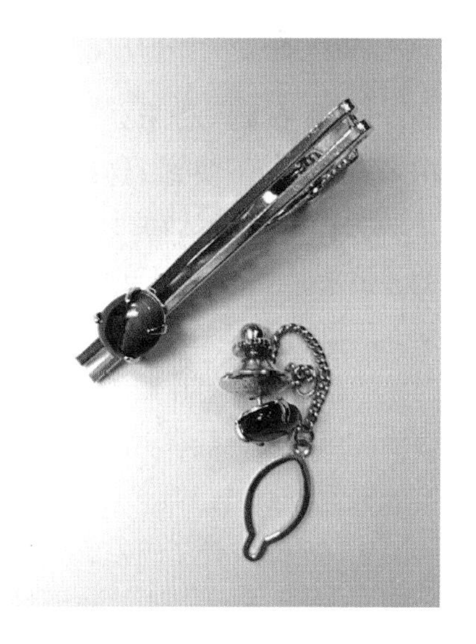

图3-10　领带夹与领带饰针

胸针早在古希腊、古罗马时代就开始使用，那时称为扣衣针或饰针。到了拜占庭时代，出现了各种做工精巧、装饰华丽的金银和宝石饰针，成为现代胸针的原型。

胸针的式样可分为大型和小型两种：大型胸针直径在5cm左右，大多有若干大小不等的宝石相配，图案较繁缛，如有一粒大宝石配一系列小宝石的，或用数粒等同大小的宝石组合成几何图形的，均以金属作为托架，结构严谨；小型胸针直径约2cm，式样丰富，如单粒钻石配小花叶、12生肖、名刹古寺等。

我国较流行的主要有点翠胸针和花丝胸针。点翠胸针多为花鸟、草虫图案，其叶、花的表面呈现一种鲜艳的蓝色、近松石色。花丝胸针是用微细金、银丝组编制而成，还带有金银丝做的穗，有的还镶嵌各种鲜亮美丽的宝石。

（七）领带夹、领带饰针

1. **领带夹**　领带夹是一种用来固定领带下摆的装饰夹，由于脱去西装进行活动时，长长的领带来回摆动，给行动带来不便，所以用领带夹加以固定。同时，领带夹上镶有珍珠或宝石，多为礼服专用，既有实用性，又有装饰性。

2. **领带饰针**　领带饰针是一种一端为饰物，另一端为帽盖的短饰针，通常是由一条饰链连接两端。饰针自衬衣内侧固定，从而起到固定领带的作用，饰物通常为宝石或其他贵重材料所制。使用这种饰针时，可以将饰物展现在领带上，领带饰针多用于高雅的西装及礼服上（图3-10）。

第三节　首饰的材料

首饰材料的使用与研发是首饰制作行业不断发展与创新的保障。不论是首饰的制作者还是佩戴者，对首饰的材料都十分关注。人们不仅仅讲究材料的价值，更追求其新颖与独特。首饰发展到现在，所用的材料也不断地在发展与创新，出现了除贵重金属以外的各种新型材料，极大地丰富了首饰的式样与风格，也满足了各个层面的消费需求。

首饰材料的演变包含了两个内容：一是对传统材料的创新研究，如各种彩色金的使用，各种有着优良品质的合金的采用等；二是新颖别致的材料的使用，如皮革、纺织材料、各种通过高新技术而获得的人造材料等。

一、贵金属材料

尽管首饰材料的品种非常丰富多彩，但无论在创意性的首饰还是商业性的首饰中，贵金属仍然占有绝对的比例。人们提到首饰，自然会想到黄金、铂金、银等贵重金属。

传统的作为首饰所用的金属，一般必须具备以下几个条件：

（1）金属外观必须美观，不易被酸、碱等化学物质所腐蚀。

（2）金属必须耐用，有一定的硬度，有优良的延展性。

（3）金属必须属于稀少品种，有一定的收藏、保值价值。

当然，凡是满足以上几点要求的金属，都属于贵重金属，是自古以来首饰制作首选的材料。但是随着科学技术的不断发展，由贵重金属与普通金属相混合而产生的合金材料，现已大量使用，繁荣了首饰品的材料市场。

（一）金

金（Au），是珠宝首饰中最常用的金属材料之一，其华贵绚丽的外表以及优秀的金属本性都是提升其价值的原因。金在原始状态时，闪耀着一种独特而绚丽的亮黄色，使人们将黄金与太阳联系起来，赋予了黄金高昂的价值。而且，由于纯金的化学特性十分稳定，不易被腐蚀以及在空气中不易被氧化，这种品质使黄金成为不朽的象征。

1. 金的计算　金的计算分为两个方面，一是重量计算；二是纯度计算。

（1）重量计算：金的重量计算单位有克（g）、盎司（oz）、两（1两=50g）。其中克、盎司是国际通用单位，“两”则是中国传统计量单位。

常衡（Avoirdupois Weight）1盎司=28.3495克

金衡（Troy Weight）1盎司=31.1035克

（2）纯度计算（成色计算）：国际上通用的纯度计算单位为K，这种计算方法将黄金成色分为24份，1份为1K。而中国传统计算黄金的成色单位为百分比，如九九金（含金量为99%）、七五金（含金量为75%）、五成金（含金量为50%）。K与百分比的关系是24K为100%（纯金），但实际上24K金的含金量达不到100%，最高达到99.99%，所以，国际上将含金量达到99.99%的金称为24K金。我国传统上将99.99%金称为“千足金”（或四九金）和“足金”（或二九金）。当然，由于加工技术及传统习惯的差异，各个地区和国家对纯金的实际含量的标准是不同的。

2. 金的特点　用于首饰制作的金，通常有纯金（24K）和K金两种。

（1）24K金：亦称纯金。其特征是，延展性好，含金量高，保值性强，但是由于材料的硬度低，不能镶嵌各类宝石，装饰效果受到局限。

（2）K金：加入一定比例的其他金属以增加金的硬度，这种金称为K金。由于加入其他金属的种类及比例不同，K金可分为18K金、14K金、9K金等。

18K金——金75%、银14%、紫铜11%。这种金色泽为青黄色，硬韧适中，有较强的延展性，不易变形、断裂，边材不锋利，十分适宜于各种造型及镶嵌各类宝石，成色较高，保值性与装饰性都较为理想，是生产量最多的一种首饰用金。

14K金——金58.5%、银10%、紫铜31.47%及微量的其他元素。此金色泽暗黄，泛有赤色，与纯金相比偏红，比18K金偏深；质地坚硬，有一定的韧性和弹性，易造型和镶嵌各类宝石，装饰性非常好，价格适中，适合生产装饰性较强的流行性首饰。在国际市场上其销量远远超过18K金与纯金。

9K金——金37.5%、银12%、紫铜50.5%等。此金色泽为紫红色，延展性较差，坚硬易断，适合制作一些造型简单或只镶嵌单粒宝石的首饰，价格便宜，多用于制作低档流行款式及大型奖章、奖牌、表壳等实用型工艺品。在国际上有一定的销量，但在中国还没有大量投放市场。

各类彩色K金——随着科学技术的发展，利用合金成分的比例不同生产出各种不同于传统金黄色的彩色金。彩色金也是一种K金，其标准严格按照K金的标准来评价。这类彩色金呈现出白、浅黄、绿黄、浅红、深红、紫色、蓝色、灰色甚至黑色的各种色调。由于色彩的变化，可利用这些彩色金制作出具有创意及个性化的首饰，这也是贵金属首饰的一种发展趋势。

（二）铂与白色K金

1. 铂（Pt）　铂金的印鉴代号是“Pt”，其含量以千分计算，即“pt990”为纯铂金（也称足铂金），“Pt850”即铂含量为850‰。其化学性质稳定，不变色，色泽银白优雅，与各类宝石十分协调，可营造出高贵华丽的气氛。铂质软但强度比黄金高，可以较好地将宝石固定在托架上，易于加工处理。

2. **白色K金** 白色K金即人们俗称的白金，又称750金，是黄金加上某些合金而成，通常黄金的含量不超过75%。白色K金不能打上“Pt”的标志，一般按黄金的纯度标志印记，如18K的白色K金标记为G 750或18K。

（三）银

银（Ag），色泽银白，是所有金属中对白色光线反射最好的。银的延展性强，易于加工，化学性质较稳定，但不如金和铂，尤其容易受到硫化物的腐蚀，表面常常变得灰暗甚至变黑。但是银的色泽漂亮，价格低廉，因此成为首饰中应用最为普遍的材料，并且它能够与金和铜以任何比例形成合金。在各个民族中，银首饰的流传面最广。

1. **纯银** 纯银，中国传统称为宝银、纹银，也称足银，是中国旧时的一种标准银，成色为93.54%。由于纯银的质地柔软，只能适合做一些简单的首饰。

2. **白银** 宝银、纹银太软，加入少量的其他金属（一般为铜），可以成为质地较硬的首饰银——白银。白银富于韧性，并保留原来的延展性，而且由于铜的加入，抑制了空气对首饰的氧化作用，所以白银首饰的表面色泽不太容易变色。

现在市场上有两种通用的首饰银：98银、92.5银，前者纯度较高，一般用于制作保值性首饰；92.5银纯度虽然比较低，但硬度及延展性都较好，适合制作有设计感和镶嵌各类宝石的首饰，是目前市场上使用最广的首饰银。

二、普通金属材料

首饰的材料种类非常多，随着科学技术的发展，普通金属材料被大量应用到首饰中。这些材料在现今的市场上扮演着十分重要的角色，在许多有创意的贵金属首饰中也有相当比例的运用，如在一些国际知名的首饰设计大赛中，便可以看到晶莹璀璨的黄金、铂金、钻石与普通的丝带、皮革、钢铁等材料并用的现象。在首饰中加入非贵金属材料，更显示出其独特的设计个性和强烈的吸引力。

普通金属主要是指那些仿铂金、黄金、白银等贵金属特性的金属材料。一般来讲，这种金属以铜合金为主，模仿黄金，还有镍合金、铝合金，后两种合金颜色为白色，用来模仿铂金、白银。这些合金中往往还加入锌、镉、铅、锡以及其他一些稀有或稀土元素，根据需要配制成各种合金，如：仿黄金的美国CDA226、CDA61500、日本昭和55-26177等，采用的是铜基合金材料；我国的“稀金”（稀土元素与铜的合金），这些都是仿黄金的金属材料。这些金属有的色泽与抗腐蚀性已经达到略亚于黄金的水平，是制作低价首饰的最佳材料。

三、非金属材料

首饰中非金属材料的种类更加丰富多彩。有的直接来源于自然界，如各种动物的骨骼、牙齿等；各种贝壳；各种竹、木，植物的叶、枝、筋脉等；各种宝石、半宝石以及非宝石级的石材；羽毛、皮革与裘皮等。还有的来自于人工世界的人造物，如各种塑料、纺织品、玻璃等。这些材料有的十分珍贵，如象牙、钻石等；也有的十分廉价，如植物枝叶及塑料等，但是如果将之应用得当，将会创造出十分有个性甚至是有市场价值的首饰。由于现在市场对个性化首饰的需求越来越大，非金属材料的运用将越来越多，也越来越被首饰设计师看好。

第四节　首饰的基本工艺

在几千年的发展过程中，世界各国、各民族通过其世代珠宝匠的不断探索及研究，创造了丰富多彩的具有本民族特色的首饰加工技术，为人类珠宝首饰的发展作出了巨大的贡献。珠宝首饰可以说是一种综合性的工艺，它包括了金属锻造、珠宝镶嵌、点翠、烧蓝等。这里简单介绍首饰制作的一些主要工艺、主要工具和设备以及一些简单的制作方法，让大家对珠宝首饰的制作有一个大致的了解。

一、首饰的基本部件

首饰的种类繁多，但从材料上可划分为嵌宝首饰和不嵌宝首饰两大类。

将嵌宝首饰分解后可以看到，一般部件有齿口、坯身、披花、功能装置四种。

齿口——这是指固定宝石的部分，它除了有固定宝石的作用外，有些齿口还带有一定的装饰性，如梅花齿口、菊爪齿口等均能体现出齿口的装饰美。齿口的式样很多，有锉齿齿口、焊齿齿口、包边齿口、包角齿口、挤珠齿口、轨道齿口等，根据不同宝石、不同形状和设计的要求，合理选择不同式样的齿口是保证首饰质量与美观的重要前提。

坯身——这是指首饰的大身部分，也可以说是首饰的骨架。齿口、披花、功能装置都附设在坯身上。坯身的款式范围很广，除因首饰种类不同造成坯身不同以外，即使是同类品种的坯身也是千变万化。在确定宝石和款式的前提下，选择不同式样的坯身，目的是承受齿口和披花的需要。

披花——这是指环绕齿口和坯身之间的连接花片，具有强烈的装饰性。披花是根据宝石的大小和设计意图，由一种或多种花片、丝、珠等组成图案，一般点缀在宝石周围。披花分为传统披花和几何披花两类。各类不同的披花形成风格各异的装饰部件，目的是在突出宝石的前提下，增加首饰的装饰美。

功能装置——这是指首饰在使用时具有一定功能的部分，如项链的扣、胸针的别针等。这些功能部件除了要求精巧外，功能性要求较高，否则首饰在佩戴时容易脱落。

二、制作首饰常用的工具与设备

首饰制作需要依靠一些基本的手工工具和机械设备。手工工具十分重要，即使是在当今机械制作很普遍的情况下，也仍然起着重要的作用。

（一）常用工具

常用工具种类丰富，但归纳起来有以下主要工具：

模具——又称花模，是在钢板上刻制出各种花纹、字样、线、点、凹凸等造型的模具。金银材料在模具中经过压力机的冲压，即可获得各种造型图案的配件。首饰除了用机器冲压以外，还可以用手工敲打成型。

焊具——由脚踏鼓风机（俗称皮老虎）、汽油罐、焊枪、皮管组成，用来焊接金属和使金属退火的。在使用焊枪时，一定要注意掌握火力的大小、聚散、时间、焊点，并要注意安全。

锉——在整理工件的外形及表面时所用的锉刀，是首饰加工中最重要的工具，也是最重要的基本功。锉刀有不同的规格和形状。以其断面的形态来分，锉刀有板锉、半圆锉、三角锉等。锉刀的锉纹根据粗细可分为粗纹、中纹、小纹、油纹，粗纹用来整理外形轮廓，中纹、小纹用于整理细节，油纹是光整表面。

锯——使用锯弓在工件上锯出狭缝、圆洞，或所需要的内、外轮廓的工具。

錾子——修整首饰表面和首饰表面装饰处理的工具，其重点是后者。錾子头上有各种花纹，可以直接在金属表面敲打出花纹。

其他——锤、钳、镊子、刮刀、牙刀、剪、铁礅、戒指槽、球形槽、戒指棍、线规、尺等。

（二）常用设备

首饰制作的设备很多，有熔炼设备、轧片拉丝设备、蛇皮钻、批花机、链条机、浇铸设备、抛光机等。

三、基本制作工序

首饰的制作工序根据首饰的款式及设计要求的不同而繁简不一，这里简单介绍以下基本方法。

首饰制作的前道工序主要指熔炼、轧片、拉丝。

熔炼——开采出来的矿金、沙金都是生金，需要经过熔炼、提纯后，再制成丝、条、片、板等，或根据需要加入其他金属制成各种成色的K金材料，才可以进行加工。一般用电阻炉、高频或中频感应炉，或者用煤气炉燃烧加热。所用的坩埚除生产上常用的石墨黏土坩埚外，还可以用氧化铝坩埚。铸模一般用铁铸模、铜铸模以及石墨模。

轧片、拉丝——这道工序是首饰生产、制作不可或缺的前道工序。正确掌握此道工序的要领是提高效益、降低损耗的重要途径。

经过以上前道加工工序后，就可以进行正式加工。加工时，可根据设计需要选择焊接、锯、锉、錾、敲打、抛光等工序，每道工序都有其严格的要求，如果其中一道工序失败，就会导致整个加工的失败。因此严格按照加工工序，认真做好每道工序，是保证质量、提高效率的基本前提。

第五节　首饰设计与造型规律

一、造型、图案与色彩

首饰艺术的造型美原则，主要是指首饰的形式构成美。

首饰艺术是人类的传统艺术种类，历史悠久，在历代人不断创作的实践中，逐步创造、丰富和发展了首饰艺术中的形式美。它集艺术性、审美性、实用性以及其他多种因素于一体，同时还要依靠精湛的工艺技术才能更好地完成，达到良好的艺

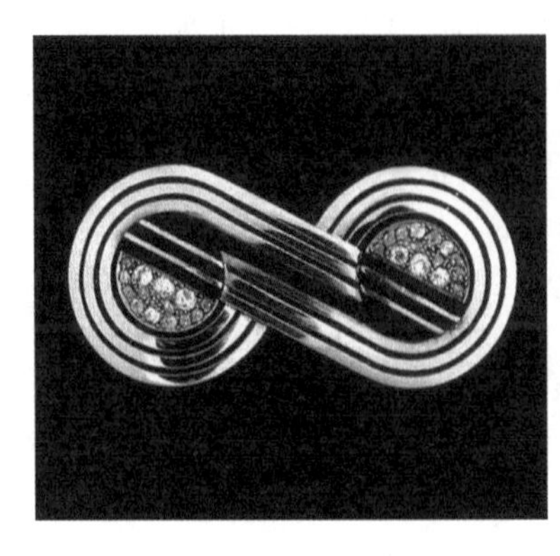

图3-11　20世纪20年代装饰艺术风格胸针

图3-12　20世纪20年代末祖母绿钻石胸针

术效果。

首饰设计中形式美的构成元素是点、线、面的合理组合以及色彩、质地的合理搭配。由不同材料，不同形状的点、线、面，通过排列、组合、弯曲、切割、编结等方法，产生疏密、松紧、渐变、跳跃、对称、对比等变化，达到造型上的整体性、和谐性和完美性。从造型上看，骨架格式的排列、首饰材料质感和色彩的搭配，局部外形形状的磨制和组合以及首饰外形、角度的设计等，在首饰设计中都是非常重要的。

首饰的造型，首先是依据人体的装饰部位来考虑的，如项链、项圈都是围绕人体颈部进行装饰，它的长度至少能够围绕颈部一周。在此基础上，项链的长度可由设计师根据设计构思来决定。常规的长度在105～305cm之间不等，当然也有更长的设计，使佩戴者能够根据需要临时改变外观效果。项链的宽度设计是设计范围最广的环节，宽可达数十厘米，窄可以毫米计数。根据不同的材料，有链式、珠串式、鞭式、绞式、辫式、整体模压浮雕式、金粒镶嵌等许多造型。又如手镯是依据人体手腕部的特点而设计的，有宽、窄、大、小、开口、合口等区别，但不能超出手腕粗细的范围，太大手镯易脱落，太小则不能套入手腕，一般单圈手镯长度在20cm ± 2cm之间。

纵观古今中外的各式首饰，我们可以看出它们大都有一定的造型和图案。

首饰设计的图案来源，一是继承传统首饰中的精华，加以重新塑造，设计出新的纹样来；二是从各民族民间首饰中汲取灵感，将本民族风格与其他民族的风格融合起来而得到崭新的图案形式；三是从姐妹艺术中寻找启示，如绘画、音乐、舞蹈、建筑、陶瓷等，都有值得借鉴的优秀之处；四是从美丽、神奇的大自然中获得图案创作的灵感，它是首饰创作最广阔、最重要的源泉。从自然的山川景色、花草鱼虫到人造的各式风景、幻想出来的理想形象，无一不在首饰中得到表现。人们的社会意识、宗教信仰、风俗民情也对首饰图案的选择和造型产生了一定的影响，现代众多首饰设计师都从民族传统文化中汲取创作灵感，用以表达最新的设计理念。如近年来一些首饰作品体现出了浓郁的民族文化特色，具有独特的艺术效果。

还有许多首饰，讲究几何图案造型，以规则的圆形、方形、曲线交叉组合形成简练的纹样，线条清晰明快，点、线、面组合自然得体，使首饰有稳定、均匀、有比例的美感（图3-11）。

首饰的色彩取决于首饰材料天然的色泽及人工的搭配。金、银的色泽与宝石色的搭配极易和谐；大多数钻石自身虽无色，但却能充分地折射出许多颜色，并且光芒四射；红、蓝宝石纯正耀眼的色彩使人们心旷神怡；珍珠所表现出来的奇妙、神秘、含蓄的色彩使众人入迷。所有的首饰都以奇幻美丽的色彩来打动人心（图3-12）。

首饰的色彩设计和搭配，讲究和谐完美、典雅高贵。常有数种搭配与设计方式：一是充分利用单一首饰材料的自身色彩和光泽，往往能够达到浑然天成、自然高雅的效果。这种方式运用较为广泛，如金项链、银手镯、水晶饰品等。以珍珠为例，珍珠本身具有柔和雅洁的珍珠光泽和色彩，有乳白色、银白色、粉红色、浅茶色、褐色、黑色、蓝色、青铜色、铅灰色等数十种之多。在设计珍珠首饰时，一般以同色珍珠相串，或单串、或多串组合，使珍珠首饰看上去柔和美观。二是利用同一材料的不同色彩作搭配设计，如前面所说的珍珠首饰，可以将不同色彩的两种珍珠相间排列或分组排列，形成双色组合首饰，但所用材料仍为一种，使其看上去富有变化，更有生气。这种设计形式很多，如项链中茶晶与白晶搭配、黄金与铂金搭配等。三是利用不同材料不同色彩的搭配，这也是首饰设计中应用广泛且最有前途的设计方式。比较常见的设计，如金银与珠宝结合、合金与纺织品或皮

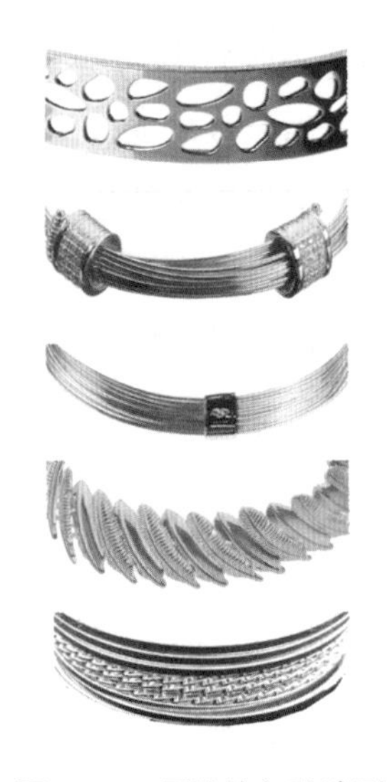

图3–13 项链的各种造型

图3–14 蒂芙尼戒指、手镯的环状结构

图3–15 苗族的球形银耳环

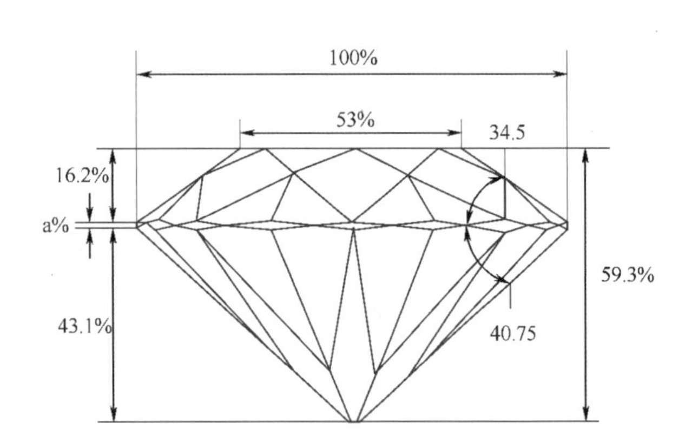

马塞·陶可斯基研究的理想式切磨

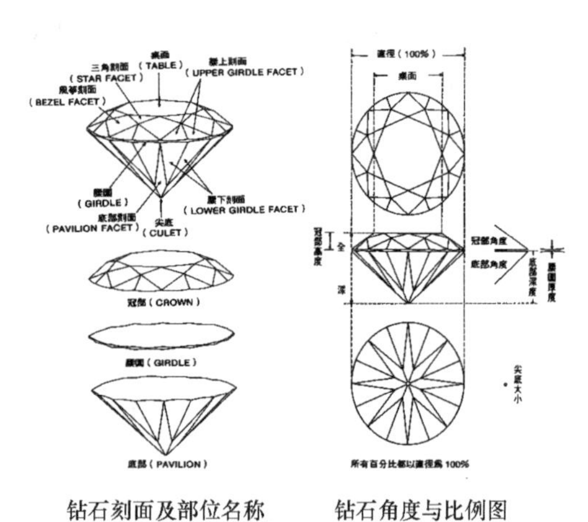

钻石刻面及部位名称　钻石角度与比例图

重子切磨

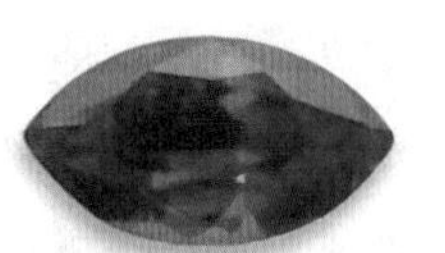

橄榄形切磨

千禧枕垫形切磨

千禧祖母绿切磨

千禧花式切磨

棋格切磨

椭圆形切磨

弧形对称切磨

长三角形切磨

千禧三角形切磨

葡萄牙琢型

公主方形切磨

心形切磨

三角形切磨

圆形明亮形切磨

图3–16 宝石的切磨

图3-17　木质漆画手镯

(a)

(b)

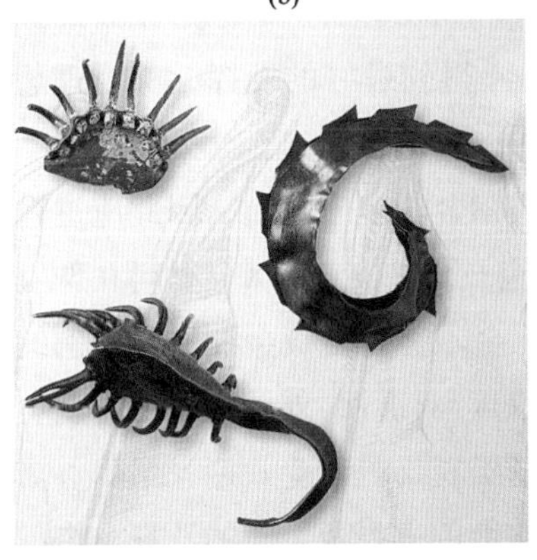

(c)

图3-18　不同材料的首饰

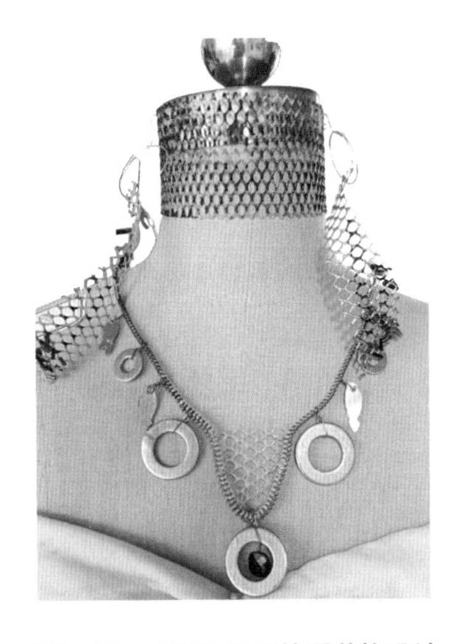

图3-19　拉链和金属垫圈首饰设计

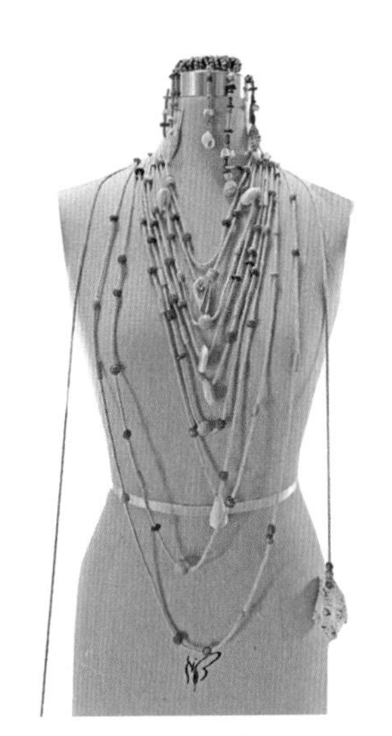

图3-20　棉绳、贝壳与木珠首饰设计

图3-21　布、棉花与木珠首饰设计

图3-22　牛皮手链

图3-23　塑料瓶盖、回形针和珠子首饰设计

图3-24　鱼骨和珠子首饰设计

革相配、竹木类与合金结合等，如彩色钻石镶嵌于铂金之上、在黄金首饰上镶嵌金绿玉猫眼石、黑色丝绒上点缀颗颗闪亮的银钉或五彩石、银白色的首饰上饰满黄色的琥珀……每一种设计都充满丰富的色彩意境，使首饰显得神秘、纯真和美丽。

二、金银珠宝首饰设计

利用贵重的黄金、铂金、K金、白银、色银以及色彩晶莹闪烁的名贵珠宝来设计首饰时，由于原料贵重稀少，因此设计时应注重选料、搭配及组合时所产生的美感。

（一）金银首饰

黄金用来制作首饰有其独特的效果。黄金的色彩呈均匀光泽的黄色，纯金的纯度达到99.99%，适合制作各种首饰，并可以设计出许多美丽的自然图案与抽象图案等。但黄金质地柔软易变形，不能镶嵌精美的宝石，所以款式不易翻新。一般黄金饰品的造型有链状结构，如水波链、马鞭链、方丝链、花丝链、双套链、机制链、松齿链、串丝链等。我们设计时，可以打破传统的链状形式，给金银首饰的造型注入一些新的构思，如流线型、镶拼型、组合型等（图3-13）。

环状结构多用于戒指和手镯的设计之中，如有圆环形（有开口与合口之分）、螺旋形、双环形、多环形等。设计时，应注意圆环的造型变化，如宽圆环中图案的设计；镶嵌珠宝的位置和色彩；金丝盘绕编结的形式等（图3-14）。

球形结构以耳环、胸饰和发饰为主，常有半球形、扣形、椭圆形、不规则球形等。设计时要把握好主题。由于这类首饰外形尺寸较小，多以点缀形式出现，因此，线条要圆润、光洁、精致，但不要太复杂（图3-15）。

特殊造型多指象形造型，以各种图案为主题，各类首饰均有此设计，是应用最广泛的方法之一。设计时，要注意形象的完美，点、线、面的组合适当，大、小、粗、细、疏、密的合理安排等因素。

（二）珠宝首饰

珍珠、宝石的首饰设计要充分运用各种珠宝的天然色彩和光泽的条件，因为珍珠、宝石自身的美感是许多人造物难以达到的。虽然现代技术足以造出以假乱真的仿制品，但仍存在不同程度的缺憾。珠宝首饰强调色彩的合理搭配以及珠粒的形状、大小有规律的组合。

珠宝首饰的设计，首先涉及宝石的切割研磨。以钻石为例，钻石的基本结晶形态为八面体，是宝石中最完美的结晶形态。但在自然形成过程中，它受到种种原因的影响，所呈现出的外观是不规则的，并且含有多种杂质和内部瑕疵，需要经过筛选、设计、切割后，才能得到完美无缺的部分，并且应具有美丽的外形，既完美又合理的设计是最大限度地保留钻石体积、删除所有杂质裂隙，又能使钻石的光泽、色散、闪光和光辉达到最好的效果，得到最完全的发挥。1919年美国的宝石切割设计师马塞·陶可斯基（Marcel Tolkowsky）对圆形钻石的角度做了最好的调整，使钻石的光泽得到最好的发挥，称为理想式切磨（图3-16）。

珠宝材料，大都镶嵌于K金或铂金的基座之上，因此应进行设计创作，使本身就光彩迷人的宝石更加完美。K金材料在珠宝设计创作时更易于变化处理，因K金本身是由黄金加一定比例的银、铜、锌等金属来加强黄金的强度与韧性，能够镶制各种精美的宝石，因此在国际首饰界中，这类首饰是最受欢迎且最具有市场的。K金首饰的设计牵涉到K金K数的选择及宝石的选择、搭配两个方面。一般来说，设计师选择宝石后要先鉴定，了解其折光度、切工、硬度、比重后再动手设计。同时，还要考虑到艺术性及消费者的喜爱。珠宝与K金的组合因设计风格的不同而体现出不同的效果，如较为古典的设计，应考虑其精致、典雅的美感；较为现代的设计，则要强调线条的流畅挺拔和宝石切削的线条感。

三、综合材料首饰设计

现代首饰设计除了贵金属及珠宝类材料之外，还大量地应用合金、塑料、有机玻璃、纺织纤维、陶瓷、蚌、皮革、石头、竹木、纸张等。众多材料的开发和利用，使首饰设计的创作思路更为活跃，具有更广阔的创作空间和发展潜力。不同的材料本身具有不同的肌理特征、色彩、纹理和独特的外观造型，利用这些材料特殊的肌理结构和外观特点进行综合设计，能够使现代首饰呈现出更加多样化的艺术风格，表现出自然、返璞归真和环保的理念（图3–17）。

对材料外观特点的处理和有效运用，能使首饰呈现出全新的形象，突出其软与硬、柔与刚及色彩之间的对比和统一、协调等特点。如将纸张层层贴合、折叠、揉皱、撕扯、燃烧后进行塑造，使纸张独特的肌理最充分地展现出来，得到别的材料无法与之相比的美感。又如经揉捏、雕刻、烧焙的陶制首饰，经纵横交错、编结缠绕的纤维首饰，经扭曲、盘绕、熔烧的轻金属首饰以及各种材料相互组合的首饰，都具有各自完美独特的艺术表现力（图3–18）。

四、首饰创意设计范例

首饰的创意设计，是拓展设计思维的一种创作形式，是打破使用常规的首饰制作材料或首饰制作形式，利用在日常生活中人们熟视无睹而又具有特殊美感的物体进行创作设计。

不同的取材、不同的内容，决定着首饰创作不同的外观形式。利用特殊的材料，发现和寻找它们的美感，进行筛选、再加工，使其按照设计构思逐步完美起来，就能够取得意想不到的效果。

创作的范例：

（1）拉链和金属垫圈首饰设计实例（图3–19）。

（2）棉绳、贝壳与木珠首饰设计实例（图3–20）。

（3）布、棉花与木珠首饰设计实例（图3–21）。

用此方法还可以设计手镯、腰带等。

（4）绳带编结首饰设计实例：用数根漂亮的丝带或皮革条按一定的结式编结出项圈的基本形，在基本形上可缝缀珠子、人造宝石或流苏。用这种方法可编结手镯、腰带、头饰等其他饰物（图3–22）。

（5）塑料瓶盖、回形针和珠子等综合材料首饰设计实例（图3–23）。

（6）鱼骨和珠子首饰设计实例（图3–24）。

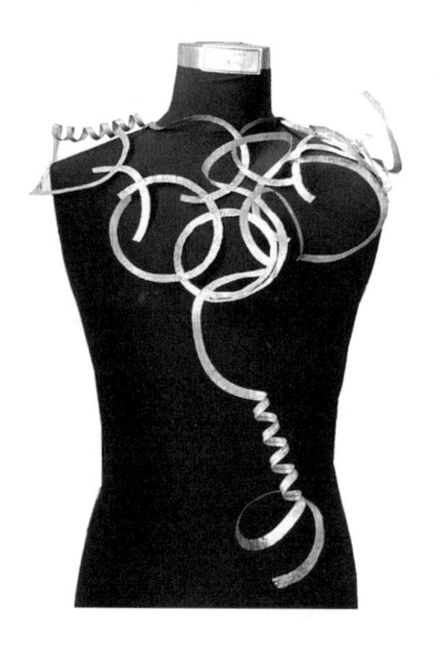

图3-25 废旧金属首饰设计

(a)羽毛项链

(b)羽毛耳环

图3-26 羽毛首饰设计

（7）废旧金属首饰设计实例（图3-25）。

（8）羽毛首饰设计实例（图3-26）。

（9）贝壳镶碎珠首饰设计实例（图3-27）。

（10）绒球首饰设计实例（图3-28）。

（11）铁片、灯泡和珠子首饰设计实例（图3-29）。

（12）铁丝花球首饰设计实例（图3-30）。

另外，还有许多材料都可以被利用作为首饰材料，如软木塞子、空药盒、回形针、别针、旧钥匙、纽扣、竹筷子、旧挂历纸、塑料片、塑料管、造型别致的玻璃瓶、电线等。

图3-27 贝壳镶碎珠首饰设计

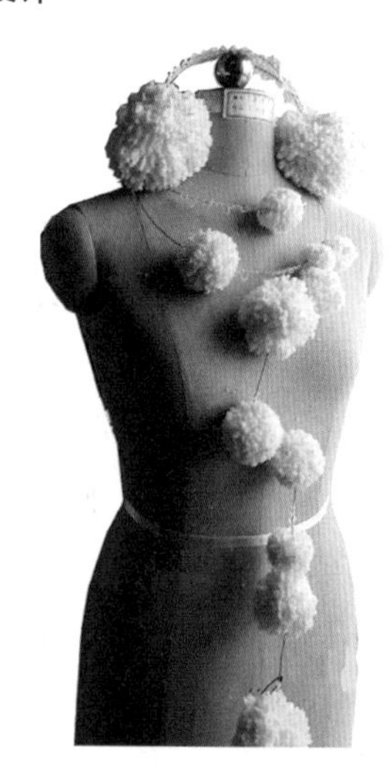

图3-28 绒球首饰设计

图3-29 铁片、灯泡和珠子首饰设计

图3-30 铁丝花球首饰设计

总结

本章以首饰为主题，围绕首饰的起源、发展以及材料、工艺、设计规律等几个方面的内容展开。期望学生通过本章的学习，能初步入门首饰设计这一领域，熟练掌握首饰设计的步骤与方法，并能进行简单的首饰鉴别与制作。

思考题

1. 为什么审美因素被看做首饰起源的重要因素之一?
2. 以一套高档首饰作品为例，分析首饰艺术的造型美原则在其作品中的体现。
3. 简述首饰的分类方法以及首饰的佩戴艺术。
4. 首饰与着装的相互关系是怎样的?
5. 关于首饰在人们生活中的地位、作用，当代和过去相比有何异同点?

练习题

1. 从各民族民间首饰中汲取灵感，完成一套本民族风格与其他民族风格融合的首饰设计效果图。

2. 完成5款创意首饰设计，要求绘制尺寸为4开的彩色效果图，并注明设计理念、主要制作工艺、材料等。

3. 搜集20款首饰造型，对其设计构思进行分析。

4. 从美丽、神奇的大自然中获得创作灵感，根据自己的创意首饰设计构思，采用所收集的各种简易材料，设计并制作一套女式夏季首饰。

5. 以“印象东方”为主题，选择相关的图片为灵感来源，分析其文化背景、色彩与纹样内涵，借鉴设计一套6件（包括发饰、耳饰、项饰、手饰、腰饰、足饰）具有时代感的首饰。从黄金钻石组、有色宝石组、珍珠组、现代材质组中选择一类材质进行设计。纸面作业规格为8开，将所有设计内容（包括灵感来源图片、色彩分析图、纹样细节运用图以及草图、着色首饰效果图、设计说明等）装订成册。

基础训练与实践——

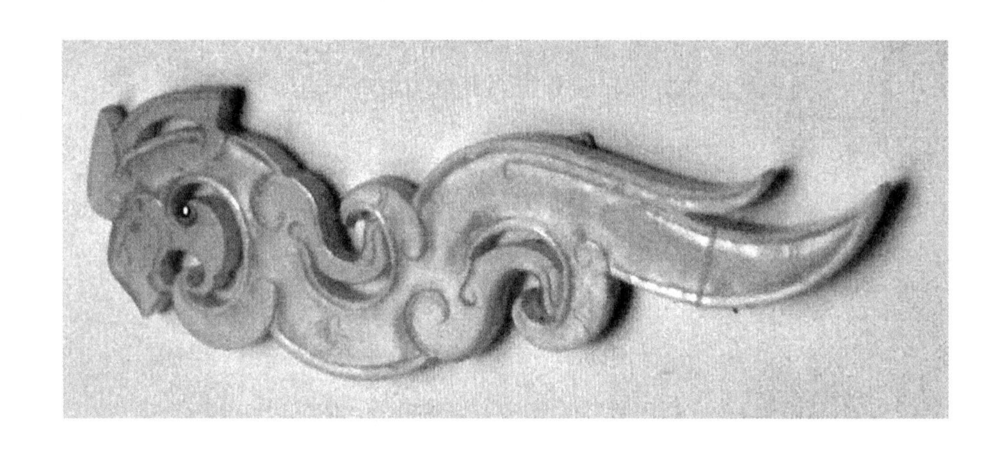

手工编结饰品设计

课题名称： 手工编结饰品设计

课题内容： 手工编结艺术概述
编结材料的属性
传统编结技法

课题时间： 12课时

训练目的： 让学生通过对手工编结饰品的学习，了解编结艺术的发展与应用，并且通过动手编结的训练，让学生熟练掌握各种传统编结的技法，使之在此基础上进行创新并运用在服装设计中。

教学要求： 1. 让学生了解手工编结饰品的发展与应用。
2. 让学生了解编结饰品的材料属性。
3. 介绍各类主要的传统编结技法并进行实践。
4. 在熟练掌握传统编结技法的基础上进行创新，并运用在服装设计中。

课前准备： 1. 预习本章的内容，并查阅相关的编结技法书籍。
2. 进行市场调研，了解各类常用的编结用材料及其特性。
3. 准备好相关的编结材料与工具。

第四章　手工编结饰品设计

第一节　手工编结艺术概述

一、编结饰品的发展

手工编结是以一段或多段细长条状物弯曲盘绕、纵横穿插组织起来的。运用不同的原材料和不同的编结方法可形成各具特色的饰品。

手工编结是广大劳动人民智慧和力量的结晶，它的历史几乎与人类史同样久远。早在上古时期，原始人尚处在茹毛饮血的生存状态下，当他们采来草、藤、竹，将其拧扭交叉，用于穿系、捆扎果实、猎物时，最原始的编结就产生了，从使用绳结捆绑制造弓箭、石枪等工具，到用绳编结成网捉鱼捕鸟；从编制筐席柳锅，到后来再制作成御寒的网衣等，编结被大量使用于一系列的劳动生产和日常生活中。同时，材料也由原来的兽皮、兽筋、草藤发展到利用植物的表皮。

在文字产生以前，为了表达思维和记事，刻划记号和结绳记事便成为行之有效的手段。《易・系辞下》说："上古结绳而治，后世圣人易之以书契。"同时，对于结绳的方法，古代典籍中也有描述。唐代李鼎祚的《周易集解》引虞郑九家易说："古者无文字"。又说："事大，大结其绳。事小，小结其绳。结之多少，随物众寡。"可见，古时的结绳记事之法对当时的社会和生活起着重要的作用。

随着人们生产、狩猎等活动的增多，结绳的方式也愈加复杂。实际上，不仅中国古代有结绳记事，世界上还有许多民族都有结绳或类似结绳的时期。如南美洲的秘鲁人，往往用不同颜色和长短不一的绳子打成各种各样的结来记录不同的事情，记事的绳结色彩艳丽、结式多样，有的甚至长达数十米。

然而，结绳毕竟有它的局限性，最终为其他的记事方式所取代。而人们从中得到记忆、标识、审美等方面的启示，形成了一种专门的艺术形式。许多民族和地区的结绳记事时期都在纪元前或迟或早地过渡到文字时代。有趣的是，美洲的印加帝国，在16世纪40年代灭亡之前，虽然在许多方面都取得了很大的成就，如已会使用某种麻醉剂，在水利工程、道路工程、采矿、房屋建筑等方面闻名于世，但还处于结绳记事的阶段，这不能不说是个奇特的现象（图4-1）。

编结物在长期的社会实践中逐渐引发人们的审美关注，使编结日益显露出其审美内涵。如印第安人制作的裹腿穗饰是将动物皮切割成长条状，按照一定的规

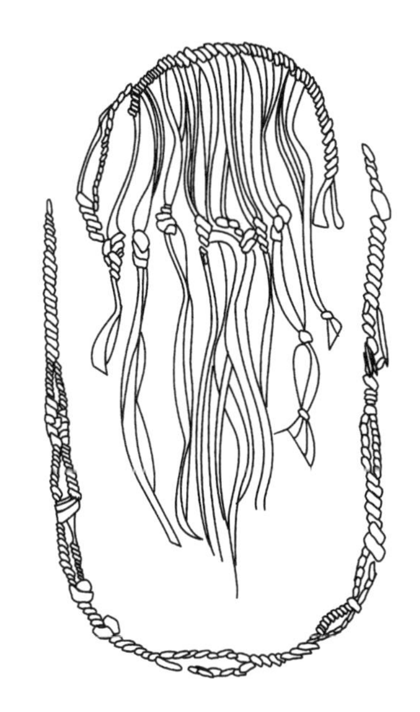

图4-1　印加人的结绳记事

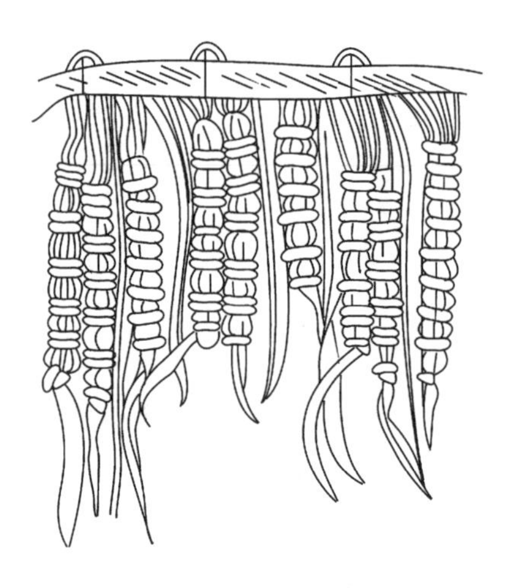

图4-2　印第安人的裹腿穗饰

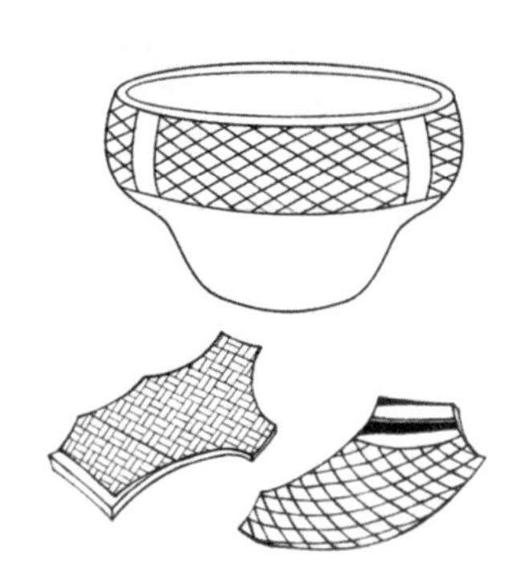

(a)原始社会遗址出土的陶器

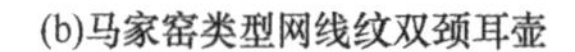

(b)马家窑类型网线纹双颈耳壶　　(c)马家窑类型折带纹旋纹壶

图4-3　出土的陶器及纹样

图4-4　山西侯马出土的陶范

律将皮条逐一打结，有的还在打结处穿上玻璃珠或骨珠，裹腿穗饰在腿的外侧随意垂下，产生一种独特的装饰效果（图4-2）。在我国出土的新石器时代陶器上，就发现了不少以“八字纹”“辫纹”“缠结”和“棋盘格”等各种编织图案装饰的纹样（图4-3）。春秋战国时期，编织物已相当精细并被运用到服饰上。如山西侯马出土的陶范（图4-4），河南信阳出土的彩绘木俑，湖北江陵出土的系带、腰带等，都可看出当时的编结风格及熟练的技巧。唐代和宋代是我国文化艺术发展的一个重要时期，在此期间，编结被大量地运用于服饰和器物中，呈明显的兴起之势，唐代铜镜的双莺衔同心结纹样，宋代的狮子滚绣球砖刻，都生动地再现了当时编结的应用及发展。

明清时期，我国编结技艺发展到更高的水平，这一时期的编结饰品几乎涵盖了人们生活的各个方面。在轿子、窗帘、彩灯、帐钩、折扇、发簪、花篮、香袋、荷包、烟袋、乐器、画轴等物品上，都能看到美丽的花结装饰。其样式繁多，配色考究，名称巧妙，令人目不暇接，由衷赞叹。清代著名文学家曹雪芹在《红楼梦》第三十五回中有一段“黄金莺巧结梅花络”的描写，描述了“一炷香”“朝天凳”“象眼块”“方胜”“连环”“梅花”“柳叶”等众多名目及结子的用途、饰物与结子颜色的调配等。从中可见清代编结方法之多，纹样之丰富。

到了现代，随着社会工业文明的迅速发展、全球经济一体化的大趋势，逐渐形成强势文化对弱势边缘文化的侵蚀，以致许多传统的民间工艺迅速衰退，其中也包括编结饰品，有些编结技艺在20世纪70～80年代几乎到了失传的边缘。所幸的是，民间的一些老人仍保留了部分编结的制作技艺。经过人们长期的总结、发展，现代编结艺术早已不是简单的传承，它更多地融入了现代人对生活的理解和诠释，在所用的材料、色彩、编结方式、造型等方面也更加讲究装饰性与艺术性，从而使这一古老的民间工艺美术展现出更加多姿多彩的光芒。

编结之所以能够成为一门艺术，是因为在长期的发展过程中，人们逐步认识到它的装饰美感，从编结的结式中体验到艺术美的精华。它凝聚了历代劳动人民的聪颖、灵巧和艺术智慧，赋予平直、单调的绳线以深刻、丰富的艺术内涵。人们通过一个个结式，或表达思想情感，或寄托自己的希望，或祈求得到幸福安宁，更多的是展现装饰美感。仅仅是一个个绳结、一幅幅图案使得民间工艺美术展现出多姿多彩的世界，使得人们从中享受到它的情感、美丽和温馨。

古俗中，既有结绳之举，也就必然有解绳之物。据传原始人佩系的兽牙就兼有解结的功能。周代流行的佩饰——觿，是一种类似弯曲的兽牙或兽角形状的器物，一端宽大、另一端细尖。《说文》释云："觿，佩，角锐，端可以解结"。小觿解小结，大觿解大结，材料以玉石、象牙、骨角等为主。夏、商、西周以后，开始注重制作手法的多样和装饰变化，觿的造型愈加精致、美观，多为上层人物所佩用（图4–5）。

二、编结在服饰中的应用

在服装与装饰形式中，绳结的应用是非常普遍的，如服装上的盘扣、盘花、帽饰、腰饰、首饰、包袋等。

在我国古代，人们穿着服装，最早是不用纽扣的，通常是以带束衣，谓之"衿"。如山西侯马市东周墓出土的陶范腰带上的结，具有纽扣的实用功能；河南信阳楚墓出土的彩绘木俑前胸佩玉上的结，正是一种美丽的装饰（图4–6）；在唐代永泰公主墓的壁画中，一位仕女腰带上的结即是我们现在通称的蝴蝶结（图4–7）。民间有关纽扣结的编法有数十种之多，用绳做成盘花纽

图4–6　楚墓出土的彩绘木俑

图4–7　唐代仕女

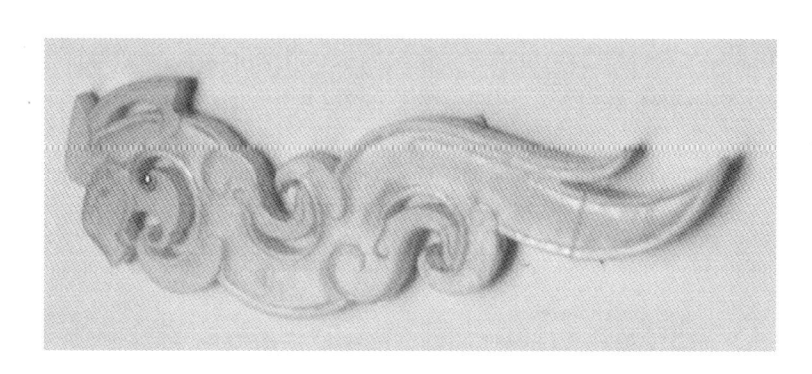

图4–5　战国时期龙形玉觿

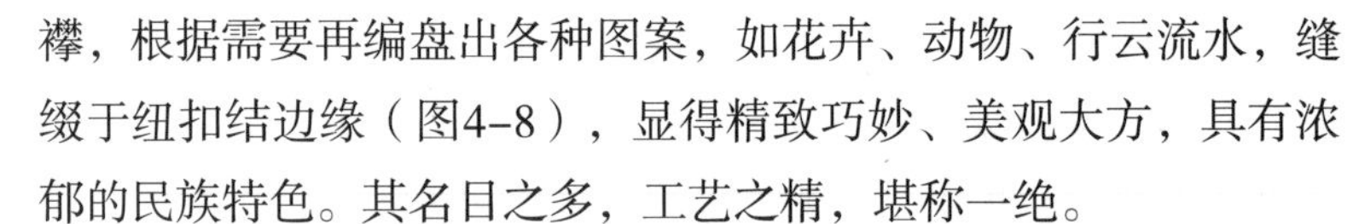

襻，根据需要再编盘出各种图案，如花卉、动物、行云流水，缝缀于纽扣结边缘（图4–8），显得精致巧妙、美观大方，具有浓郁的民族特色。其名目之多，工艺之精，堪称一绝。

(a)

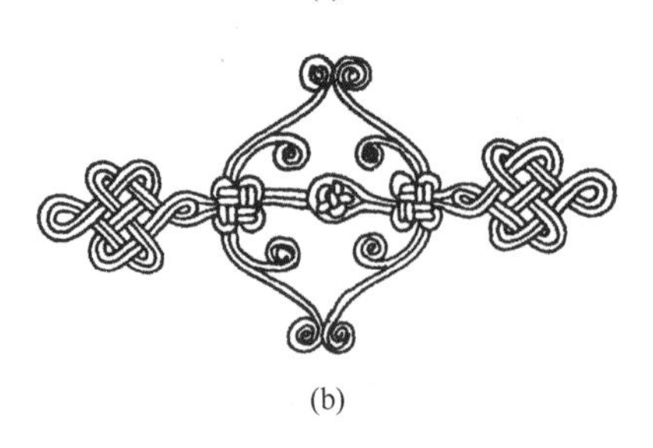

(b)

图4–8　编结纽

服装上用绳结盘饰的方法，是世界上常见的装饰方法，尤其在少数民族的服饰中更为多样。其装饰形式多以彩色丝带在衣服的某些部位盘结出各种图案，有的还在上面钉饰珠子、羽毛或其他装饰物，在平面的装饰基础上展现出立体效果。如生活在欧洲喀尔巴阡山脉和斯洛伐克南部小平原的少数民族，妇女衣着装饰以彩色丝线刺绣为主，男子的服饰多以刺绣加上编结盘花的形式。在白色马甲的胸前、袖窿处，白色马裤的前上部各以彩色丝带编结盘绕，然后直接缝缀于衣服上，丝带盘花的终端饰以立体的流苏，使服装带有民间情趣及乡村浪漫的气息（图4–9）。在他们的帽子上、腰饰上甚至鞋饰上，丝带编结的装饰物随处可见。配色方面，多以在白色或黑色地上缀饰红、绿、黄、蓝、紫、橙等鲜艳色彩的丝带，突出了浓郁的田园风格。在装饰造型上，多以十字结、挂饰结、盘长结等结式编出，然后再进行适当的盘绕缝缀，使整个服装既完整又突出了装饰重点。

第二节　编结材料的属性

图4–9　彩色丝带编结盘花的男子服装

古老的手工编结多以自然界中存在的或略经加工的材料为主，如植物的藤蔓、纤维，动物的筋、皮等物，经过卷磨、锤打等工艺处理，使这些编结材料具有柔软、牢固、可塑性强、便于编结固定等特点。然而，随着艺术观念的发展变化及科技的进步，人们对于编结材料的选择范围也在不断拓展。一般情况下，将材料分为天然纤维和化学纤维两大类。不同的纤维材料性能各异，熟悉并了解材料的性能是创作的基础，下面将一些常用的材料及其性能分类介绍。

一、天然纤维

1. **棉**　棉具有保温性能好、吸湿性强的特点，对碱有抵抗力，耐光性差，对染料具有良好的亲和能力。棉纤维是传统编织物的常用材料。

2. **麻**　麻具有韧性，强度很高，不易腐烂，吸收、散发水分快等特点，因此有凉爽感。但对染料的亲和能力比棉低，经染色后手感硬挺舒爽，有光泽，常与吸光性较强的羊毛混合编织。

3. **羊毛**　羊毛具有细软而富有弹性、保暖、吸尘、坚韧耐磨等特性，抗酸力强，对染料的亲和力很强，染色后色泽沉着纯正，纤维质地具有温暖、厚重的感觉。但在阳光下长期暴晒会泛黄而失去光泽。

4. **丝**　丝有较好的强伸性，细而柔软、平滑，富有弹性，色泽好，染色后色泽更加漂亮，吸湿性能好。但耐光性较差，久晒易老化、变质，不耐碱。

5. **皮革类**　皮革具有良好的柔软性、延伸性和抗撕裂强度，纤维紧密、吸湿性和透气性强，其丰满性和弹性也较好。但厚薄不十分均匀，表面会有一些伤残，光滑度不一致。

6. **竹、藤、草类**　竹、藤、草类均是自然界的天然纤维材料。这类材料比较缺乏韧性和柔软度，但经过加工处理后，常可用于编结艺术的创作中（图4–10）。

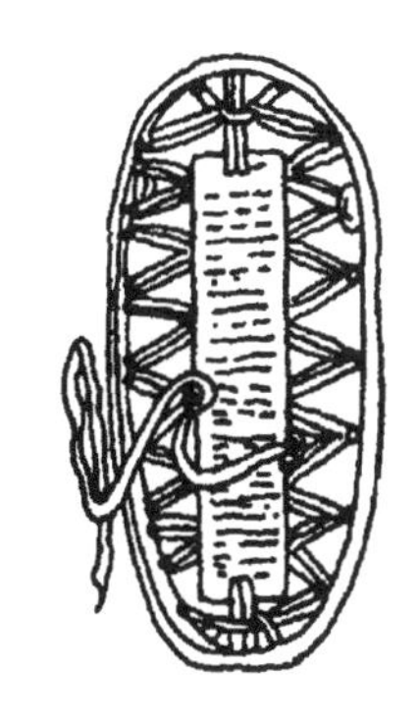

(a)欧洲阿尔卑斯山雪鞋

(b)蒙塔纳斯—纳斯科皮人雪鞋

图4–10　编结的雪鞋

二、化学纤维

1. **粘胶纤维**　粘胶纤维俗称人造丝，其纤维性质接近于天然纤维，具有手感柔软、光泽明亮、透气吸湿性好、易染色、防虫蛀等特点，但具有湿强度差、易变形起皱等缺点。

2. **涤纶**　涤纶（聚酯纤维）具有挺括、保形性及回弹性好，抗皱性、耐热性高的特点，但其染色性、透气性差。由于其表面十分光滑，纤维之间或纤维与金属之间的摩擦系数很大，因而易产生静电。

3. **腈纶**　腈纶（聚丙烯腈纤维）的性能近似羊毛，故有合成羊毛之称。腈纶以短纤维为主，可以纯纺，也可以和羊毛及其他纤维混纺，具有绝热性能好，手感柔软，不易老化，膨松性好，保暖性好的特点。但其吸湿性、耐磨性能较差。

4. **锦纶**　锦纶又名尼龙。其化学结构和性能与蚕丝相似，有很好的弹性，比重轻，强力高，拉力大，耐磨性优于其他纤维，且防蛀耐碱，但透气性和耐热性较差。

5. **合成革**　合成革表面光滑、厚度均一、质地均匀，不易吸水，断面均匀，抗水性能，耐酸碱抗霉菌性能好。但具有不宜适应环境温度、易老化、坚牢度低、不耐用等缺点。

6. **金银线**　金银线一般是由铝片黏附在涤纶薄膜上，外面涂上透明的保护层，经过切片后卷绕而成，具有光泽强烈、华丽高贵的特点。

另外，还有金属质地的线、绳（钢丝、铁丝、铜丝等），在特殊的场合中也可用于编结。

第三节　传统编结技法

编结技法是编结设计成型的手段，创作时对工艺技法的选择运用是根据总体设计的需要进行综合把握的，这就需要制作者对编结的技法有一个总体的认识和了解，并进行广泛的积累，以便于创作的进行。编结技术是一门古老的工艺技术，几千年来，民间编织艺人继承和发展了我国编结工艺的优良传统，创造出极为丰富的工艺表现形式。现将其分为编和结两个部分进行简要介绍。

一、编的技法

编的材料很丰富，编的技法也是多种多样且灵活自如的，不受工具的限制，常见的有挑压法、编辫法、绞编法、收边法、盘花法等。

（一）挑压法

挑压法是编织平片结构产品的基本方法，也是其他编织法的基础。编辫法、绞编法、收边法等都由挑压法派生而来。

挑压的基本方法是以编织材料作垂直或斜向经纬交叉，互相挑压编织成面。可以直接编成制品，也可以借用模子编织。

挑压法的基本编织规律是：挑→压→挑→压。

因为互相挑压的编材根数和方法不同，形成了多种平编法，有压1挑1（或简称压1），压1挑2，压1挑3等多种方法。

具体操作步骤如下：

①将作经线的编材根端与梢端相间紧密排列平铺于台面上，下面根端用木条压住。

②右手用竹尺自右往左压1挑1至左边最后1根，然后将竹尺竖起，右手拿作经线的编材串过，再用手指将纬材往下面根端扣紧。

③抽出竹尺，又作与第1根纬材上下相反挑压编织第二根纬材，如此反复渐进，便是压1挑1的纹样。

其他平编法如压1挑2、压2挑2或压1挑3等均与此法类似（图4–11），只是每加编一根纬材要注意与前一根编纬隔1根经或隔2根经（即错开），使之成为“人”字纹样。

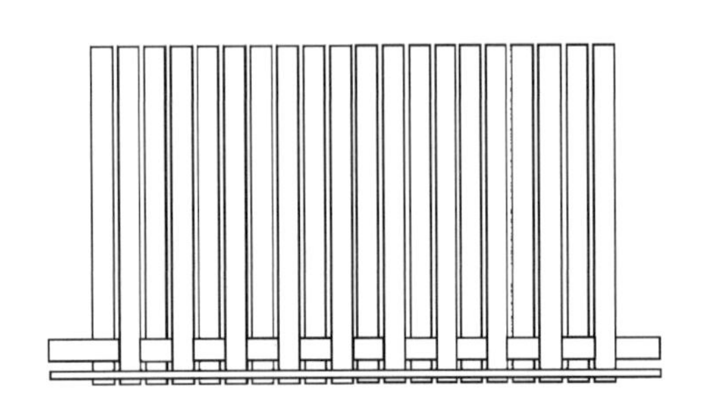
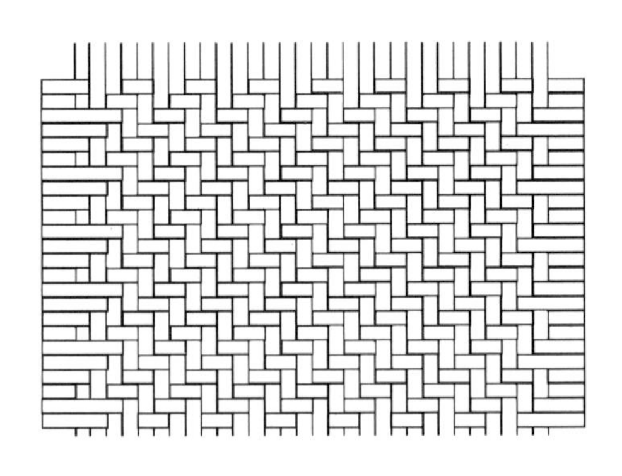
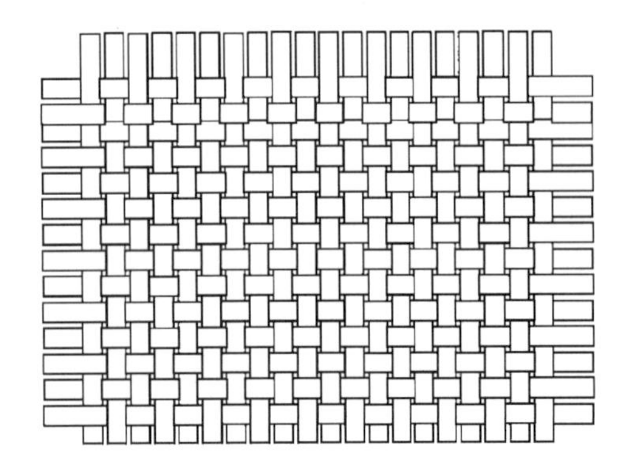
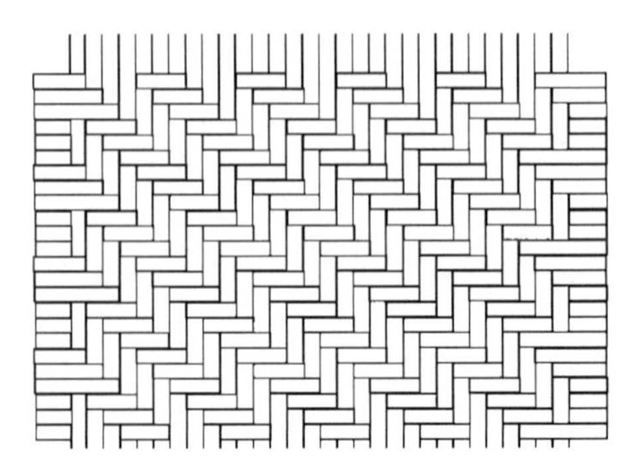

图4–11　挑压法

（二）编辫法

编辫的基本方法是将若干根编材的一端扎住或固定后，边上的编材分别往中间折，互相交叉挑压。

编辫法的基本编织规律是：（左）折→挑压→（右）折→挑压。

因编辫的股数和挑压的方法不同，形成了多种编辫法，有三股辫、四股辫、五股辫、七股辫、宽辫、孔辫及多股圆辫等。编辫大部分呈扁平形，容易加工缝钉或再编织制作成各种手工制品。

1. **三股辫**　具体操作步骤如下：

①将三股绳的一端扎住后，左右分开成三股。

②将左边的一股向右折，压中间一股，替换中间一股的位置。

③将右边的一股向左折，压中间一股。

如此左、右向中间折压编织，如同编发辫一样（图4-12）。

2. **四股平辫**　具体操作步骤如下：

①将四股绳的一端扎住，并按顺序展开。

②最右边一股绳向左折挑1。

③最左边一股绳向右折压1。

④左、右两股绳在中间交叉，右绳压左绳。

再将右边绳向左折挑1……如此反复循环折压编织（图4-13）。

其他多股平辫的结构图如图4-14所示。

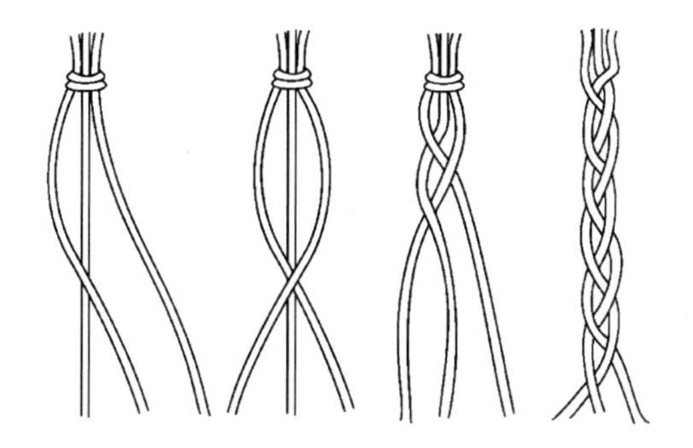

图4-12　三股辫编结法

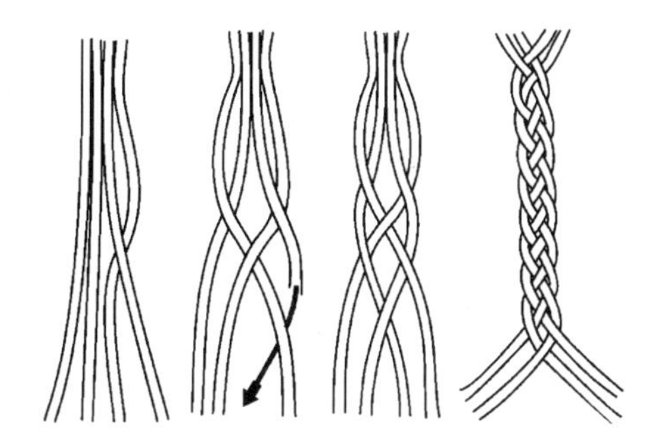

图4-13　四股平辫编结法

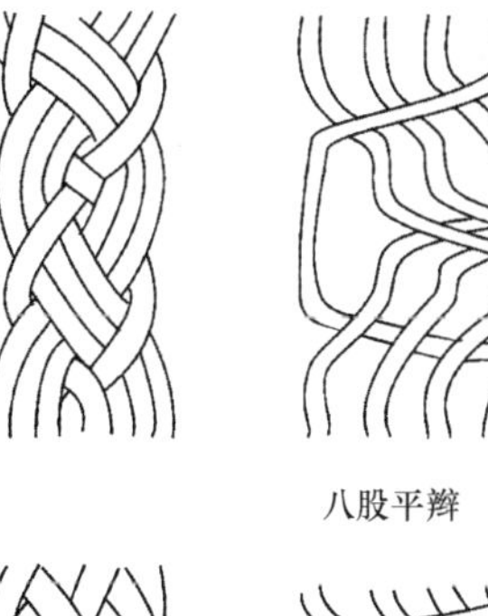

八股平辫

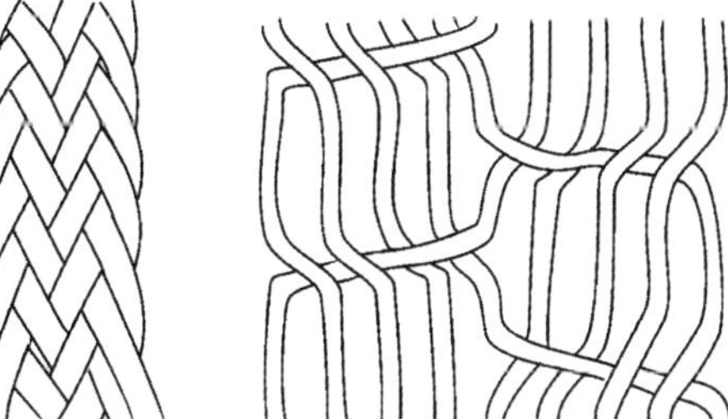

五股平辫

九股平辫

图4-14　多股平辫编结法

（三）绞编法

绞编法是以一股或双股绳为一组做横向编织的纬线，与固定位置的经线做交叉编织。编时两股同时向经线挑压（即一股挑，一股压），然后将两股纬线绳交叉相绞，这种编法可制成各种圆筒形的筐、篓等。

绞编法的基本编织规律是：挑压→绞→挑压→绞（图4–15）。

（四）收边法

收边法也称锁边，是使编织物边口加固不松散的方法。常用的有折塞边、辫子边等，其基本方法是折转、挑压或塞头。

收边法的基本编织规律是：折→挑压→折→挑压。

各种绞编的编结物一般都采用折塞边收口。其编织规律是：扭头→挑压（图4–16）。

（五）盘花法

盘花法是指根据设计将线绳进行盘绕，使线绳相叠、相切形成所需的形状，再进行缝钉。

盘花法的基本制作规律是：盘→缝钉→盘→缝钉（图4–17）。

缝制时要尽量做到看不见接缝。一般来讲，应在盘花的背面缝线，缝线的颜色要同盘花绳线同色，针脚要细密。

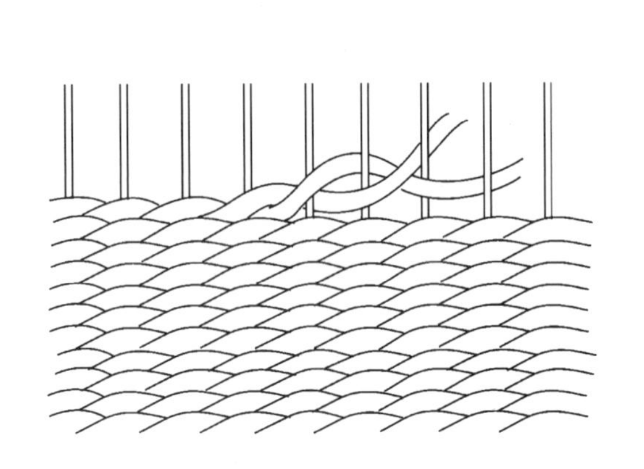

图4–15　绞编法

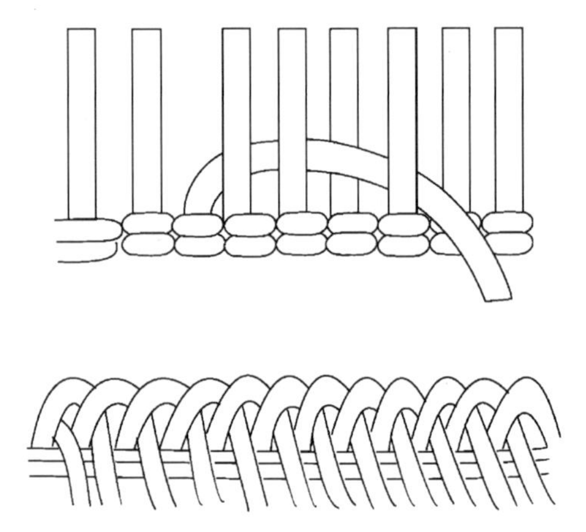

图4–16　折塞边

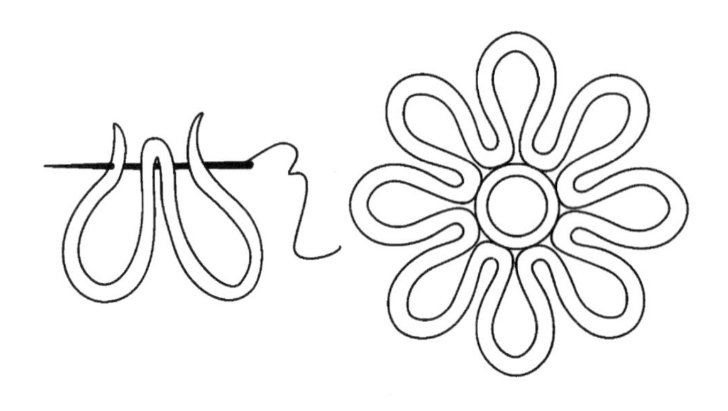

图4–17　盘花法

二、结的技法

结是由古代结绳演变而来的，是通过线的穿插盘绕形成线与线之间的搭配结构。只要去了解它，就会发现它是有规律性的。通常它是由数个最基本、最简单的结式构成，运用这些基本结式进行变化组合、高低叠起、交错盘结，就可以制作出风格独特、造型别致的工艺品。因此，只要掌握了最基本的结式和基本编结法，就可以得心应手地加以创作和应用，编出新的结式和新的作品来。

（一）基本结和变化结

基本结是结的基本结法，既可以自身变化，也可以与其他结一起应用，是最常见而用途广泛的结。最常见的基本结有云雀结、平结、双结、双钱结、酢浆草结、纽扣结、盘绕结等。

变化结是在基本结的基础上变化出丰富的结式。

1. **云雀结**　云雀结是编结中最简单多见的结式之一。常用此结作为编结的开始、挂绳所用（图4–18）。

云雀结的变化结式有圆形编结、花环编结等。

（1）圆形编结：将绳绕成大小合适的圆环形，然后用绳的其余部分在圆环上均匀地编结云雀结，直至将圆环编满（图4–19）。

（2）花环编结：将绳结成大小合适的圆环形，然后用绳的其余部分在圆环上均匀地编结云雀结，在结与结之间的部分留出空间，将圆环编结满后形成一个美丽的花环（图4–20）。

2. **平结**　平结是一个很古老的结，有平等、平和之意。此结由两根绳组成，结好后呈扁平状，其应用非常广泛（图4–21）。

平结的变化结式有变化平结、交错平结等。

（1）变化平结：先编一个基本平结，在编结第二个平结时，将结的左右两端轻轻拉出，形成变化。基本平结与变化平结交错出现的比例不同以及多条平结的组合应用，都能产生各不相同的艺术效果（图4–22）。

（2）交错平结：将基本平结连续编结，利用多股绳线的穿插变化，产生网状的立体效果，可呈现出多种编结风格（图

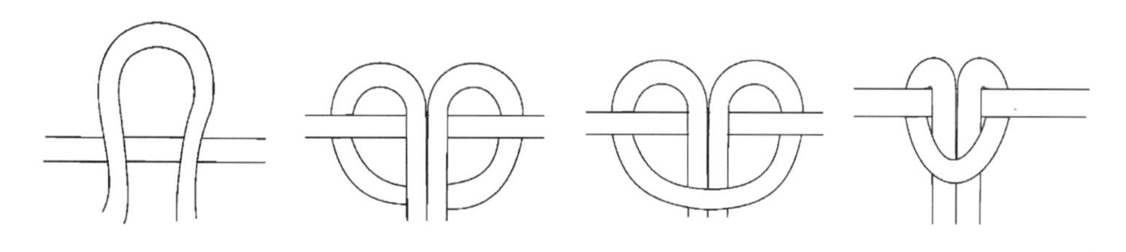

图4–18　云雀结

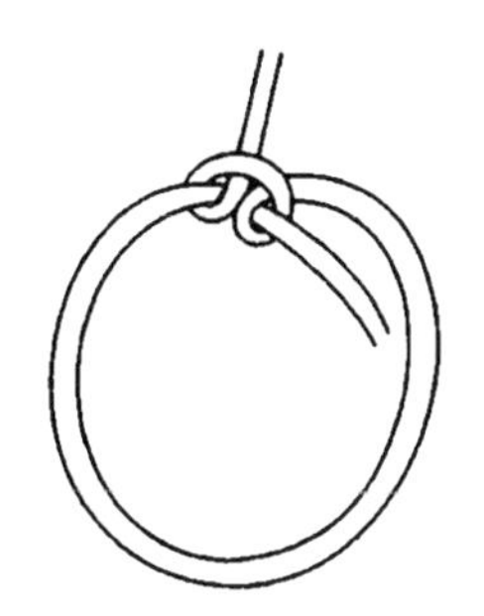

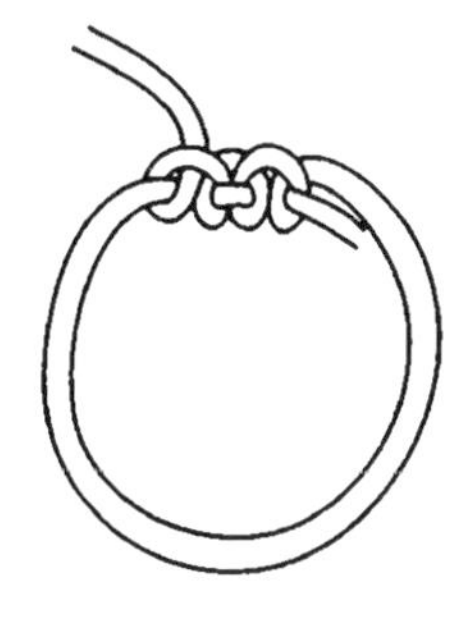

图4–19　圆形编结

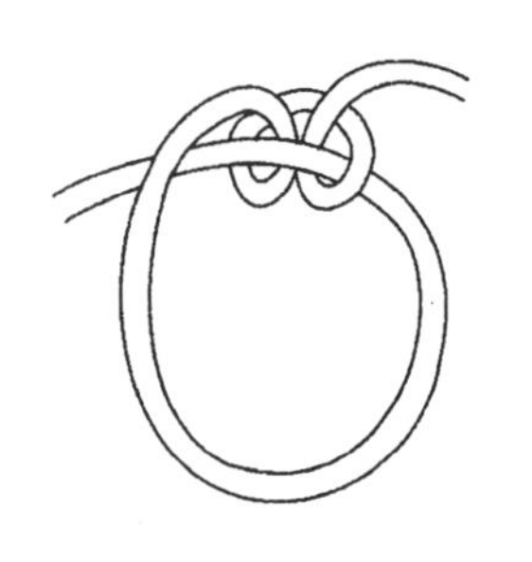
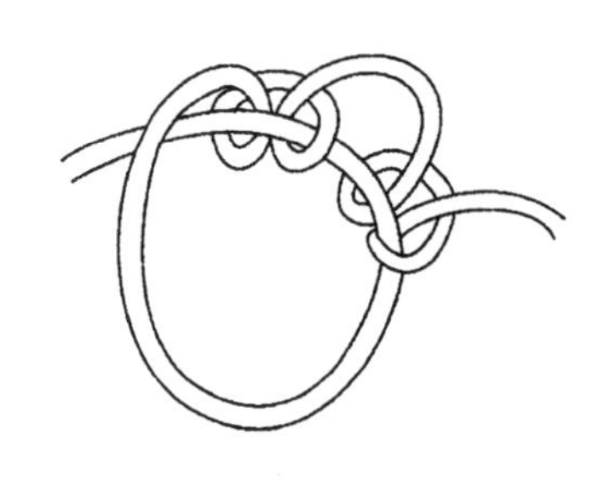

图4-20　花环编结

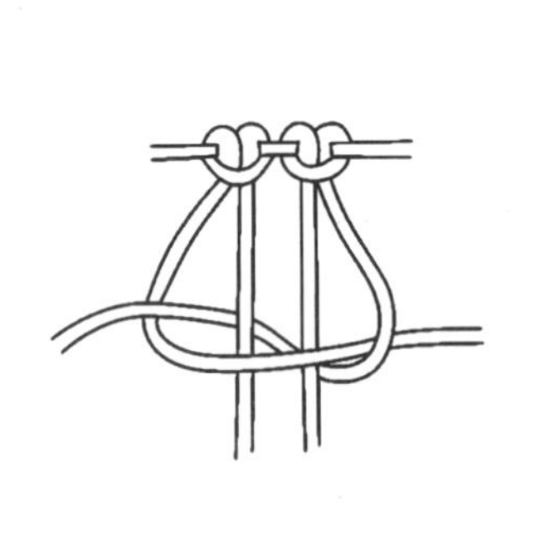

图4-21　平结

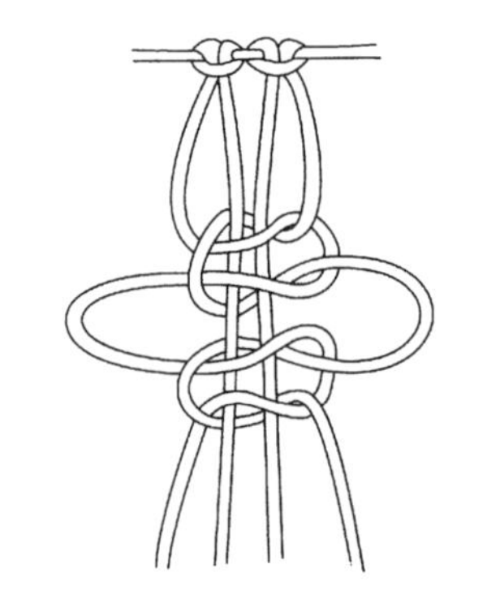
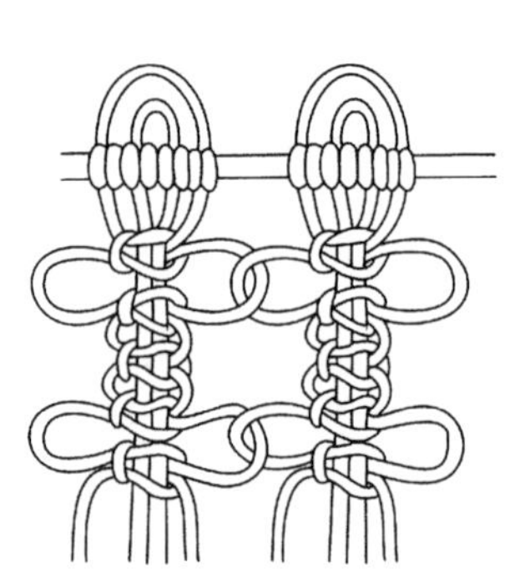

图4-22　变化平结

4-23）。

3. **双结**　双结是连续编绕两次所形成的结，多用来绕紧已打结的绳索，以防滑脱及松散（图4-24）。

双结的变化结式有“之”字形双结、叶片形双结等。

（1）“之”字形双结：先制作好一排水平的双结，然后将芯绳折回，其他绳再绕芯绳分别进行双结的编结，即形成“之”字形（图4-25）。

（2）叶片形双结：先将最右边的绳作为芯绳，弯成叶片样的弧形，其他绳绕芯绳打双结。叶片下半个弧形仍用最右边的一根绳作为芯绳，然后其他绳绕在上面打双结。完成后就形成一片叶子的形状（图4-26）。

4. **双钱结**　双钱结因形似两个铜钱相套而得名。造型对称、平稳、不易散开。双钱结用途很广，可以组合成很多变化结，也可单独做装饰结（图4-27）。

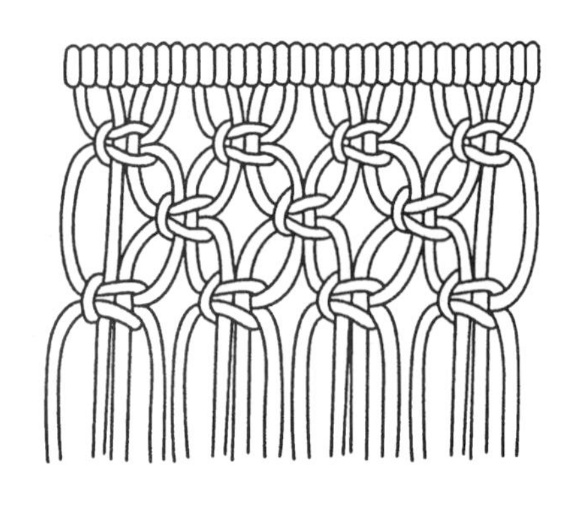

图4-23　交错平结

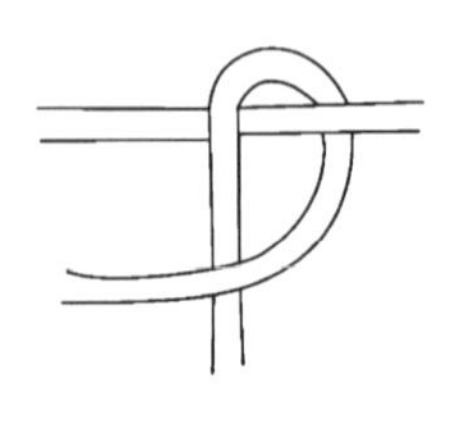
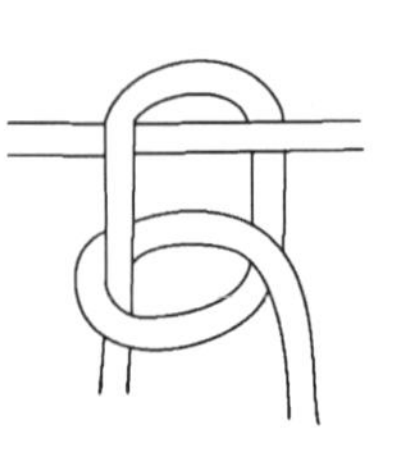
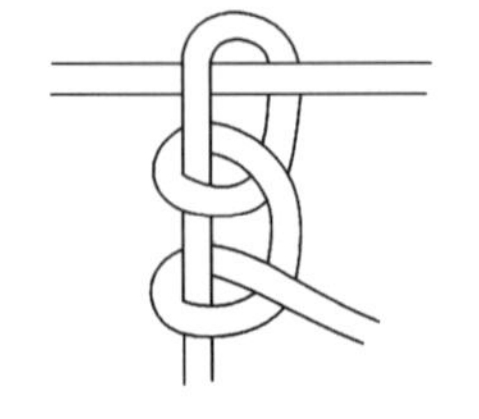

图4-24　双结

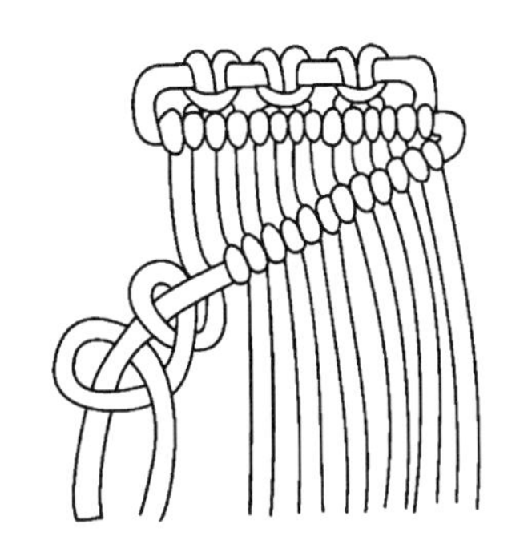
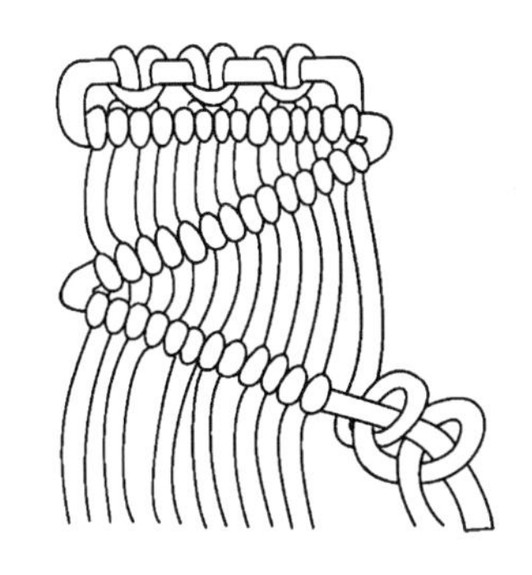

图4-25　“之”字形双结

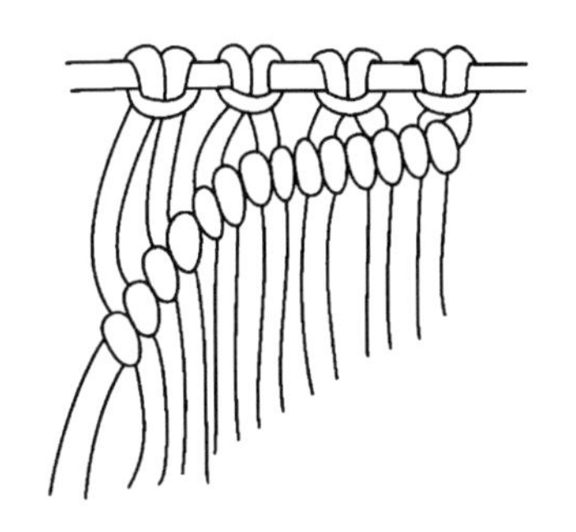
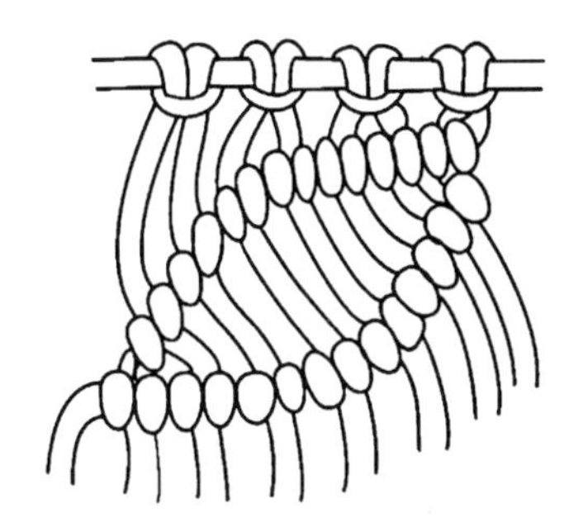

图4-26　叶片形双结

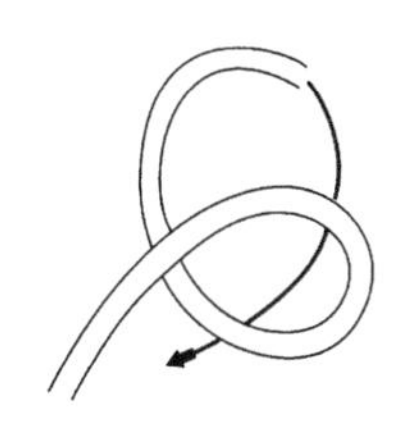
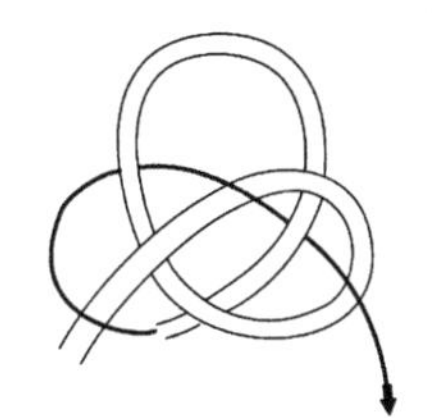

图4-27　双钱结

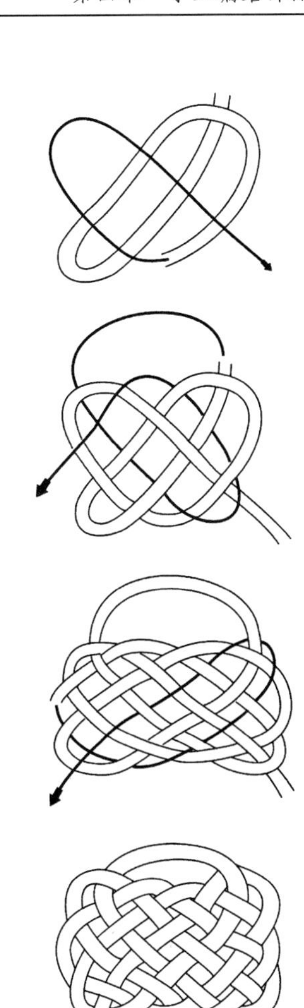

图4-28　双钱宽结

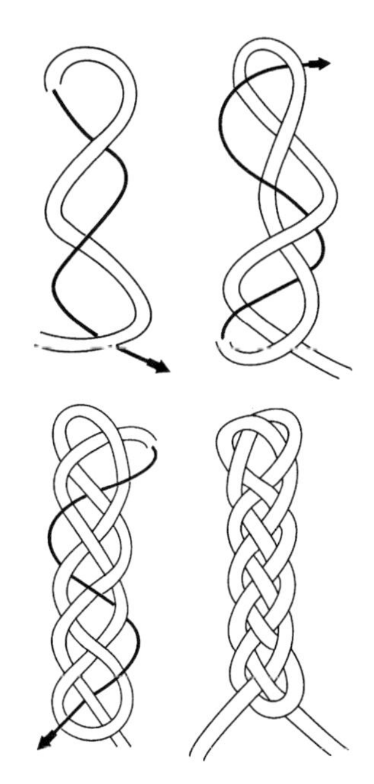

图4-29　双钱长结

双钱结的变化结式有双钱宽结（图4-28）、双钱长结（图4-29）、四环连结、袈裟结、释迦结、笼目结和十全结等。

（1）四环连结：此结是在双钱结的基础上发展而成的。结式特点是四个圆形相互套叠，环环相扣，可以双重、三重或多重编结，并将结头隐藏在结式的夹缝中（图4-30）。

（2）袈裟结：此结由双钱结变化而成。结式的外观呈圆形。袈裟结编结简便、美观，用途非常广泛。先编结出一个双钱结，重复打结形成环状，编结时可用珠针固定以防脱散（图4-31）。

（3）释迦结：释迦结是中国古老的结式之一，由双钱结变化而成。编结方法简便快捷，美观实用。先编一个松散的双钱结，将两头绳尾从环中退出，用珠针钉住，绳尾交叉后按图穿编，逐渐整理成形（图4-32）。

（4）笼目结：笼目结也是双钱结的变化结式。先编一个双钱结，将中心环收紧，两根绳尾交叉后分别穿进两侧的环中，收紧即可。还可以顺着绳的走向反复穿插，形成双重或多重的效果（图4-33）。

（5）十全结：十全结出自于民间吉祥的含义。通常指民间谚语中一本万利，二人同心，三元及第，四季平安，五谷丰登，六合同春，七子团圆，八仙上寿，九世同堂，十全富贵。十全结是一个双钱结的组合结式，是由四个双钱结相互交错、中间穿插向四面放射的结，完成后外观呈菱形，从四个角度看都是由数个双钱结交错组合而成（图4-34）。

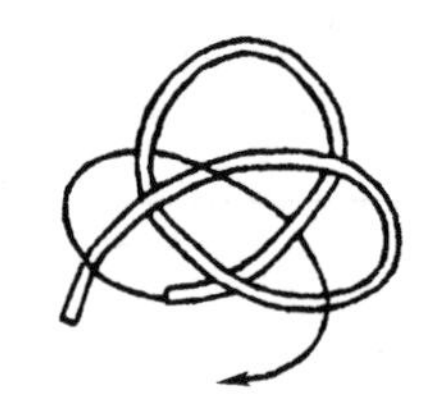

图4-30　四环连结

图4-31　袈裟结

图4-32　释迦结

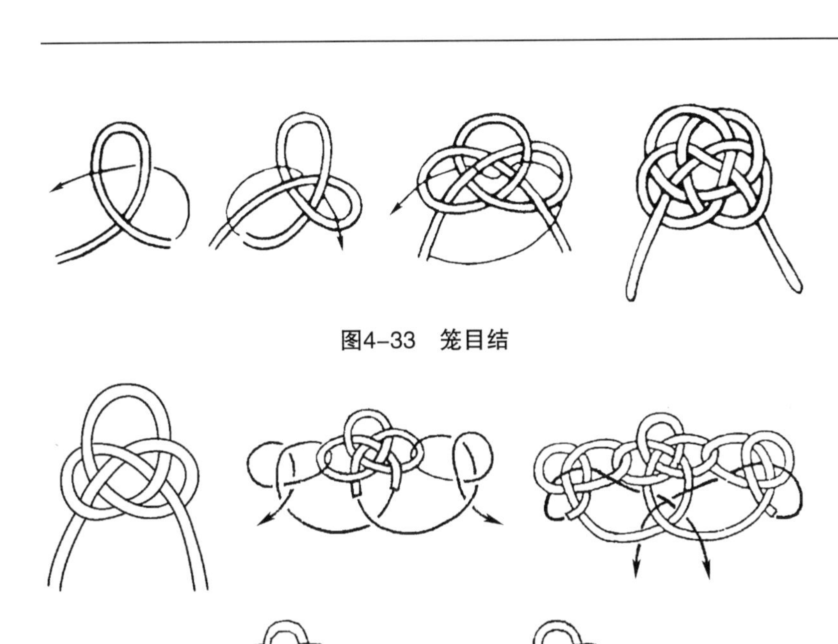

图4-33　笼目结

图4-34　十全结

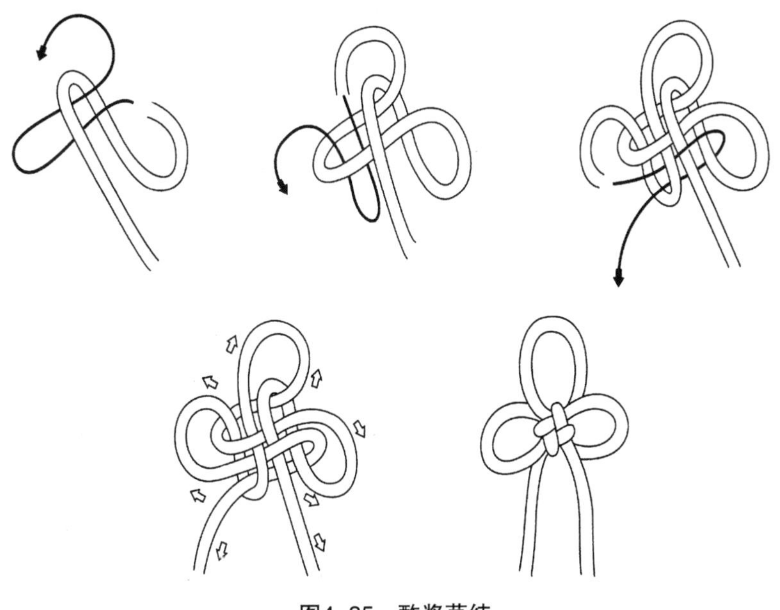

图4-35　酢浆草结

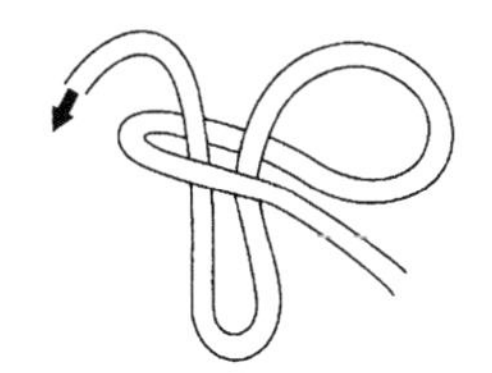

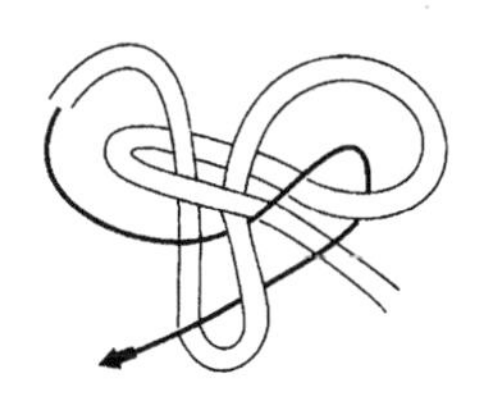

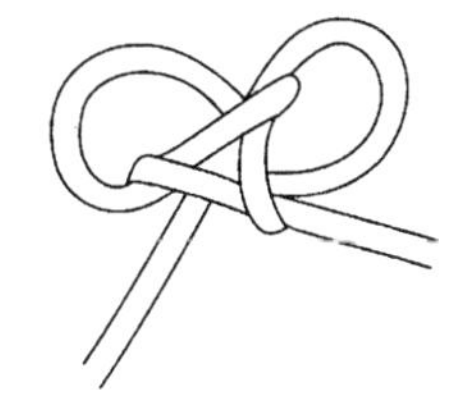

图4-36　双耳酢浆草结

5. 酢浆草结　酢浆草是一种三叶草本植物，为掌状复叶。此结因有三个外耳就像一株酢浆草而得名。本结用途最广，可演化出许多组合结、字等（图4-35）。

酢浆草结的变化结式有双耳酢浆草结、如意结等。

（1）双耳酢浆草结：此结与三耳的酢浆草结做法相同，只是在做好内耳后，即做收线的步骤（图4-36）。

（2）如意结：此结由四个酢浆草结组合而成。如意头多为心形、之形、云形，如人之意，

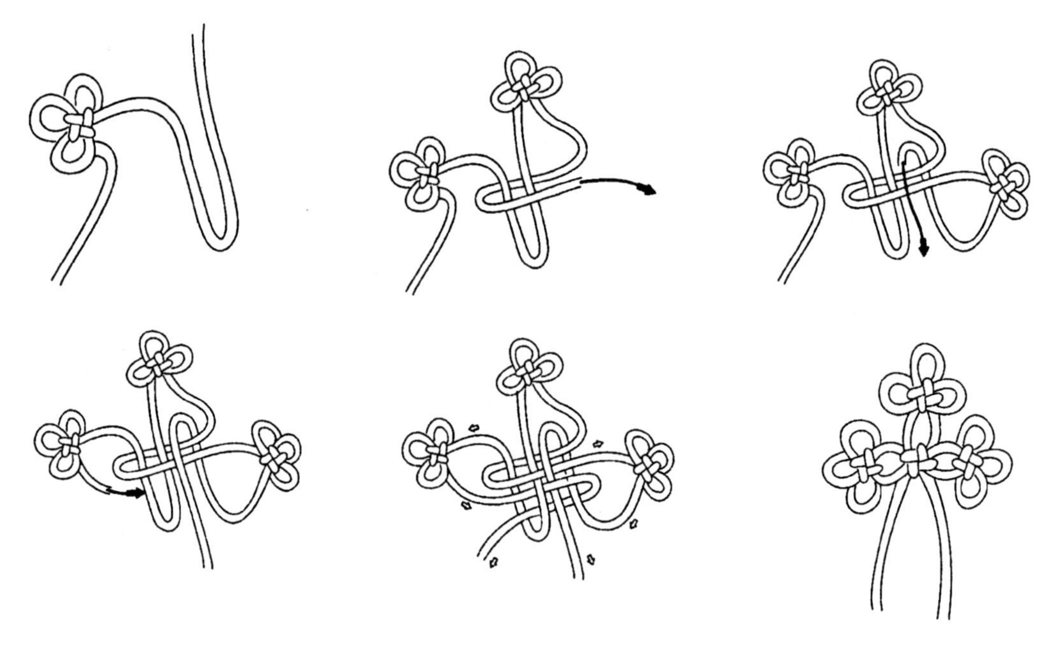

图4-37　如意结

图4-38　盘绕结

故得此名。引申为称心如意，万事如意（图4-37）。

6. **盘绕结**　盘绕结（图4-38）的结式特点为盘绕穿插，常用较硬、弹性较好的绳线编盘。盘绕结通过穿心、搭耳、补线、耳翼勾连等技法处理后可演化出无穷无尽的变化。

盘绕结的变化结式有盘长结、锦囊结等。

（1）盘长结：盘长结因结形似盘肠而得名，是中国结中最有代表性也是应用范围最广的结形之一。盘长结有连绵不断、回环贯通、无始无终、永恒不变等寓意（图4-39）。

（2）锦囊结：此结有锦上添花、衣锦还乡的寓意（图4-40）。

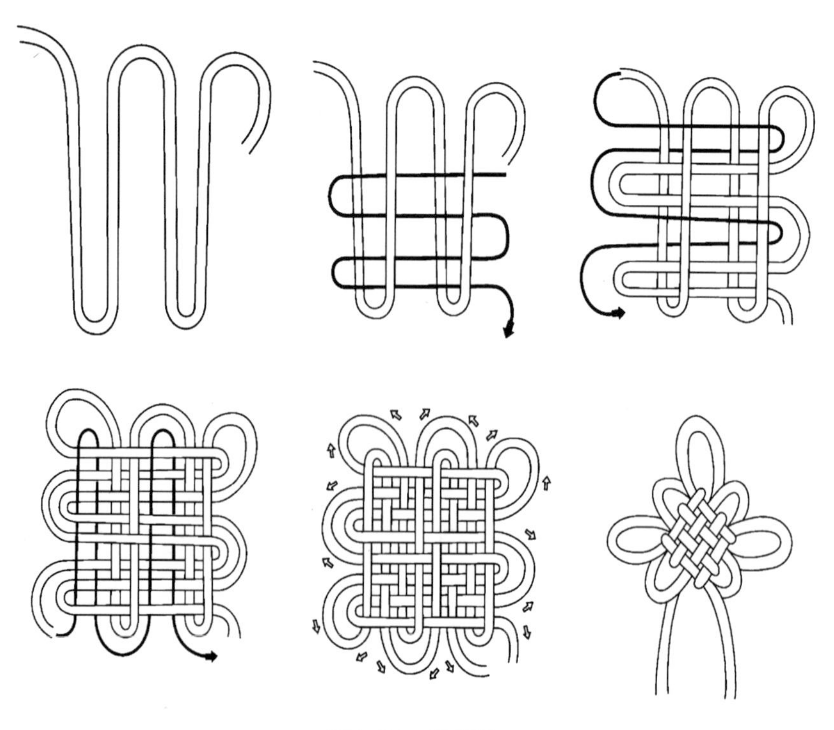

图4-39　盘长结

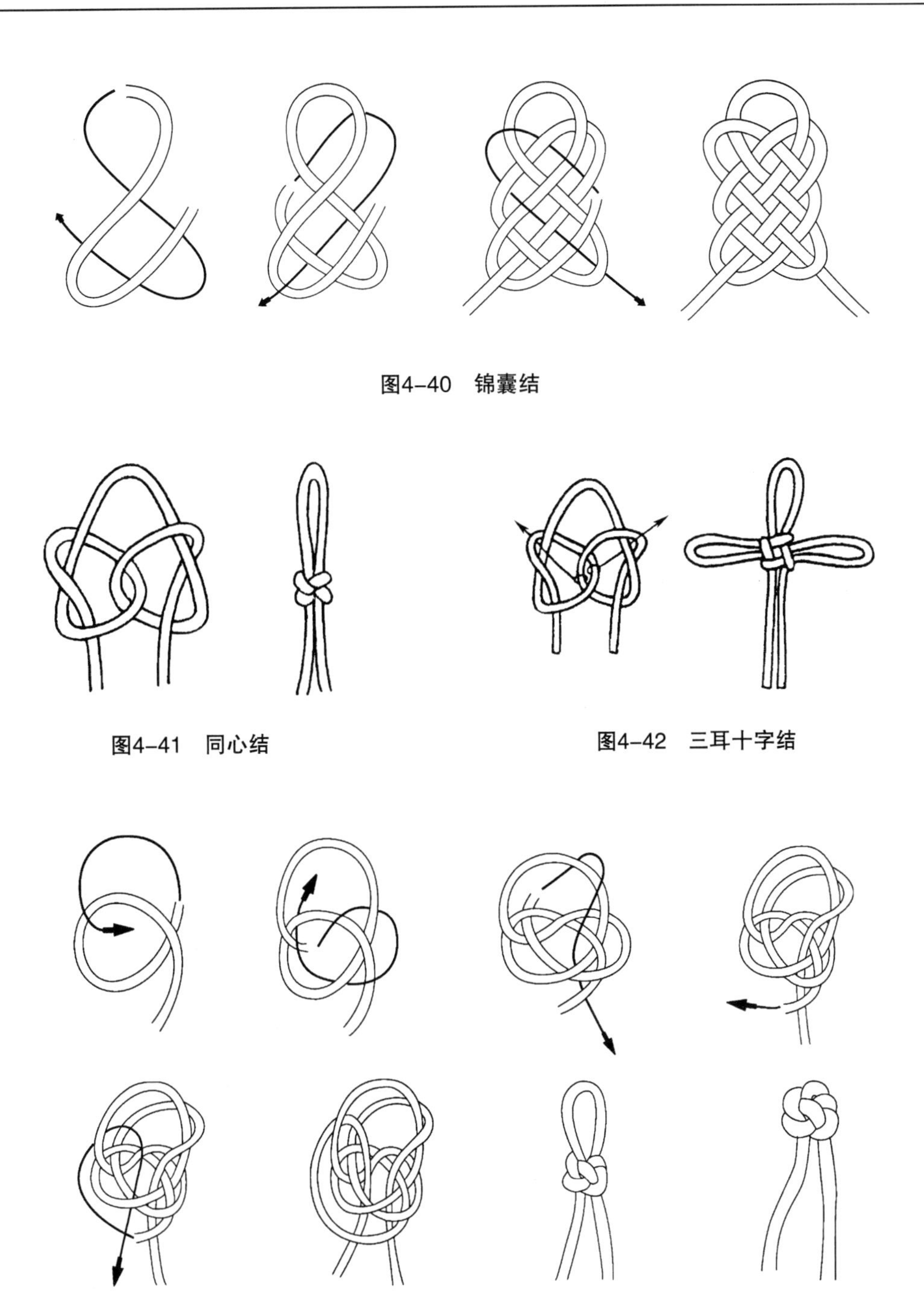

图4-40　锦囊结

图4-41　同心结

图4-42　三耳十字结

图4-43　纽扣结

7. **同心结**　同心结是一个古老而又赋予美好寓意的装饰结式，又称情人结。结式简单易结，形如两颗连接在一起的心，可用稍粗些的红色丝带编结（图4-41）。

同心结的变化结式有三耳十字结等。

三耳十字结：是由同心结展开而形成的新结式（图4-42）。

三耳十字结的外观如十字的造型，很受人们的喜爱。编结时，先结一个松散的同心结型，再从两边将结耳抽出即可。

8. **纽扣结**　纽扣结（图4-43）也叫玉结、宝石结或葡萄扣，因常用于服饰扣襻而得名。此结圆润完整，简洁紧固，连续编结也可以作为手链及项链。

纽扣结的变化结式有八面纽

结、九面纽结等。

（1）八面纽结：八面纽结因结式完成后外观呈八个面而得名，是传统的衣纽结式之一。八面纽圆润紧固，外形美观，在服饰上应用广泛。

编结特点为先将绳线穿结整理成平面形态，再向绳头并拢紧靠的方向翻越，依次缓缓收紧，整理成形。如在此基础上，两根绳尾分别按顺时针方向沿线再穿行一次，即可形成双重八面纽，结式更加饱满（图4–44）。

图4–44　八面纽结

（2）九面纽结：此结因外观呈九个面而得名。编结方法简单易结，结纽紧固、完整。编结时应注意将结式盘绕抽紧成平面状，并向结头靠拢的方向翻越，逐渐收紧整理成形（图4–45）。

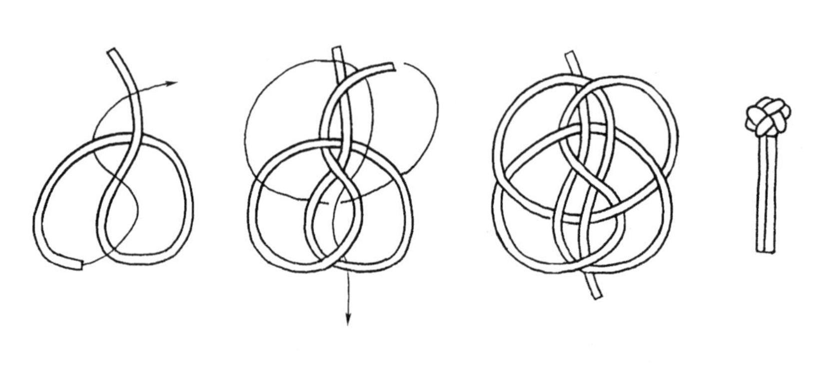
图4–45　九面纽结

（二）其他结式

1. **琵琶扣结**　琵琶扣结是我国传统装饰中广为应用的结式之一。在服饰扣结中，它的造型完美、大方，富有装饰性和实用性。编结简便，多用布料、绳带编结而成，也可在此基础上进行装饰。

编结时，将绳线按“8”字形的走向盘绕，并及时用针线固定以防散落。完成后将绳尾隐藏在结式背后（图4–46）。

2. **藻井结**　藻井结源于中国古代藻井图案的模式。藻井图案通常是以一个中心图案为基础，四周环绕对称、均衡且层层包围的图案而形成一个装饰整体。藻井结正是借鉴了这个形式，结式完整、厚实，可以反复编结组合（图4–47）。

3. **团锦结**　团锦结因外观呈团锦状而得名。民间多以圆形图案象征团圆和气、荣华富贵等吉祥含义，并常将动物、文字、花草等图形变化为圆形作为装饰（图4–48）。

4. **双联结**　在中国民间传统结式中，双联结是一个古老而又实用的结式，按图4–49所示回旋穿结完成。

5. **梅花结**　梅花结的结身为三角形，有五个结耳，装饰性强，编结简练。其编结特点是将绳线弯曲成Y字形，以双股形式编结穿越，用力均匀地抽紧；然后将其翻过来，反面再编一次，抽出线圈即可（图4–50）。

6. **菊花结**　菊花结造型美观，形如花朵。先将绳线双折呈井字形，依次编结穿插，再把编好的结按相反方向编结一次，然后将结身中间的四个环向外抽出即可（图4–51）。

7. **花环结**　花环结的外形如同结的名字一样呈花环状，是

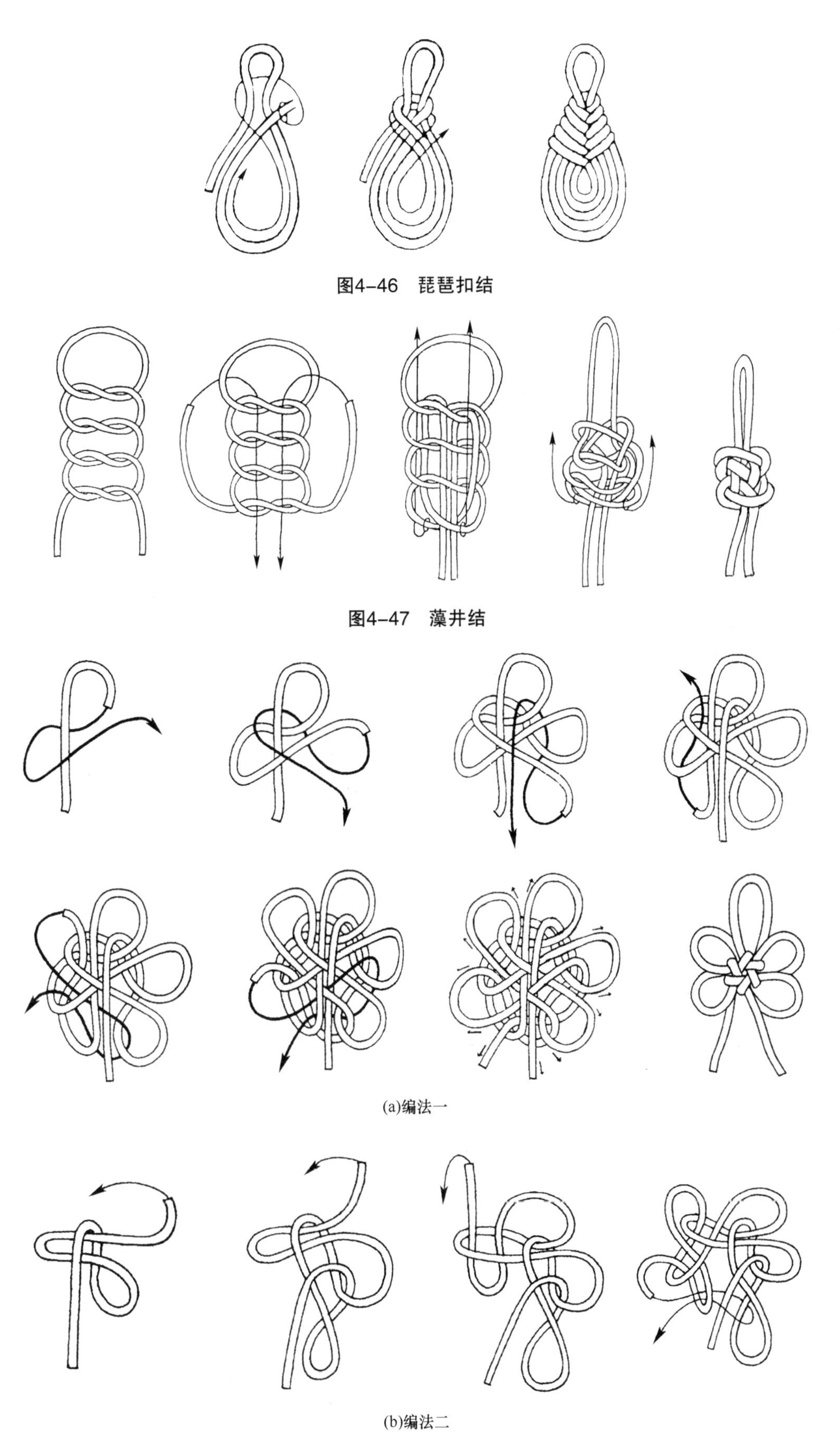

图4-46　琵琶扣结

图4-47　藻井结

(a)编法一

(b)编法二

图4-48　团锦结

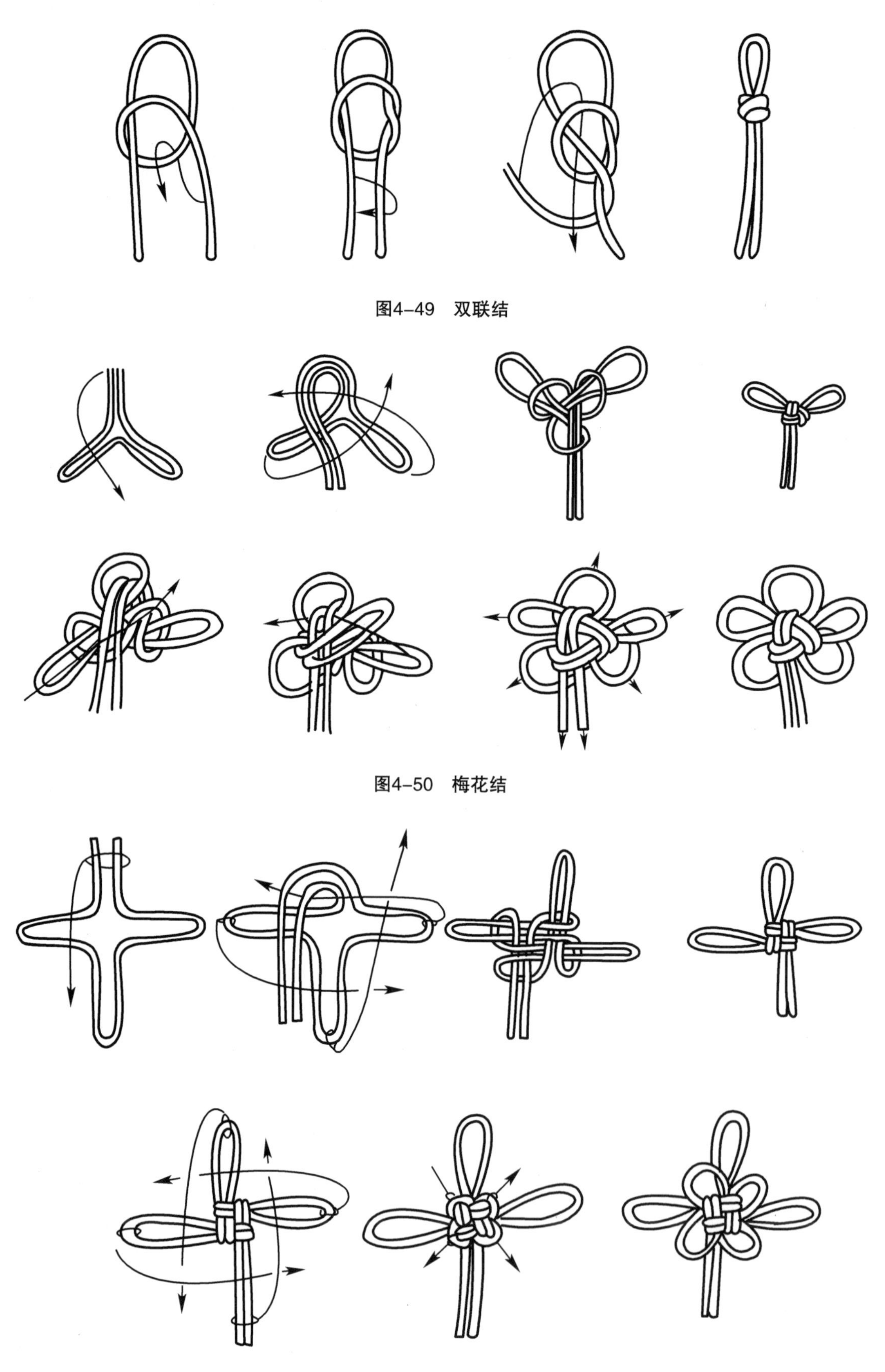

图4-49　双联结

图4-50　梅花结

图4-51　菊花结

人们非常喜爱的结式之一。编结特点为连续穿插，结形有规律，对称、美观，可用在服装、头饰等多种场合（图4–52）。

8. **稻穗结** 稻穗结在编结时要先预留一定的长度做一个长形环，再按图环绕“8”字，边绕边扭环，编完即成（图4–53）。

9. **八字结** 八字结通常用于绳尾结束。在一根绳子上环绕“∞”字形，结完后把另一根绳子收紧（图4–54）。

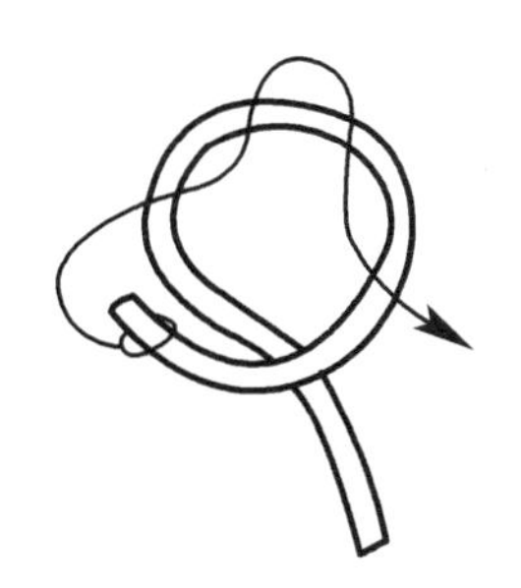
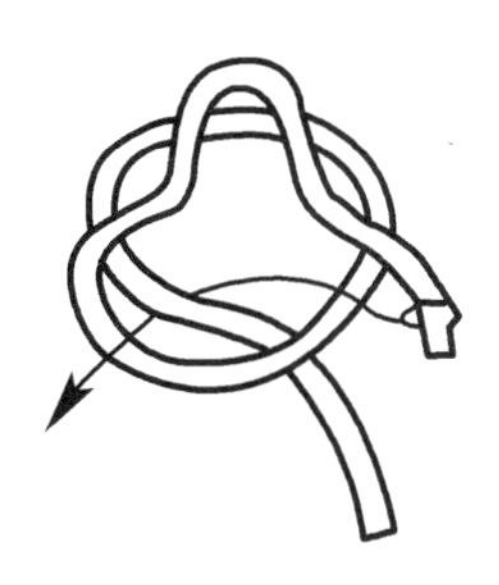

图4–52 花环结

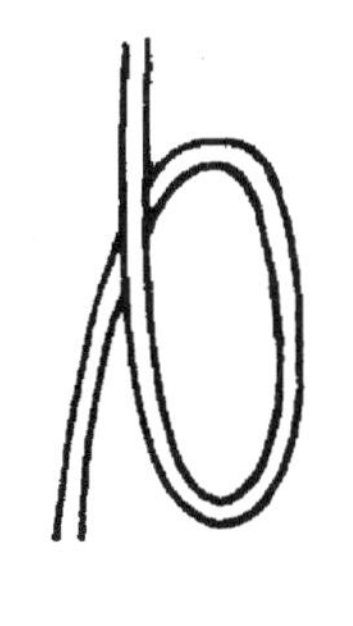
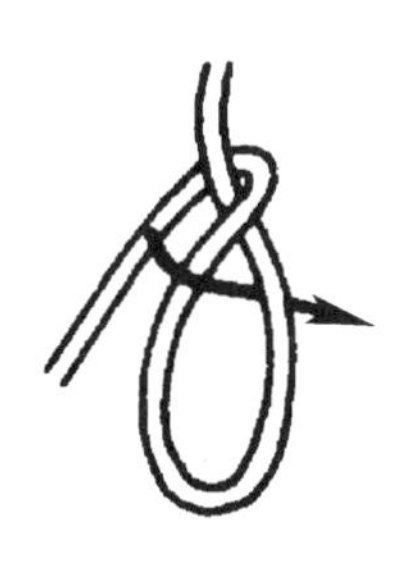

图4–53 稻穗结

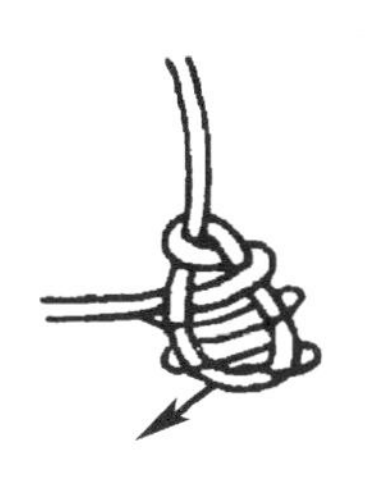

图4–54 八字结

（三）钩针编结

钩针编结是用1支金属钩针做工具，用手工钩结成物品。钩针编结变化多样，因钩时绕线的圈数及套过活圈的方式和圈数不同，演变出多种钩针方法。但它的基本针法是不多的，掌握几种基本针法后，就可以根据设计图钩出各种花样。

钩针的编结规律是：钩→套→钩→套。

1. **辫子针**（○○○）　先将棉线绕1活圈套在钩针上，然后右手持钩针，左手拿线，从活圈内钩出1针。反复上述方法，至所需要的针数为止（图4–55）。

2. **短针**（×）　先钩1条辫子，在前1针辫子中掏出1针，再把2针并钩1针，反复依次类推（图4–56）。

3. **中针**（┬）　将线在钩针上绕1圈，再从下面1孔中掏出1针，然后把3针并钩1针（图4–57）。

4. **长三针**（┬̸）　在钩针上绕线1圈，从下面1孔中掏出1

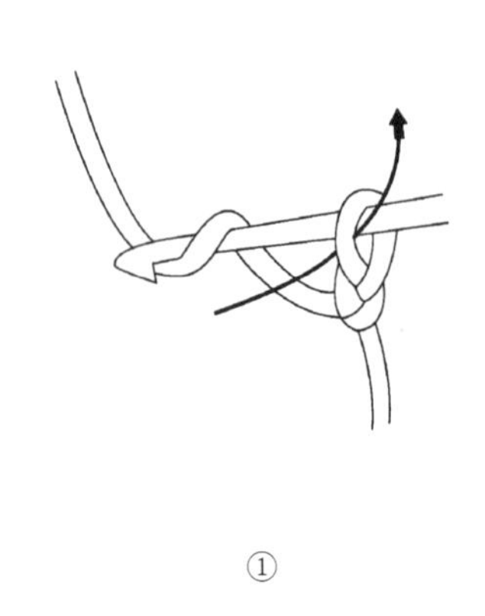
①

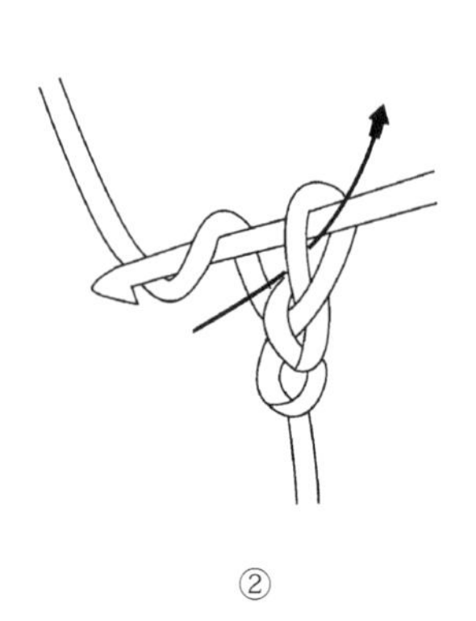
②

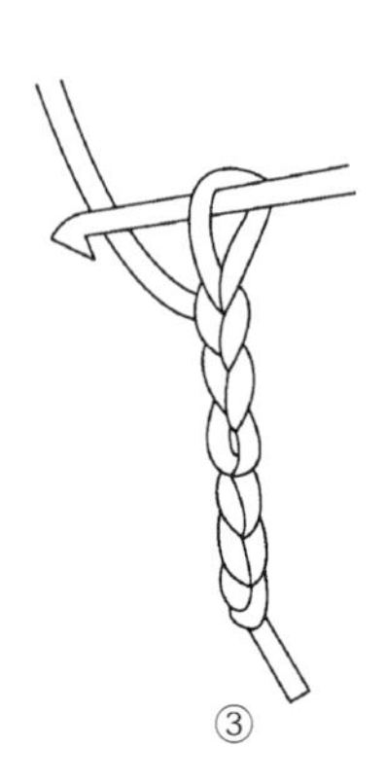
③

图4–55　辫子针

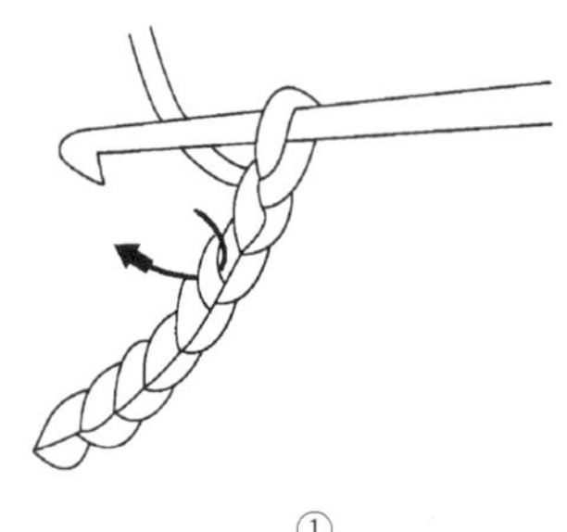
①

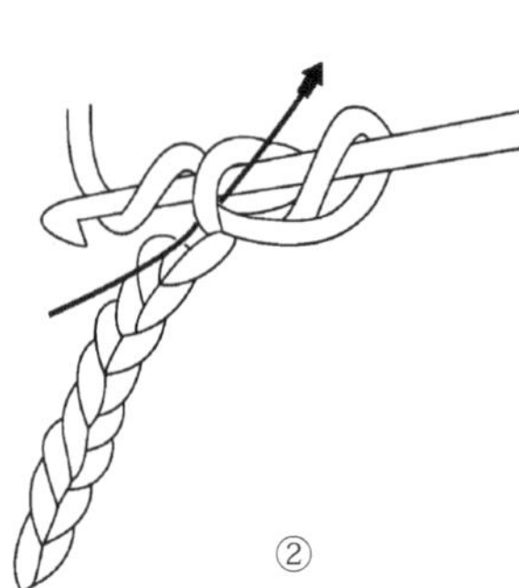
②

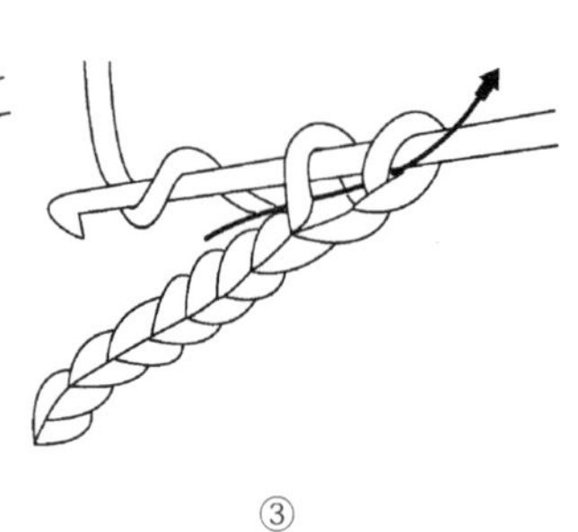
③

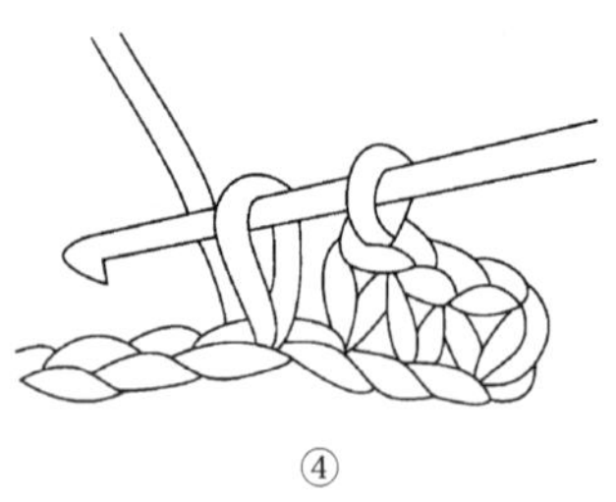
④

图4–56　短针

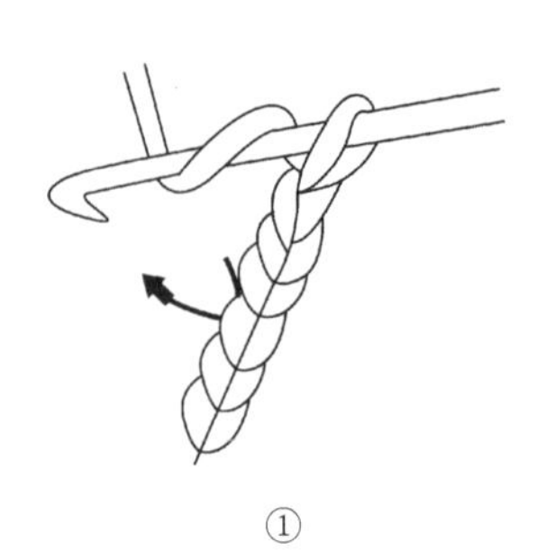
①

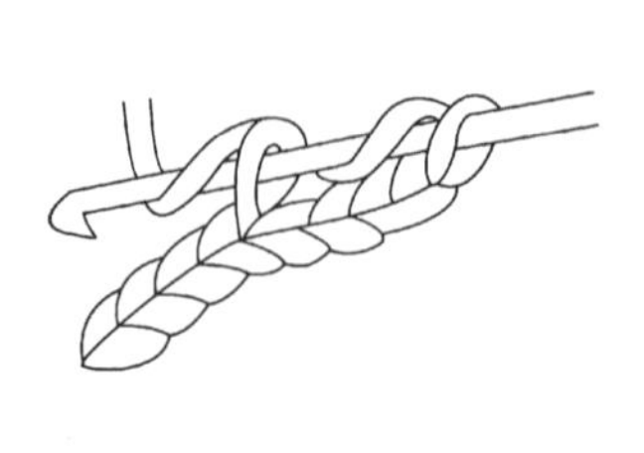
②

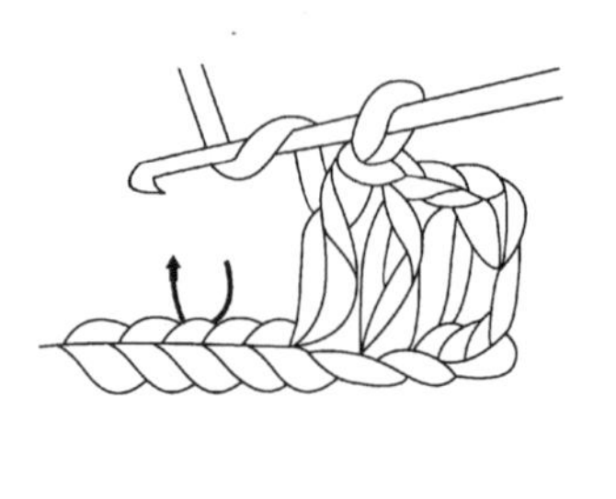
③

图4–57　中针

针，把前面2针并钩成1针，再把并钩的1针与后面1针并钩成1针（图4–58）。

5. **最长针**（Ŧ） 在钩针上把线绕2圈，从下面1孔中掏出1针，然后将钩针上的4针分3次并钩（图4–59）。

6. **菊花针**（○̄、⦶̄） 将线拉长，在钩针上绕1圈，从下面1孔中掏出1针，留在针上；再将线在钩针上绕1圈，从下面原孔中钩出1针，留在针上；如此反复3～4次不等，如要菊花瓣多些，可多重复几次。最后将全部针数并钩成1针（图4–60）。○̄表示绕2圈，钩2针；⦶̄表示绕3圈，钩3针，依此类推。

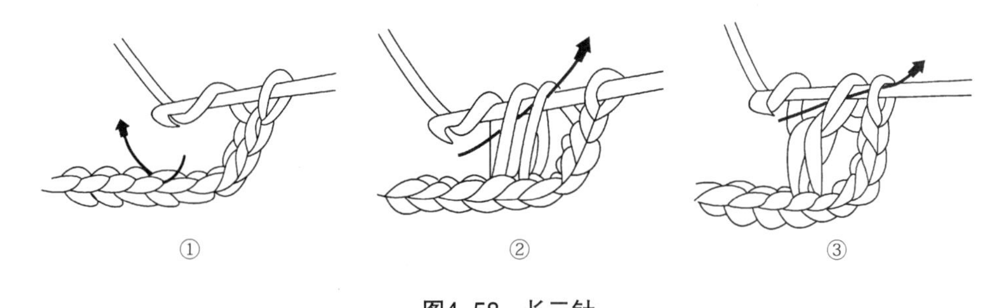

图4–58 长三针

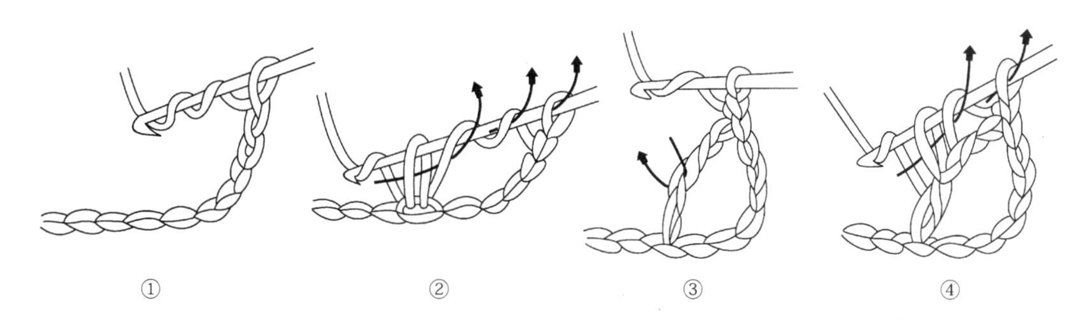

图4–59 最长针

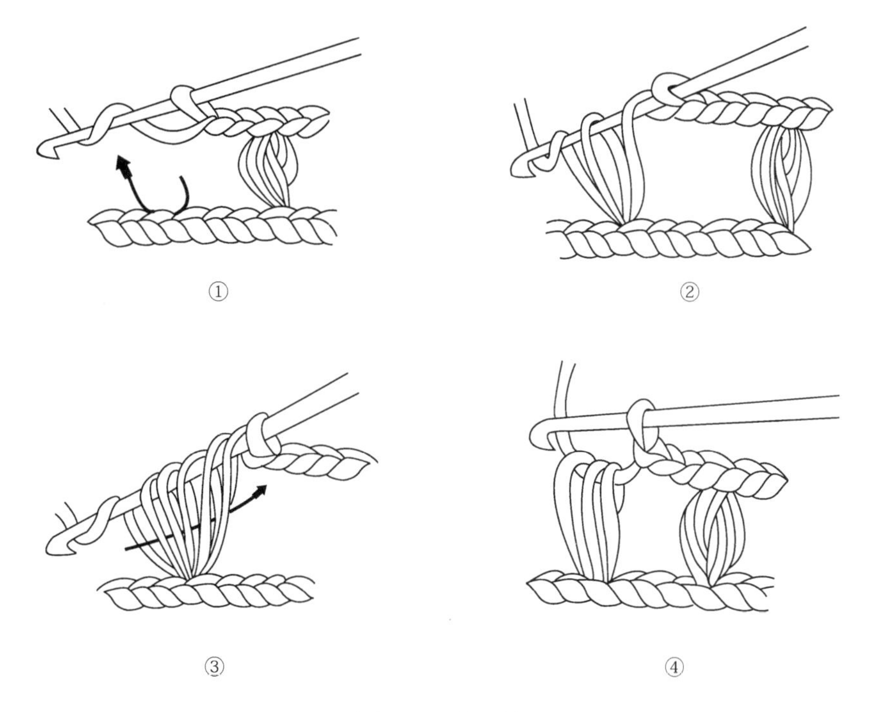

图4–60 菊花针

7. **撬针**（丐） 在钩针上把线绕1圈，再从前1行的辫子中钩出1针，把前面2针并钩成1针，然后与后面1针并钩成1针（图4-61）。

附：钩针的花式例

钩针花式之一：先钩一根辫子。

第1行：重复钩“1针长三针，1针辫子针，4针长三针，1针长三针”。

第2行：先钩3针辫子针，再重复钩“1针长三针，1针辫子针，4针长三针，1针撬针（从前1行单独1针长三针的反面辫子股中钩出）”。

以后各行的钩法都与第2行相同，但在钩单行时，撬针要从正面辫子股中钩出（图4-62）。

钩针花式之二：先钩一根辫子。

第1行：全部钩长三针。

第2行：先钩4针辫子针，然后重复钩“1针菊花针，1针辫子针，1针长三针，1针辫子针”。

以后逢单行重复第1行，双行重复第2行的钩法（图4-63）。

三、编结饰品设计

编结设计同其他设计一样，首先要进行创作构思，确定编结作品的品种、主题、风格等。在设计构思中，必须注重体现独特的个性和时代感，要将时代气息与长期积淀下来的民族审美意识有机地结合起来。我们要善于观察生活、感受生活，将自己喜爱的艺术表现形式、形象转化为设计元素进行新的设计定位，并以饱满的热情和丰富的创意来确定自己的设计主题。

另外，编结设计要充分考虑编织材料的特点。现代工业设计的先驱曼菲斯（Memphis）曾经说过：“材料不仅是完成设计的一种物质保证，更是一种积极的交流情感的媒介和自我意识的

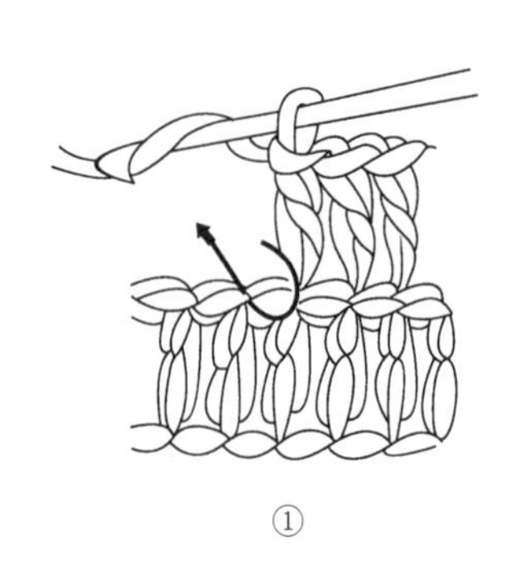

①

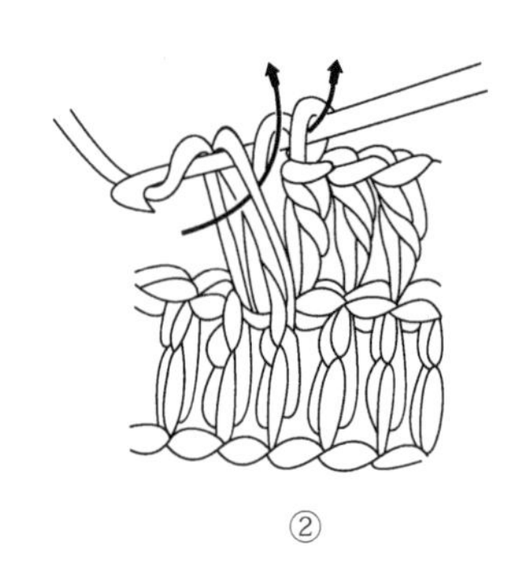

②

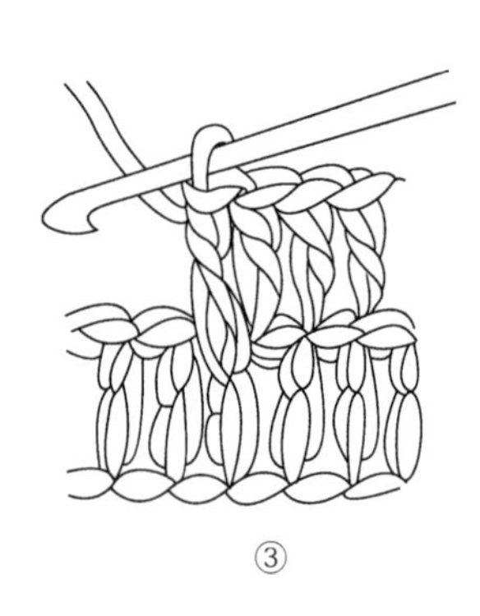

③

图4-61 撬针

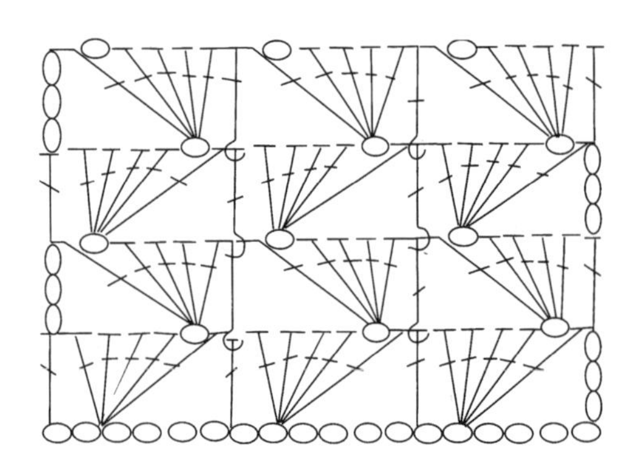

图4-62 钩针花式之一

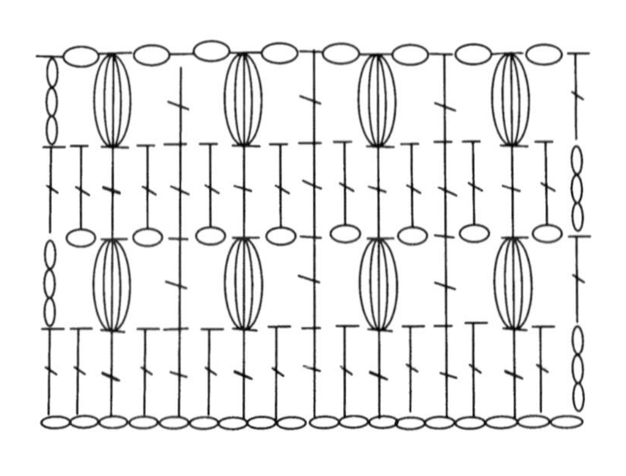

图4-63 钩针花式之二

细胞”。每一种材料都有其特殊的品质，只有将材料的自身特质与作品的风格有机结合，才能使设计构思得到完美的体现。一个好的设计师必须熟知材料的特性，使材料的特质在设计中得到合理的发现与运用，从而使自己的设计思想、情感物化于编织作品之中。

其次，在编结服饰配件中，要考虑整体协调因素，即所编结的服饰配件与整套服装的协调，同时还包括与发型的协调，与帽、包、鞋、化妆等一系列因素的协调。不同风格的服装要配合不同风格的服饰配件，这也是设计者在创作手工编结的服饰配件作品时必须要考虑的问题。

在编结设计中，技法是造型的直接手段，技法的运用能够直接影响作品的造型和材料质感的显现，而技法本身所具有的理性秩序美更有其独特的品质，使作品独具魅力。设计者一定要熟悉各种编结方法并了解它们的特点，选择最合适的编结方法，并且在继承传统编结技法的基础上，不断致力于技术方面的探索和革新，使这门古老的手工艺重新焕发出青春的光彩。

设计艺术贵在创新，只有在设计时勇于想象、探索，拓宽表现的题材、风格及主题，不断革新表现技法，灵活运用工具与材料，尝试新的科技成果，才能设计出多种多样、千变万化的编结作品。

四、编结饰品制作范例

当我们较为熟练地掌握了各种手工编结技法并学会加以变化应用后，就可以利用这些编结方式为实用编结服务，按照设计的需要编结出美丽的饰物。

（一）盘扣的设计与制作

盘扣在我国民族传统服装中应用得非常广泛，在旗袍、中式上衣、马褂及许多民族的服装上都有盘扣的装饰。盘扣的种类很多，常见的有琵琶盘扣、一字盘扣、蝴蝶盘扣、缠丝盘扣、镂花盘扣、兰花形盘扣等。形形色色的手工盘扣精巧细致，融入了制作者的心性和智慧。

其中，兰花形盘扣的制作方法如图4-64所示。

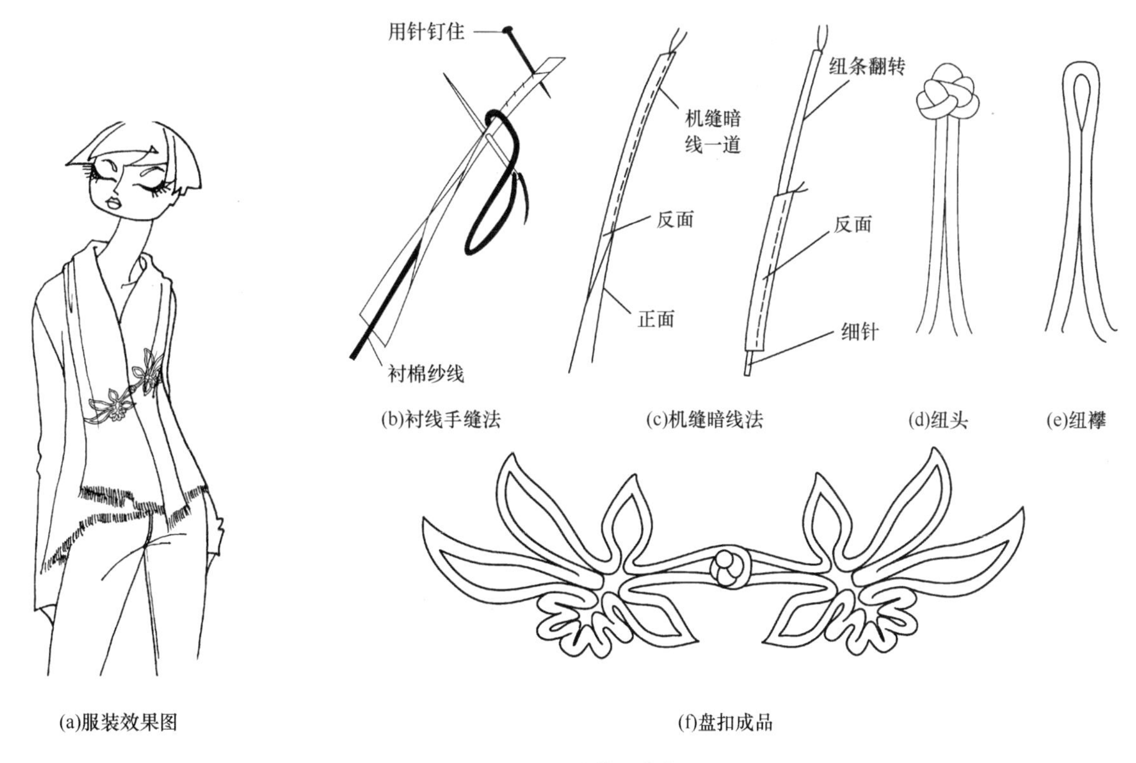

图4-64　兰花形盘扣

（1）制作盘扣纽条：先将布料的反面刮上一层薄糨糊并晾干，裁出2cm宽的45° 斜丝布条50cm。使用薄料时，应在斜布条中间衬几根棉纱线，使其硬挺耐用；使用厚料时，可以不衬棉纱线。如做空芯花扣和嵌芯花扣，可用一根铜丝夹在斜布条中间，使纽条富有弹性。

衬线手缝法：先将布条两边毛口向里扣折成4层，用针钉住，然后用手针缲牢，可用于做一字扣、琵琶扣及实心花扣等。

机缝暗线法：为使扣型盘制得无线迹，造型美观，可将斜布条对折（反面相对），用缝纫机沿边车缝一道，然后用长针翻正成纽条。纽条宽不要超过0.5cm，可用于做各种盘扣。

（2）编结纽头：将已制作好的纽条，按前面所学编纽扣结的方法逐步进行编结。编结完后，均匀拉紧，即成为结实坚硬的圆珠状。

（3）盘制兰花形：按照设计好的样式，将纽头尾部多余的纽带按比例进行盘绕，用镊子协助盘制，注意调整盘扣左右花形的对称。盘完后将纽条尾端隐藏起来并用针线连接固定。

（二）流苏的设计与制作

流苏（macrame）是阿拉伯语中装饰绳穗之意，特指以绳索类编结成穗状的装饰物。在我国传统手工艺中，称其为须坠或穗子。流苏可以根据不同的线材结成不同的形式、产生不同的风格，用在服装、饰物、帽子、腰带、帘幕等物之上，能增加飘逸雅致的风韵。

1. **同心穗**（图4-65） 同心穗是最简便的一种流苏，它是在一股线的中间扎紧，然后按图示反复包扎而形成的穗。因为它的穗头与穗线均由一个中心延伸出来，故名同心穗。其制作步骤如下：

①将一股线在中间部分扎紧。

②把扎紧后的线理齐合在一起再扎牢，尽量扎得紧而小。

图4-65 同心穗

③将穗头倒放，调整露在外面的每一根线。

④用金线或穗线将外面环绕的流苏扎紧即成。

2. **斜编穗**（图4–66）　斜编穗是在同心穗的基础上变化而成的，因其外观有斜向纹路而得名。其制作步骤如下：

①如同心穗一样，将一股线在中央部位扎紧。

②将扎紧的线头穿入圆珠孔中。

③把圆珠倒放，调整珠面上的每条线。

④用穿过圆珠孔的线扎紧圆珠下方所有的线。

⑤再次把圆珠倒放，依次拉下每根线作为纬线，按图示穿插经线即成。

（三）腰带的设计与制作

腰带是从属于服装的，因此应结合服装的款式、花色来进行设计，并要根据个人的体形来决定腰带的长度（图4–67）。

腰带长：145cm。

材料：直径0.5cm、长300cm的米白色棉质绳10根，本色木珠10颗。

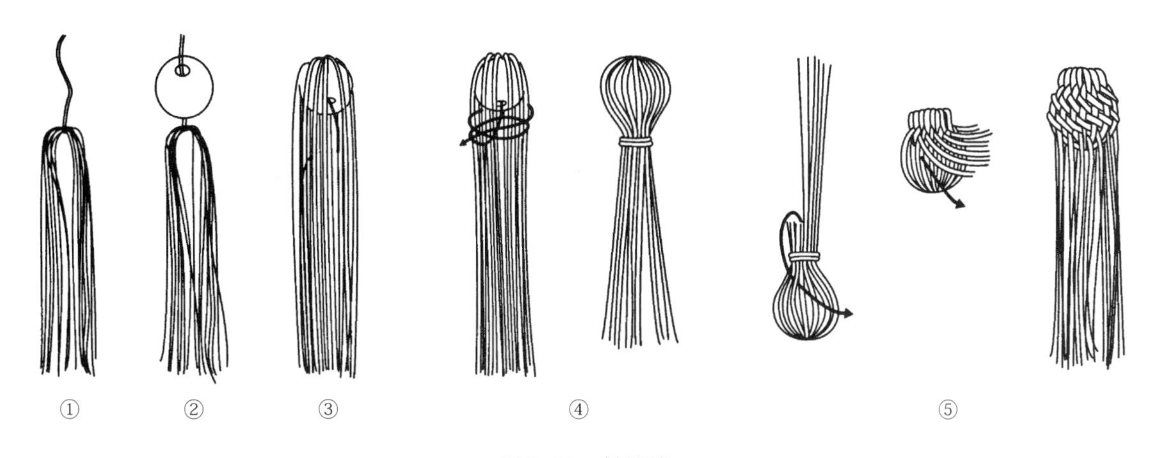

图4–66　斜编穗

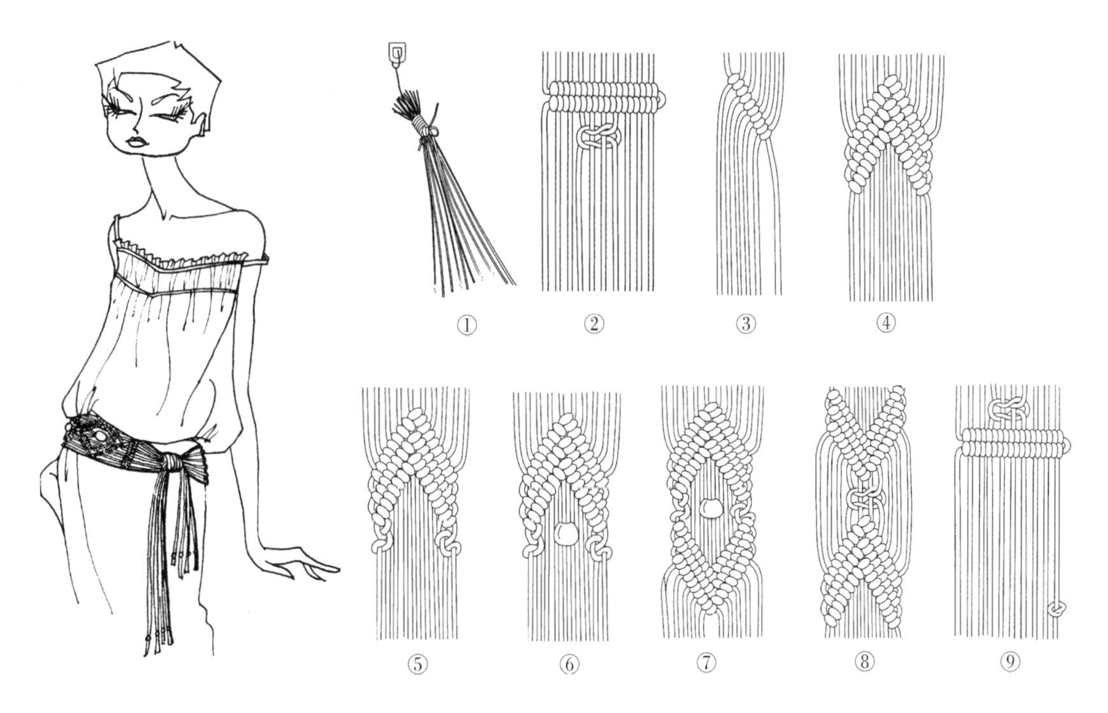

图4–67　编结腰带

制作步骤：

①把绳的一端用线扎紧，固定在一挂钩上。

②然后留出穗绳，在25cm处以左边的第一根绳为芯绳，制作好两排水平运行的双结。

③在中间结一个平结后，开始编第一个菱形，从左边数找到第五根绳做芯绳，依次把右边的5根绳编结双结，再以右边第一根绳做芯绳，把左边的4根绳依次编结双结，完成菱形的外轮廓线。

④用同样的方法再编结两行，菱形的上半部分就编结好了。

⑤在两边编左、右结。

⑥找出菱形中间的两根绳，把事先准备好的木珠穿入。

⑦开始编结菱形的下半部分，至此一个完整的菱形就编结完了。

⑧在编好的菱形下面编结一个平结，然后接着编第2个菱形……

一共编结10个菱形，记住要穿木珠。

⑨第10个菱形编结完后，按图示在菱形下方编结一个平结，最后以最左边绳为芯绳编结两行双结。腰带编结完以后，试试大小，整理一下穗的长短，然后在绳头结单结以免散开。

（四）三角披肩（图4–68）

材料：藏蓝色中粗开司米混纺线85g。

用具：5号、7号钩针。

编织步骤：

①起头249针。参照图示，用网眼钩织法钩织。

②每行的结尾处均按照2针短针加1针长针的钩法钩织，而且每行均在网眼的最高点结束，然后直接转入下一行钩织。最后将

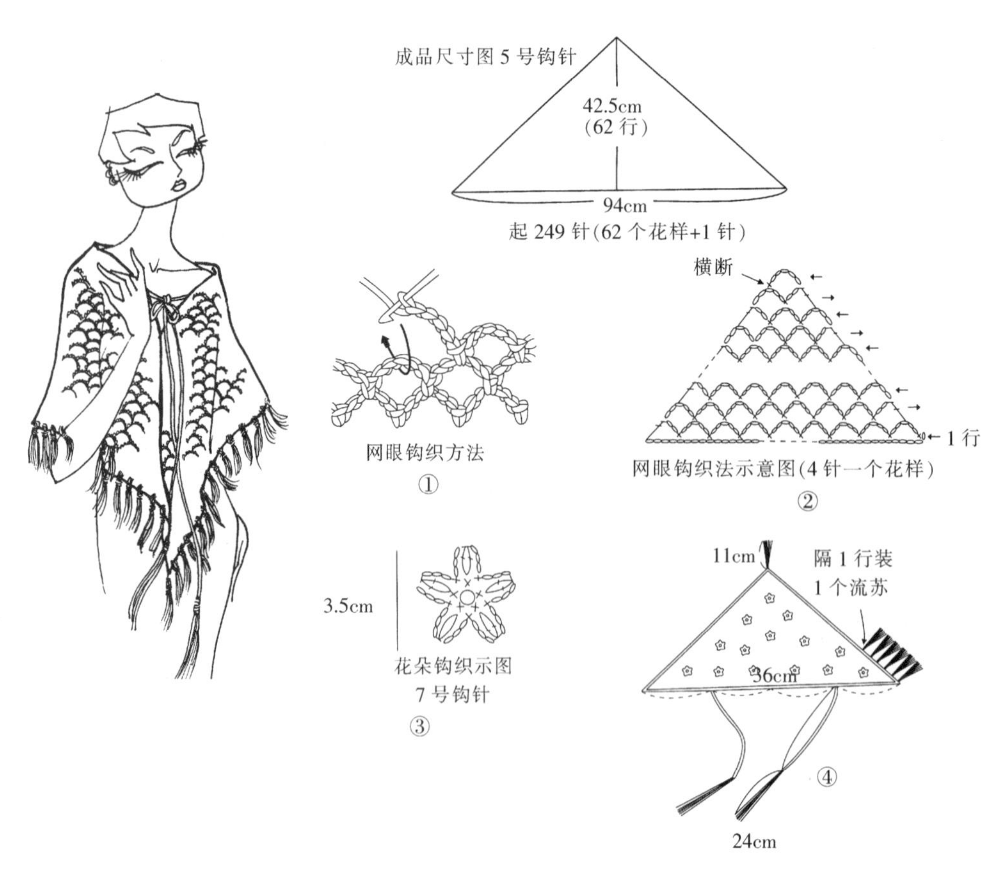

图4–68　三角披肩

三角披肩的边缘用细针钩织法镶齐。

③小花部分的制作。先结一个小毛线圈，起1针，然后用细针钩织法钩入5针。钩织第2行时，先钩3针，然后用长针（2针并1针）钩织法钩织1针，再钩3针，用细针钩织法钩1针。按照前述顺序依次循环钩织，便可钩织出5个花瓣的小花。钩织14朵小花，缝在三角披肩上。

④流苏的制作。剪取4根25cm长的毛线并理齐，对折成束。将钩针从披肩的反面插入，把毛线束钩出。再把剩余一端的毛线从钩出的毛线环内穿出。然后将流苏束好，用剪刀剪齐。在披肩上隔1行装1个流苏。最后制作胸前的系带。将3根200cm长的毛线穿入相应的位置后对折变成6根，把毛线分为2根一组，共3组，编三股辫。距尾端24cm处将6股毛线紧扎，成穗头。

（五）手指编织围巾（图 4–69）

手指编织是近年来风靡全球的一项手指运动。它通过不断的编织可以刺激手部的穴位，促进脑部神经，使人神清气爽。手指编织非常简单易学，无需任何工具，通过手指与毛线的相互缠绕钩结可以完成多种服饰品及居家用品的编织，在这里介绍一款时尚围巾的制作方法。

围巾长度：200cm。

材料：橘红色粗羊毛线150g。

制作步骤：

①将线头在左手大拇指上自由打结，松紧适中。

②将毛线绕到中指、小指后。

③将毛线从小指前、无名指后、中指前、食指后绕回到大

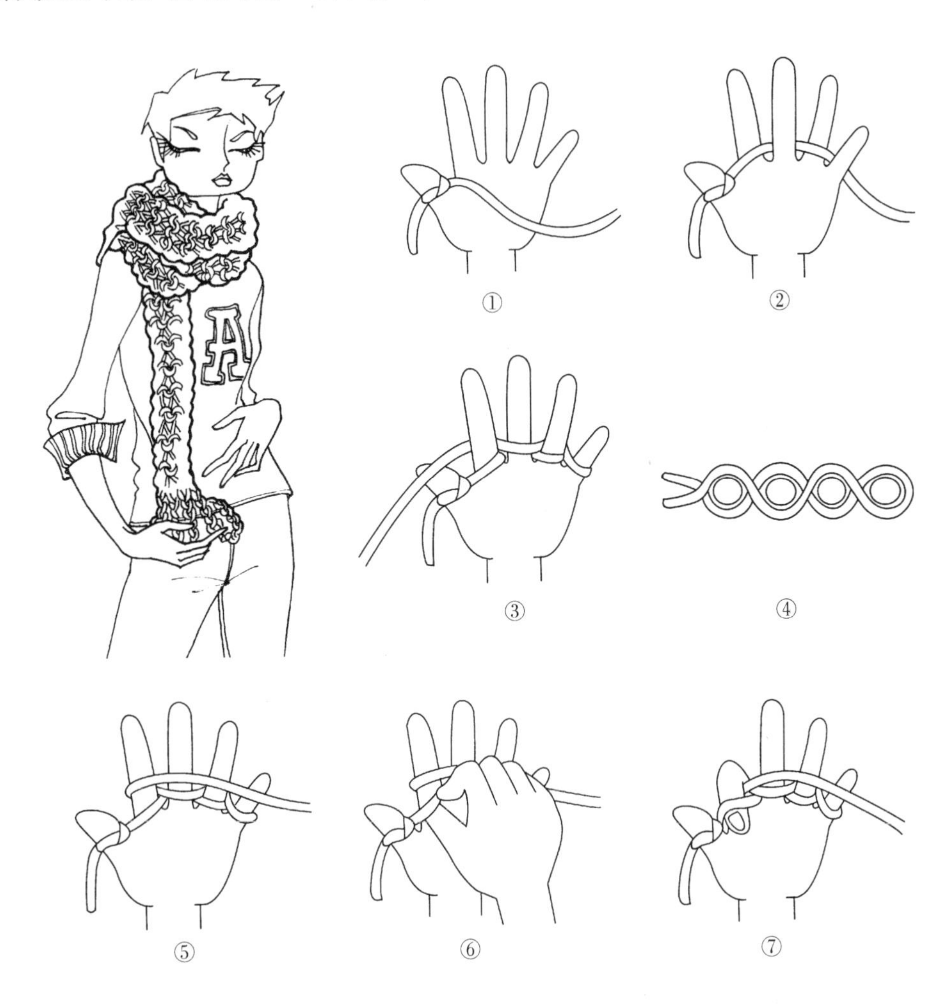

图4–69

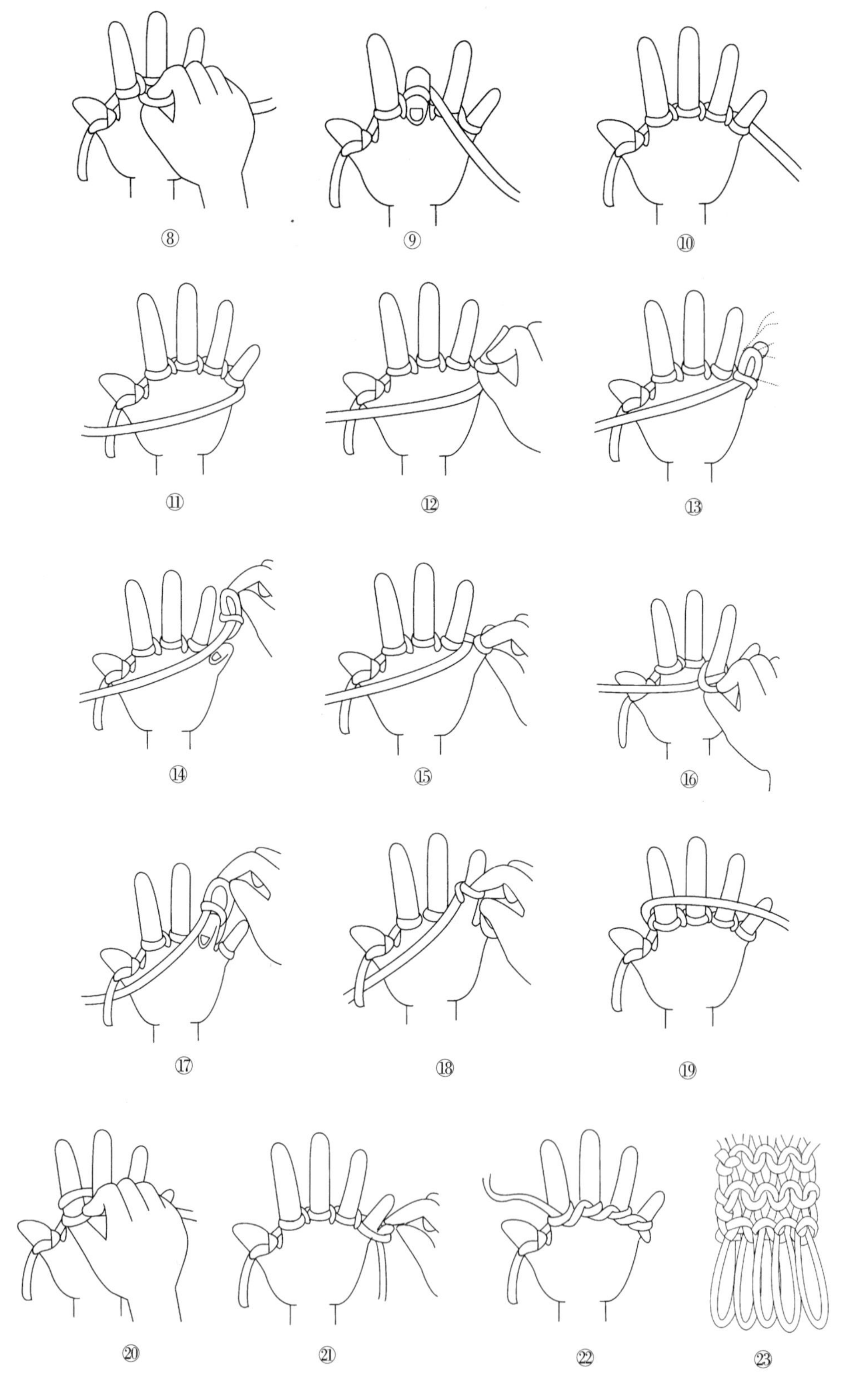

图4-69　手指编织围巾

拇指。

④从手指上方俯看，效果如图示。

⑤将线由食指到小指横在刚刚织好的线的上方。

⑥把挂在食指上的线轻轻拉开，用食指挑起，注意食指要压住上方的线挑起下面的线。

⑦将食指挑起的线直接套在食指上。

⑧将食指伸直，线就到了食指的后面。

⑨中指同食指一样挑线并套于手指后。

⑩无名指、小指也同食指一样将线挑起并套在手指后。

⑪将线由小指向食指方向横在已编好的线的下方。

⑫将小指原来的线圈拉松。

⑬然后将下边的线由下向上插入拉松的线圈，形成又一个线圈。

⑭将线圈连同原已编好的线圈从小指上取下。

⑮再将后形成的线圈套入小指。

⑯～⑱用同样的方法完成无名指到食指的编织。

⑲再将毛线由食指到小指横在织好的线的上方。

⑳单行重复⑥～⑩的步骤，双行重复⑪～⑱的步骤，如此反复循环。

㉑编到需要的长度后，余留20cm长线头后断线，在小指的下侧向上拉线，并继续从无名指、中指、食指的下侧向上拉线。

㉒最后穿过食指时，不要将线一直拉出来，而是只拉出一个线圈，然后将线头回绕系在该线圈上，并把线头藏起来。

㉓将围巾倒过来，找到最初大拇指上的线头，回绕到线圈上系牢，然后藏起线头。编织完成，用手轻拉横向扩展整理。

最后制作围巾两端的流苏，剪6根长为2m左右的线编成三股辫，再将每根辫子均匀地缠绕在围巾的两端，围巾即编织完成。

总结

本章以手工编结饰品为主题，围绕着发展与应用两方面内容展开。并且使学生通过动手实践，了解并熟练掌握有关手工编结饰品的材料的运用以及编结技法，从而为服装设计和饰品设计开拓新的思路。

思考题

1. 简述原始编结工艺的产生、发展以及在配饰中的应用。
2. 了解编结材料的分类，简述各种编结材料的性能。

3. 了解多种传统编结技法。

4. 中式盘扣为何近年来重新受到服装设计师和消费者的青睐？

5. 观察并搜集手工编结饰品在当前服装中的运用情况。

6. 如何在传统的编结技法以及编结材料运用上进行创新？

练习题

1. 设计三款以结饰或盘扣为主要元素的创意服装，要求为系列化设计，绘制尺寸为4开的彩色效果图，并注明设计理念、主要制作工艺、材料等。

2. 选用手工编织技法，设计并制作一款以流苏为主要装饰特点的时尚腰带。

3. 利用手指编织技法，设计并编织完成一件新颖独特的手指编织围巾。

4. 在传统编结技法的基础上设计6款新颖的编结技法并编织成10cm×10cm的小样，并运用在一个系列的服装设计中。

5. 选择任一喜欢的材料编结一款饰品。

基础训练与实践——

包袋设计

课题名称： 包袋设计

课题内容： 包袋概述

包袋的种类

包袋的设计及制作

课题时间： 12课时

训练目的： 通过对中西方包袋的历史与沿革、包袋的种类与款式的介绍，让学生了解包袋的产生与发展，并进一步认识包袋的审美含义以及发展趋势。通过分析实用类包袋设计的要点，掌握包袋设计的步骤。

教学要求： 1. 让学生了解中西方包袋的产生与沿革。

2. 让学生了解包袋与服装搭配的规律。

3. 以书包和运动包为重点，分析实用包袋设计的要点。

4. 让学生大致了解包袋制作的工艺。

课前准备： 1. 预习本章的内容，并查阅中西服饰史中相关的包袋内容。

2. 进行市场调研，了解书包与运动背包的设计特征。

第五章　包袋设计

第一节　包袋概述

一、包袋的演变

原始人类在不断与自然的斗争中发展，不断地提高生产力、改进使用工具以满足他们的各种需要。在狩猎、耕种、采集等劳动中，需要将物品集中携带，因此产生了能够满足这种要求的包、袋，以便携带物品。与当时的服装发展一样，包袋的制作主要利用天然的兽皮，用磨制锐利的骨角进行切割，再用筋或皮条连缀而成。骨针的出现，使包袋的缝制更为精致。

人类不像袋鼠那样生下来就有育儿袋，要收集、盛放东西就必须学会用其他材料制作成包袋。在服装史中，包袋有许多不同的名称，如包、背袋、锦囊、包裹、兜、褡裢、荷包等数百种。古汉字中的“包”字、“囊”字（图5–1），从它们的形状看，都有一个半封闭或全封闭的外形，中间放置着一些东西，口上还用绳索束扎起来，极为形象。更有趣的是“兜”字，从字形上看如同现在最为盛行的双肩背包。

在服饰史中，包袋主要以两种形式并列发展，其中一种是随身携带的小巧型袋式，是与服装相结合而发展起来的。这种形式还有两个分支，即衣袋与手袋，衣袋发展至今已成为服装中的所属部分，此处不予展开讨论；另一种是携带、存放物体所用的较大的袋式，发展为各种包和袋。在很多情况下，这两种袋式相互依赖、相互借鉴，有着紧密的联系。

包袋制品产生于有文字记载之前，由于年代久远，实物不易保存，因此所见包袋实物甚少。在新疆民丰发掘的东汉墓中，已有较为完整的褡裢布、棉口袋等实物保存下来，反映出我国西域服装与饰物的发展情况。汉代的官职有佩印绶之制，佩绶时可垂于衣侧，也可用鞶囊盛之。鞶囊用金银钩钩于革带之上，所以称之为绶囊或旁囊，当时人们在囊上绣以虎头纹样，故又叫做虎头绶囊（图5–2）。

图5–1　包、囊、兜的古汉字

图5–2　汉时的一种佩囊——虎头绶囊

又如在南朝的官服上有饰“紫荷”的特殊形式。《晋志》中曰：“八座尚书荷紫，以生紫为夹囊，缀于服外、加于右肩”。也就是说在肩上缀一只紫荷，以待备忘或录事之用，作为奏章等物的贮囊，有衣袋之功用，同时又有装饰的作用。唐朝服制中，官员们必佩戴鱼符袋，即袋中装半个鱼符，办公事时取出与宫廷中另半个鱼符相对，合符后方能入宫。鱼符袋成为当时官员们身份、地位的象征之物（图5-3、图5-4）。

金代的士庶男服中，由于盛行马上作战射猎，男子们多佩豹皮弓囊，以豹皮制之，专放弓箭之物。大定十六年有吏员悬挂书袋的制度。书袋是一种用紫纻丝、黑皮、黄皮制成的袋子，各长七寸、宽二寸、厚半寸，悬于束带，常用于便服之上。

明代官服中，朝服上有佩玉之习俗，有时因升殿时官员佩玉与侍臣之佩相钩缠，一时不易解开，所以在嘉靖时就加一佩袋将其盛在里面。清代朝服规定在腰带之上必佩荷包。关于荷包的用途有几种说法，一是贮存食物为途中充饥；二是内贮毒药以备出事时可服之以殉，以后慢慢演变成装饰物（图5-5）。

图5-5　清代的荷包

在西方服饰史料中，我们也可以零散地搜集到包袋的形成、变化和用途的资料。

图5-6所示是公元12世纪英国农家女子摘苹果的装束。妇人身穿紧身衣裙，腰上系了三四个口袋，手中还拿了一个口袋，全都装满了苹果。从图中可以看出口袋的造型比较简练，没有什么装饰，用亚麻布或其他纺织品制成。这种口袋在英国乡村中使用非常普遍。

图5-3　唐代的鞶囊

图5-4　唐代的鱼符袋

图5-6　公元12世纪英国农家女摘苹果的装束

15世纪后期，西方男式服装中有一必备之物是一个精致的小荷包袋，每个男士都以这种新的服饰品为荣。尤其是到了16世纪，小荷包成为人们追求虚荣和满足自己心愿的饰物，以致小荷包越做越大，直到20世纪70年代这种装饰才慢慢消失。

包袋发展的另一方面体现于独立的外观造型及变化。从最早的包袱、口袋、囊、褡裢、背包到现在常用的手提包、公文包、书包、钱包等，已形成一个专门的体系。从实用功能到装饰美化功能都有更完美的表现和内容。

二、包袋的实用性与审美性

包袋的产生是以实用为主要目的，它主要解决人们收集、携带、保存物品的需要。在长期的发展演变中，包袋又被赋予了审美因素，随着材料不断地被扩大应用，技术不断地改进和完善以及人们永不满足于已有的状况，人们将包袋的造型、色彩加以变化，在装饰方法上寻找出路，使包袋饰品在实用的基础上更为美观、更引人注目。

另外，由于包袋饰品的种类非常多，根据不同的功能，它们的审美要求也不一样。如以收集、存放物品为主要目的的包袋，其实用性一般要大于装饰性，多考虑大小、牢度、厚度、防蛀、防腐等较为实用的因素；外出旅行所用的包袋，除了装饰性、美观性外，还要考虑其便携性、大容量、多功能、牢固、质轻等因素；学生书包类包袋，要从科学性、健康性的角度出发，轻便、多层次，当然还要有装饰性。又如女式小提包多以装饰为目的，其功能性远远不如审美性那么重要，主要放些零钞、香水、手帕等小物品，但其外观的装饰引人入胜、变化万千。

当今，世界上流行的各式包袋中，名牌效应也有效地融入实用和审美的观念之中。由于著名品牌的包袋美观大方、质量优良、讲究信誉以及高昂的价格，如同给它贴上了一个特殊的“标签”，讲究风度、派头的人尤其钟情于这种“标签”，因为它体现了美感和价值的综合因素。

三、包袋与服装的关系

与服装搭配的各类包袋，由于种类多、用途广，使用环境也不一样，应就具体因素来考虑，但要遵循一些审美原则。

如在色彩关系上要协调美观。对服装而言，包装设色以同类色、点缀色为主，若选用对比的色彩，则应考虑与周围的环境、气氛是否协调。

包袋的款式应与场合、环境协调。如在公司上班，大家的穿着都较正规、严肃，此时提着公文包或办公书包比较自然，若在这种场合提着牛仔包或饰满珠片的宴会小包，自然会使人感到不太自在。又如在外出旅游时，人们的穿着较为自然、轻松，与之相配的旅行包、小筒包或小手提袋自然得体；女士们参加朋友聚会、生日晚会等活动时，所穿着的服装应高雅别致、得体大方，款式众多的宴会小包是这种环境的最佳选择。

另外，还要注意包袋的款式、色彩、质地与其他饰物的协调关系。如与帽、鞋、首饰等饰物不要产生太大的反差，而要注重整体的效果。

第二节　包袋的种类

一、分类的方法

包袋的种类很多，根据不同的要求分类的方法也不同，如可以按用途分、按所用材料分、按装饰制作方法分、按外形分等。

1. **按具体用途分**　有公文包、电脑包、学生书包、旅游包、化妆包、摄影包、钱包等。

2. **按所用材料分**　有皮包、尼龙包、布包、塑料包、草编包等。

3. **按外观形状分**　有筒形包、小方包、三角包、罐罐包等。

4. **按装饰制作方法分**　有拼缀包、镶皮包、珠饰包、编结包、压花包、雕花包等。

5. **按年龄性别分**　有绅士包、坤包、淑女包、祖母提袋、儿童包等。

二、常用包袋简介

1. **电脑包**　电脑包一般由皮革、合成革和牛津布等材料制成，外形比较平整，造型简洁，有提手和背带，有的包内设数个夹层、固定带和小口袋（图5–7）。

2. **书包**　书包一般由帆布、皮革、尼龙布、牛津布等材料制成，款式多样，有双肩背式、手提式等，色彩鲜艳、图案美观大方，主要供学生使用（图5–8）。

3. **公事包**　公事包外形较扁平，厚度方面具有伸缩性，一般以皮革制成，有提手、内有夹层、外观为有盖式结构并加锁襻（图5–9、图5–10）。

4. **牛仔休闲包**　牛仔休闲包外形变化丰富，面料为各类牛仔布、软皮革或牛津布等，有大小多个口袋和拉链，有单肩、双肩背带，一般为外出旅游时用（图5–11）。

5. **宴会包**　宴会包是一种装饰性很强的女式小提包，多用漂亮的布料、软皮革、金属等制作，并装饰珠子、亮片或加以刺绣、镂花，有手提式与夹于腋下式，主要在女士社交活动时作为装饰之用（图5–12、图5–13）。

6. **香奈儿皮包**　香奈儿皮包是由法国著名服装设计师香奈儿于20世纪50年代末设计推出的，是一种轻质盖式女包，背带采用链状结构，皮革表面印有凹凸纹样，内有夹层，式样别致，女士们常用于社交场合（图5–14）。

7. **手提包**　手提包也称手提袋，外形变化丰富，多由皮革、纺织品等材料制成，有装饰物件和提手，在许多场合都可使用，流行甚广（图5–15~图5–17）。

8. **沙滩包**　沙滩包又称海滩提袋，指在海滩使用的用来装游泳衣、毛巾等物品的提袋，其外形方正，体积较大，有肩带。1978年春夏出现用透明塑料制作的沙滩包，现多用花色棉布、细帆布和软皮革制作，在郊游时亦可使用（图5–18）。

9. **祖母提袋**　“祖母提袋”为法国的服饰用语，原指老太太常使用的编织手提袋，多有木制提手，用布料做成（图5–19）。

10. **行李袋**　行李袋用帆布、尼龙布制成，原为美国士兵、水手存放个人用品的手提袋，后经变化成为海滨旅行袋式，实用、轻便、容量大（图5–20）。

11. **军用提袋**　军用提袋经意大利著名设计师阿玛尼重新设计后推出，以硬牛皮等材料制成（图5–21）。

12. **化妆盒和化妆包**

（1）化妆盒：用金属制成的小盒，常采用比较昂贵的金银制作。盒面镶有宝石，是女士存放化妆用品及小物件的精致小盒。

（2）化妆包：用柔软的布料制成，常有花边、缎带装饰，是年轻女性喜爱的包袋（图5–22、图5–23）。

13. **零钱皮夹**　零钱皮夹是一种女式钱包，有夹层，开口处有金属轧条或拉链（图5–24）。

14. **腰包**　腰包有腰带固定于腰间，用软皮革、布料或编结物制作，可放置钱、钥匙、身份证、信用卡等物（图5–25）。

图5-7　电脑包

图5-8　双肩背书包

图5-9　男式公事包

图5-10　女式公事包

图5-11　牛仔休闲包

图5-12　宴会包

图5-13　accessorize珠饰宴会包

图5-14　香奈儿皮包

图5-16　迪奥手提包

图5-17　皮制手提包

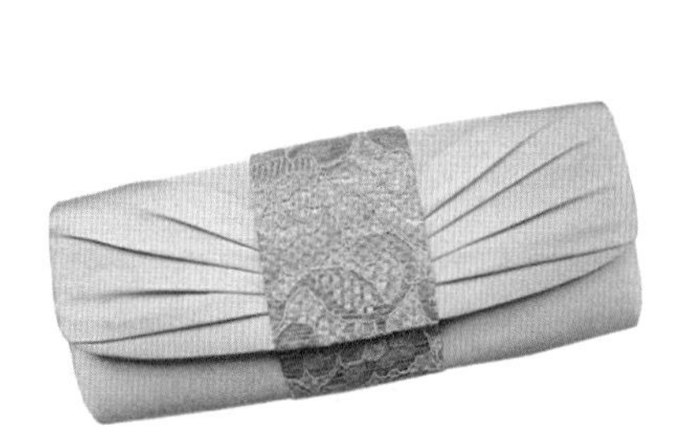

图5-15　手袋

图5-18　沙滩包

图5-19　祖母提袋

图5-20　行李袋

图5-21　军用提袋

图5-22　化妆包

图5-24　安娜·苏小钱包

(a)LA MER化妆包

(b)香奈尔羊皮化妆包

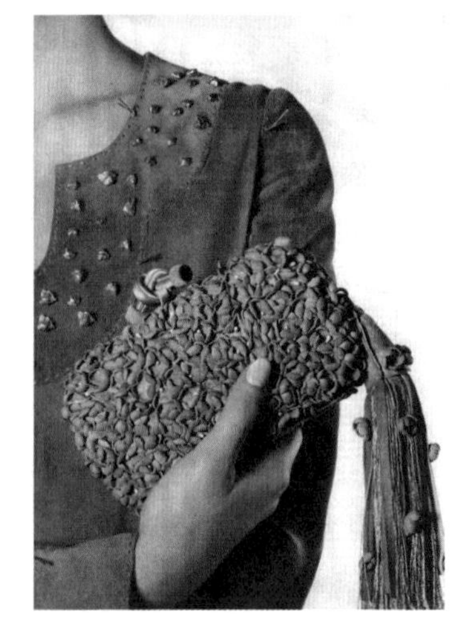

(c)

图5-23　化妆包

图5-25　腰包

第三节　包袋的设计及制作

一、包袋设计的主题确立

设计包袋之前，首先要将装饰性与实用性相结合，不能仅仅为了设计一个美丽的皮包而不考虑其用途，否则就不可能设计出完美的作品。

主题的确立借助于形式美感，设计一个有个性、有特点的包，需要具备一定的造型能力、艺术修养以及其他方面的知识。而设计主题的确立，也许来源于艺术方面的启示，也许是某种契机使设计师产生突发的灵感，也许是日思夜虑所得，总之造型的设计无可限囿，是靠不断积累、不断创造、不断研究才能够取得的。

（一）以包袋的外形设立主题

通常以方形、长方形为包袋的基本形，可将此夸张、展开进行设计。

几何形主题，有方形、圆形、方圆结合形、不规则几何形、弧形、半圆形、扇形等主题。

具象主题，如动、植物的仿生形象，花卉、鱼形、蝶形、各种动物等主题。

自然主题，有山川日月、自然景观等主题。

（二）以包袋的表面装饰设立主题

以包袋表面装饰设立主题也就是强调包袋表面的具体装饰，如用拼色、图案、镶珠、立体盘花等手法来表现。

二、包袋的选材

制作包袋的材料类型较多：有各种动物皮草、人造皮革；各种布料，如帆布、细棉布、丝绸、尼龙、呢绒、针织品等；各种塑料布；麦秆、草秸；各类绳线，如麻绳、草绳、尼龙绳、棉线绳、毛线、丝线、尼龙丝、铁丝等，以及其他可用的材料。

三、包袋的设计

包袋的设计包含两方面内容：一是根据服饰的要求进行整体设计构思；二是独立地进行设计构思。

（一）针对具体服装、持袋人进行设计

应针对具体的服装和持袋人进行设计构思，如旅游服、登山服等运动类型服装，往往需要与之配套的包、袋制品，以便在外出时可以装备所需物品。针对旅游服，除了设计相应的背包、手提袋外，还可设计肩背式网球拍袋、相机挎包、可当小凳子的多用袋等，面料多用轻便、牢固的牛津布、细帆布等，色彩宜鲜艳、明快、醒目，与服装协调。

如果是参加朋友的聚会和晚宴，与礼服相配的坤包设计首先应从小巧精致出发，选择中、高档的面料，如以小牛皮、绒面皮、蛇皮、PU革或绒面串珠为主。宴会包大小以能够装手帕、简单的化妆品为宜，色彩要高雅、洁净，与服装一致。

（二）独立地进行设计构思

独立地进行设计构思是抛开具体的服装款式和人为因素，而根据用途、材料、流行思潮等因素来设计各种形式的包袋。

1. **利用面料特征**　各种不同的面料所体现出的视觉效果和手感是不一样的，如皮革材料分软皮和硬皮。硬皮用于公文包、男式提箱包的设计上，能够体现出粗犷的直线条；经柔软

处理后的软皮材料，可以折叠，可以皱褶，是坤包设计中常用的材料。

麦秸秆、玉米皮等植物纤维经处理后编结的包袋，可以充分利用材料的自然色彩和柔韧性，设计出各种适合的图案，进行编结缝制。

用不同质地的面料镶拼也可以达到特殊的效果。如呢料与皮革镶拼、棉布与皮革镶拼、金属条与合成革镶拼、布料上嵌珠饰等方法。

2. 包袋的色彩设计 包袋的色彩设计分为三大类：

（1）浅、淡、灰暗的色调；

（2）中性色调；

（3）鲜艳明快、对比强烈的色调。

基于这三大类色调，又能派生出许多配色方法。

3. 利用面料本身的颜色和图案进行搭配 如果面料本身已印有很艳丽的图案色彩，而又符合设计意图，可利用其进行配色。一是整体色均用花色面料搭配；二是以花色为主，配以黑色、白色或其他相应的颜色；三是以某一单色为主调，点缀花色面料。

4. 利用单色面料进行色与色之间的相互搭配 如大色块镶拼，小色块镶拼，以小色块点缀大色块等；也可以是对比色镶拼，同类色镶拼，本色嵌条镶拼等方式。

在设计时还要进行包袋的外部装饰处理，如刺绣、贴花、珠绣、盘花、镶嵌、印制图案、拼色、雕花、镂空花、编结图案等。

附件设计包括包扣、襻、纽、环、搭扣、锁、标牌、挂钩、提手、包带等物品。

在设计时，装饰与附件都应考虑到整体效果，要统一在整体之中。

四、包袋设计制作范例

（一）儿童卡通包

儿童所用包袋的特点为造型简洁，形象生动，色彩明快，富有童趣。包袋的造型以立体、拼色为主。外形为动物形象的包袋要注意不要有过多的棱角，在包袋上拼贴的图案要简练、美观，符合儿童的欣赏趣味。

儿童包袋的用料选用细棉布、绒布或长毛绒布等，内衬薄层海绵或腈纶棉。有时需在包袋的表面作绗缝处理，使包袋显得更为立体、厚实、可爱。

1. 动物形包袋的制作 动物形包袋的制作方法如图5-26所示。

2. 拼贴图案包袋的制作 拼贴图案包袋的制作方法如图5-27所示。

（二）化妆包

化妆包的特点为小巧，精致，内有隔层，包袋表面用美丽的花边、缎带、蝴蝶结等装饰，显得美观、高雅。其制作方法如图5-28所示。

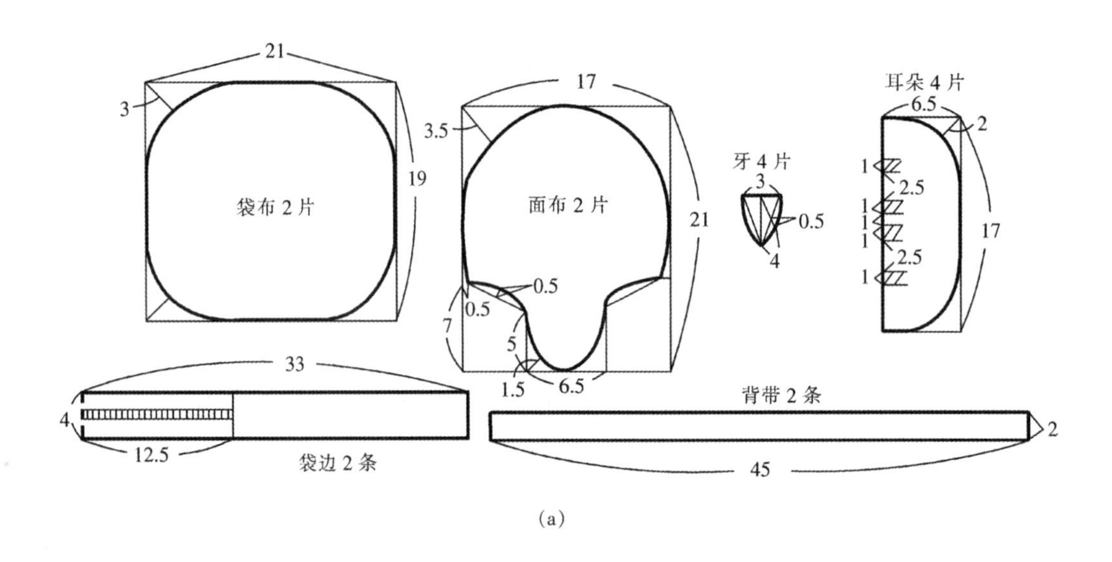

(a)

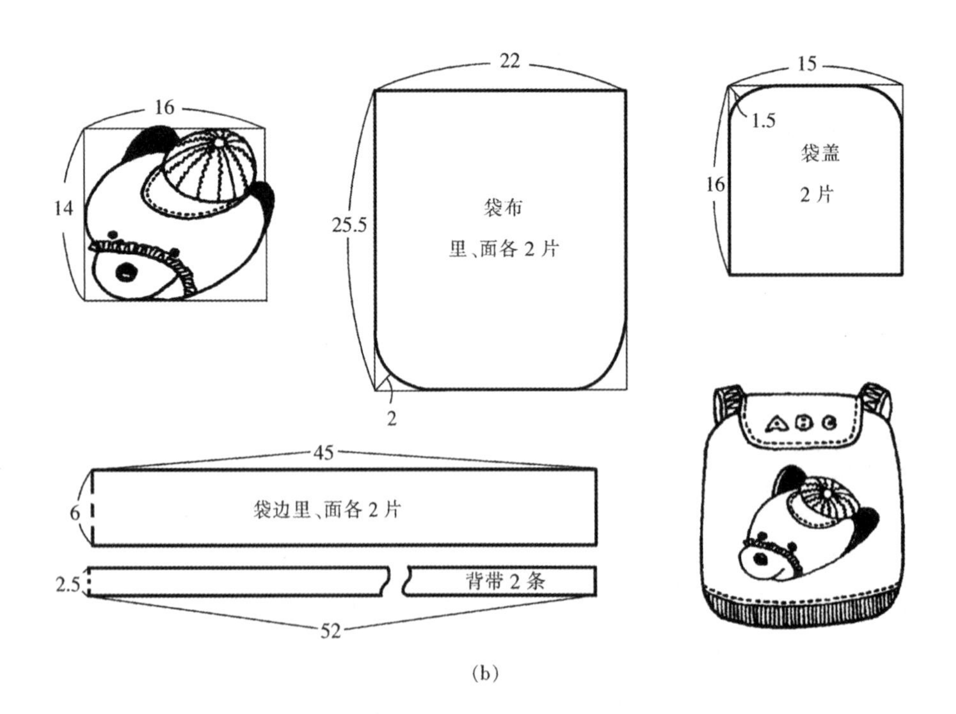

(b)

图5–26　动物形包袋制作（单位：cm）

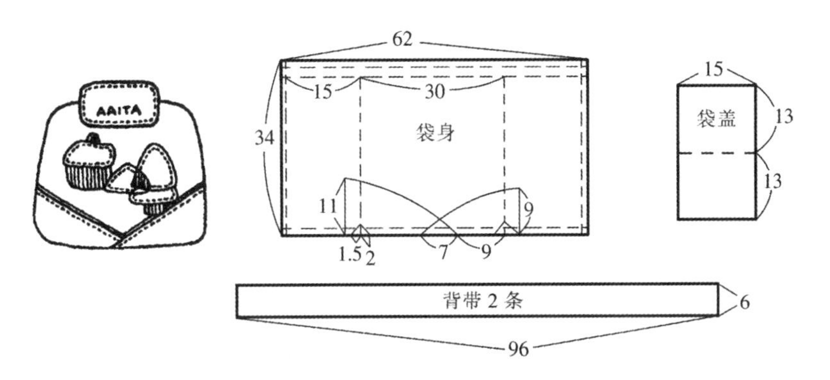

图5-27　拼贴图案包袋制作（单位：cm）

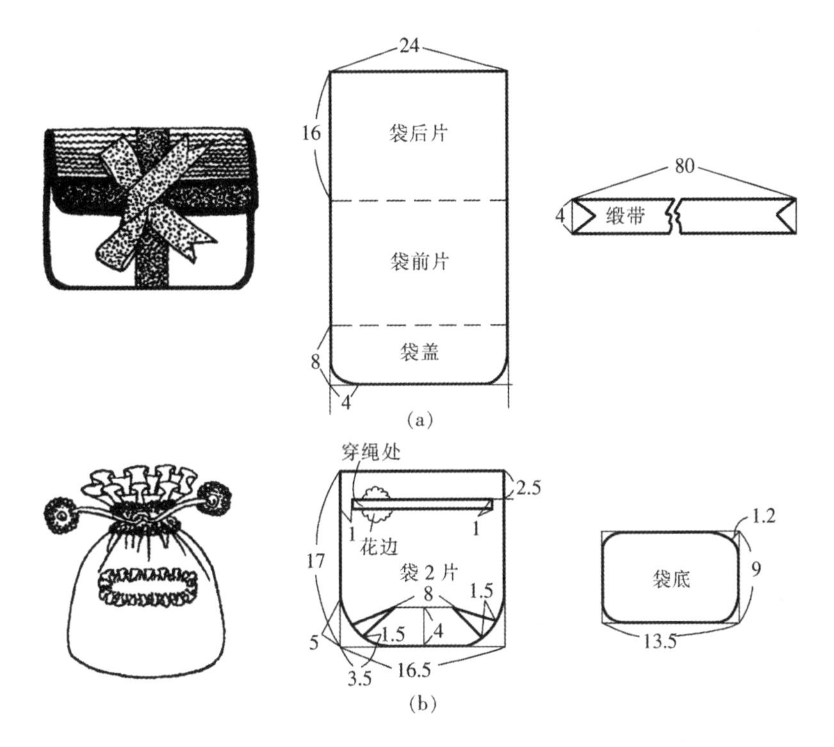

图5-28　化妆包制作（单位：cm）

（三）日常拎包

日常拎包的特点为体积较大，造型简练，可衬有棉芯，表面装饰一些图案，显得落落大方。其制作方法如图5-29所示。

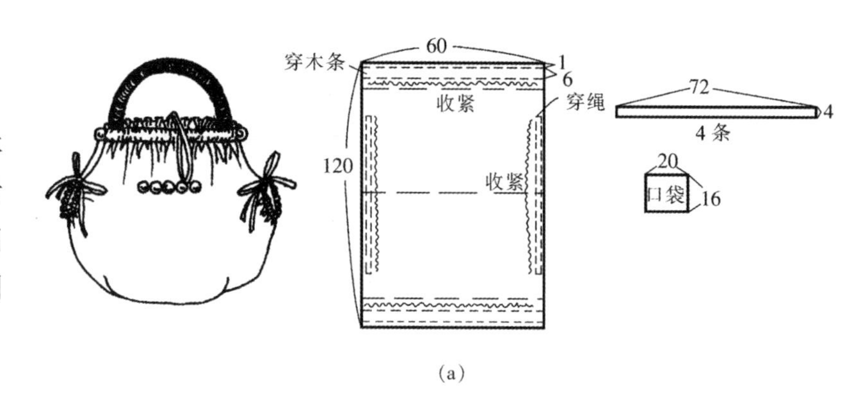

(a)

（四）碎布拼包

利用碎布零料经设计拼贴后制成的包袋，首先要掌握花型、色彩搭配的整体性，最好挑选色彩、花型较接近的布料和单色布料相组合；其次在拼接时要注意拼布顺序。其制作方法如图5-30所示。

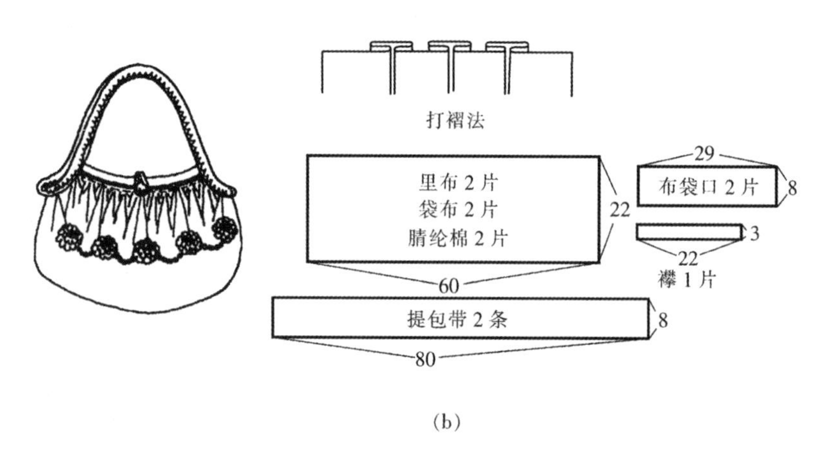

(b)

（五）小钱包

小钱包的特点是体积小、造型独特，有金属搭扣或拉链锁口，亦可装饰一些图案，用棉布、绒布、皮革、丝绸均可制作。其制作方法如图5-31所示。

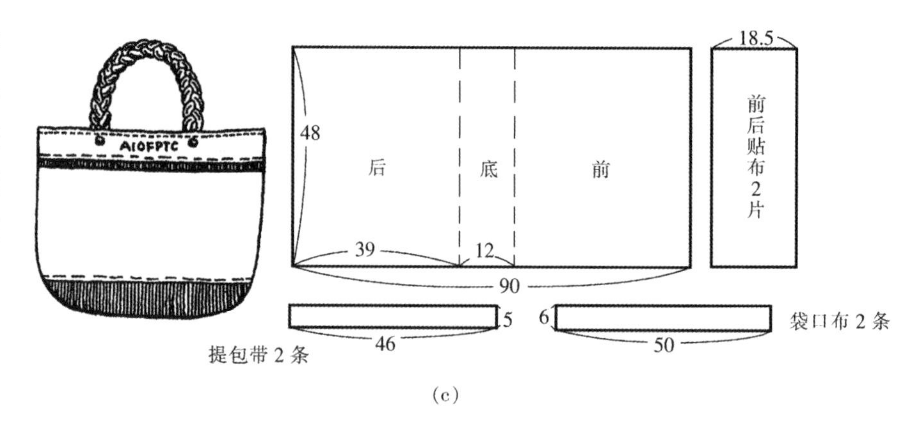

(c)

图5-29 日常拎包制作（单位：cm）

（六）腰包和小挎包

这两种包的造型较为立体，结构略为复杂，可用花布、帆布、绒布、皮革等制作，亦可装饰一些拼花图案或立体花结。其制作方法如图5-32、图5-33所示。

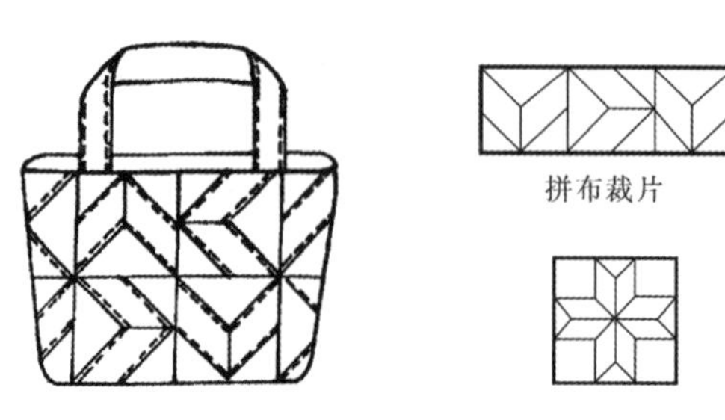

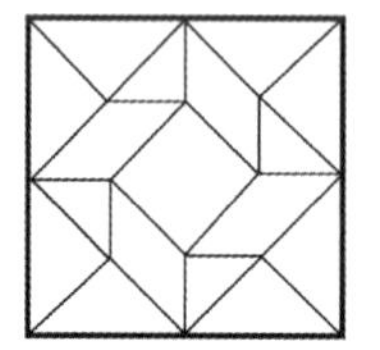

图5-30 碎布拼包

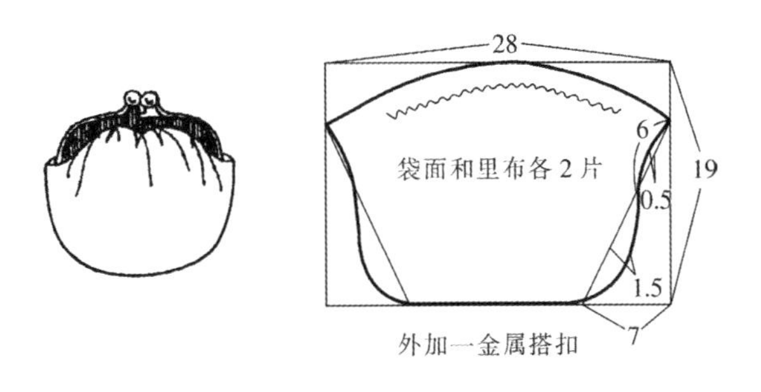

图5-31　小钱包制作（单位：cm）

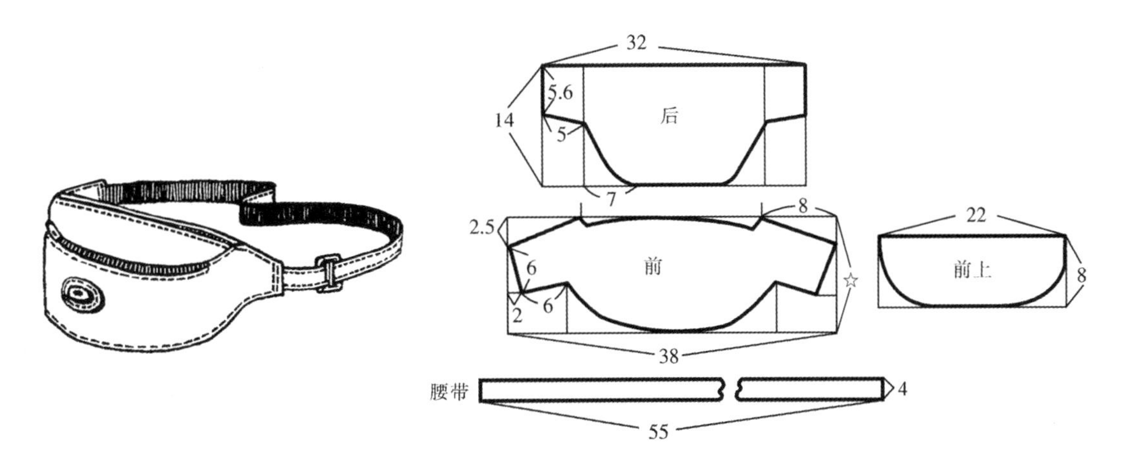

图5-32　腰包制作（单位：cm）

注　☆处尺寸可根据需要设计

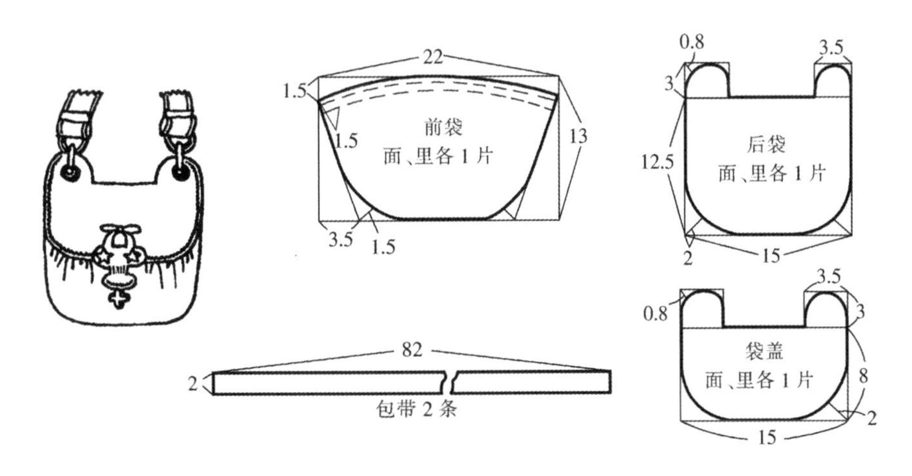

图5-33　小挎包制作（单位：cm）

总结

本章以包袋为主题，围绕着包袋的产生、发展以及包袋与服装的搭配、实用包袋的设计要点、包袋制作等几方面展开。通过本章的学习，学生能了解中外包袋的历史与掌故，增加修养；了解包袋与服装搭配的规律，从而进一步完善今后的服饰设计。实用包袋的设计与制作简介是本章的学习重点。

思考题

1. 包袋以哪两种形式并列发展？简述两种形式之间有着怎样的联系？
2. 包袋的种类有哪些？简述包袋的实用性与审美性以及与服装的关系。
3. 书包与服饰的联结是包袋设计的创新点，如何突破包袋设计的固有模式？
4. 熟悉、了解东西方传统包袋的发展演变及经典样式，并分析其形式美法则。
5. 搜集各类包袋造型30款。
6. 在包袋设计中如何把握实用性与装饰性的尺度？
7. 如何增加低年级儿童书包设计的趣味性与功能性？

练习题

1. 选择某类设计风格或消费者定位的包袋进行市场调研，并完成调研报告。
2. 在4开纸张上，设计并完成5款以创意为主题的包袋彩色效果图，并注明设计理念、主要制作工艺、材料等。
3. 根据自己的包袋设计稿，选择一款制作1：1实物，并附结构图。
4. 以包袋的表面装饰设计主题为主，运用刺绣针法，设计并制作完成一款时尚手袋。
5. 以增加趣味性或功能性为目的，设计一款低年级儿童的书包。
6. 选择任一款包袋款式，在此基础上变换一个系列共4款的新包袋。

基础训练与实践——

帽型设计

课题名称： 帽型设计

课题内容： 帽的历史沿革

帽的类别及特点

帽的设计与工艺制作

课题时间： 12课时

训练目的： 让学生了解帽子的结构与设计重点。

教学要求： 1. 让学生掌握帽子的历史发展与典型分类。

2. 让学生通过动手实践了解如何设计帽子。

3. 教师对学生的练习进行讲评。

课前准备： 1. 预习本章的内容，查阅中西服饰史中关于帽子部分的内容。

2. 收集各类帽子的图片以及帽子制作方法的书籍与网站。

第六章　帽型设计

第一节　帽的历史沿革

一、中国古代帽式的发展变化

帽式的形成和发展与服饰一样，是人类在长期的劳动生活中，在地区、环境、社会的形成、宗教、审美等诸多因素的影响下逐渐产生的，也是与服饰相应共同发展演变的。在中国古代，帽饰包括发饰被称为“首服”，是服装整体装扮中非常重要的组成部分。历史上有关戴帽的记载很多，《后汉书·舆服志》说：“上古衣毛而帽皮”，是指用兽皮缝合成帽形而戴于头上。服装及冠帽、发髻的造型与施色都是人类在不断观察自然万物的形态之后，将它们应用在相应的裁剪及形、色、纹样等方面。有关巾帽的名称有数百种之多，较为常用的有：

1. **冠**　冠，特指古代贵族所戴的帽子。古礼中，贵族男子20岁时加冠。但上古的冠只有冠梁，即加在发髻上的一个罩子，并不覆盖整个头顶，其样式和用途与后世大不相同。之后冠逐渐发展成为像帽子一样能将头顶全部盖住，冠圈的两边有小丝带，叫做“缨”，可以在颔下打结。古代的冠，种类、质料、颜色及名目形制均很复杂，如根据“冠梁”梁数的多寡来区分官阶的高低。常见的冠有进贤冠、却敌冠、通天冠、惠文冠、笼冠、高冠、姑姑冠、忠静冠等（图6–1）。

2. **帻**　帻，指古代民间百姓包头发的巾。蔡邕《独断》：“帻者，古之卑贱执事不冠者之服也。”当时庶人的帻是青色或黑色的，所以秦时称平民为“黔首”，汉时称仆隶为“苍（青色）头”。由于帻有压发定冠的作用，所以后来贵族也开始戴帻，帻上再加冠。这种帻前面覆额，略高，后面低些，中间露出头发。另外，还有一种比较正式的帻，有帽顶，戴帻可不再戴帽。

帻，造型较为复杂，有平顶的帻为“平上帻”；有屋顶的为“介帻”；文官所用的进贤冠要配介帻，武官戴的武弁大冠要配平上帻（图6–2）。

3. **巾**　巾，亦是帽的一种，以葛或缣制成，戴于头上，古

汉·却敌冠

唐·进贤冠

宋·进贤冠

明·七梁冠加笼巾貂蝉

图6–1　冠

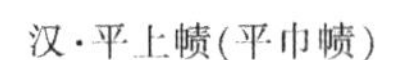

汉·平上帻(平巾帻)

宋·介帻

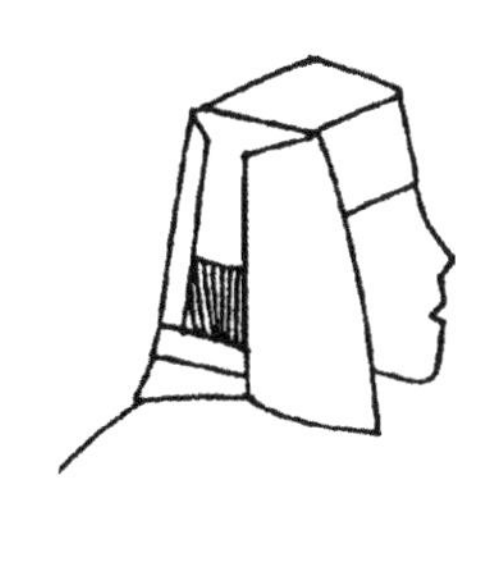

宋·平巾帻

图6-2　帻

时尊卑共用。如汉末农民起义军裹黄巾，后来贵族士大夫也有以裹巾为雅的。另有一种说法是古时平民百姓所戴的裹头布为巾。《释名·释首饰》中说：“二十成人，士冠、庶人巾。”可见庶人只能戴巾而不能戴冠。此巾以三尺长方形布幅制成，是庶民百姓用来遮阳擦汗、抵御风寒的头部遮盖物。

常见的巾有帻巾、折角巾、方山巾、仙桃巾、东坡巾、纯阳巾、笼巾、浩然巾、四方平定巾、网巾等（图6-3）。

4. **帽**　据考，帽是没有冠冕以前的头衣，但上古文献中很少谈及。魏晋以前汉族人所戴的帽只是一种便帽，后来帽逐渐成为正式的头衣。例如，宋人有幞头帽，官僚士大夫戴的方顶重檐桶形帽；元代有外出戴的盔式折边帽、四楞帽；明代有乌纱帽、六合统一帽；清代官员的礼帽，分为夏天的凉帽、冬天的暖帽，还有平时用的瓜皮小帽、毡帽、风帽等（图6-4）。

5. **冕**　冕，为古代帝王、诸侯及卿大夫所戴的礼帽，后来专指皇冠。《淮南子·主术训》：“古之王者，冕而前旒。”高诱注：“冕，王者冠也。”冕的形制和一般的冠不同。冕的上面有一块长方形的板，叫延（綖），后高前低，

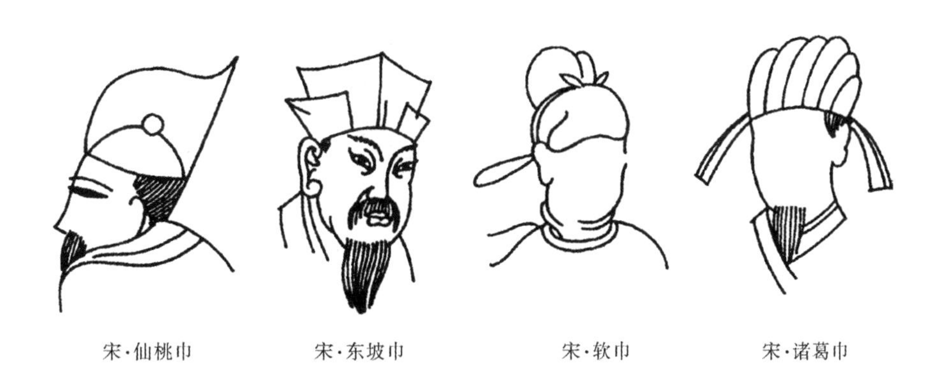

宋·仙桃巾　宋·东坡巾　宋·软巾　宋·诸葛巾

图6-3　巾

汉·新疆毡帽

南朝·白纱帽

宋·在折上巾上再加戴大裁帽

明·大如帽

图6-4　帽

略向前倾，延的前端挂着一串串的圆玉，叫做旒。天子有十二旒（前后各有十二旒）；诸侯以下，旒数各有等差：诸侯九旒，上大夫七旒，下大夫五旒。到了南北朝以后，只有皇帝用冕。

戴冕冠者要穿着冕服，此制一直沿用到明清时期，到民国时将其制废止。袁世凯在复辟称帝时，曾做过一顶，但未及戴用。

常见的冕有五冕，即裘冕、衮冕、鷩冕、毳冕、绨冕，还有麻冕、平冕等（图6–5）。

6. **弁**　弁，古代男子穿礼服时所戴的冠，称弁。一般在吉礼之时用冕，而通常礼服用弁。弁分为皮弁和爵弁两种（图6–6）。皮弁多用于田猎战伐，武官戴用；爵弁用于祭祀。

皮弁大都以白鹿皮制成，历代的皮弁与时变异，但大体上按周制而定。汉代的皮弁与委貌冠制同，为执事者所戴。到南朝末年及隋唐以后，除用鹿皮制作之外，还有用乌纱制作的。明代的皮弁，用黑纱冒覆，天子用十二缝，五色玉十二粒，镶在每缝之间，金质玉簪将头发与皮弁固定，朱缨结于颔下；皇太子、亲王用九缝，缝中缀五色玉九粒，金簪、朱缨。明代皮弁的色彩，明嘉靖八年定弁上锐、色用赤，后又改其弁色，使弁色与衣裳相统一。

爵弁形似盔状，顶上有向下倾斜的平綖如冕板形制，前小后大，宽八寸、长一尺六寸，上用爵头色缯为之。在祭祀活动中所戴。

7. **幞头**　幞头，一种包头用的巾帛，又称“折上巾”，在东汉时已较流行，魏晋以后成为男子的主要首服。幞头属于常服，上至帝王、群臣，下至庶人、妇女均可佩戴（图6–7）。

幞头自出现到广泛使用，随着时代的发展其造型变化很大。最初只是一种头巾，用一块黑纱或帛、罗、缯等裹住头，

汉·《金石索》中黄帝像之冕

初唐·冕

明·朱檀墓出土之冕旒

图6–5　冕

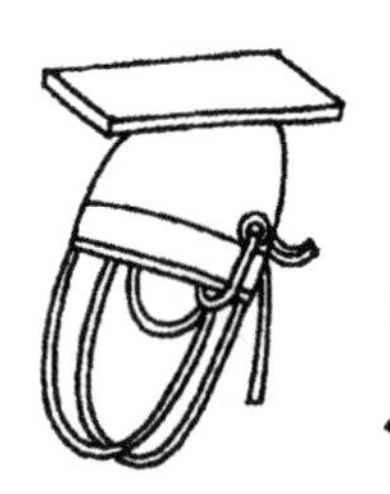
宋·爵弁

宋·皮弁

明·皮弁

图6–6　弁

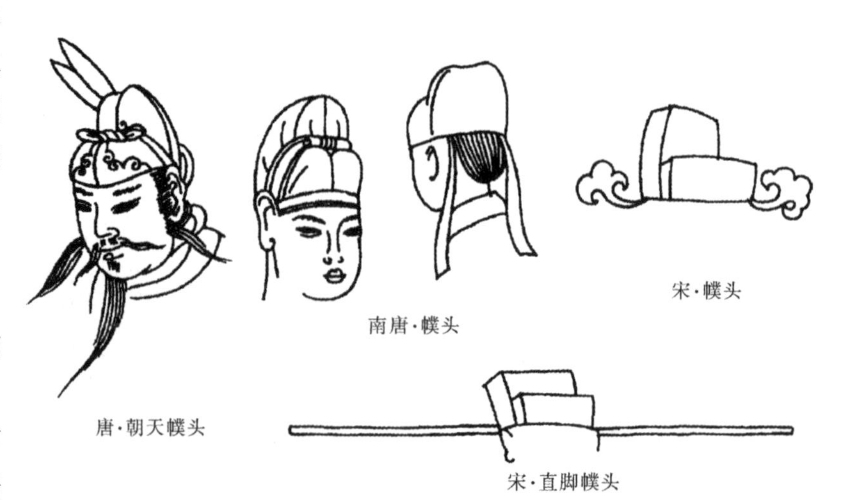
唐·朝天幞头　南唐·幞头　宋·幞头　宋·直脚幞头

图6–7　幞头

图6-8　古埃及王冠

图6-9　15世纪的妇女帽饰

图6-10　15世纪法国女式罩帽

图6-11　15世纪中期的妇女帽饰

图6-12　威尼斯总督头冠

图6-13　科戴帽

不让头发露出。到北周武帝时作了改进，有脚、后幞等，曰为“幞头”。经改制后的幞头，四角成带状，两带向前，两带向后反系于头上。隋代时以桐木为骨，使顶高起，名“军容头”。唐代以后，皇帝之幞头以铁丝把前展两脚拉平，稍向上曲，成为硬脚，此式为皇帝专用，而臣民百姓仍用垂脚幞头。五代时，帝王多用“朝天幞头”，两脚上翘。各地军阀称帝之人也多创立幞头的样式。宋代幞头以藤织草巾作里，用纱作面，涂漆，称“幞头帽子”，两脚变化很多，有弓脚、卷脚、交脚、直脚等。到明朝初年，幞头又有展脚、交脚两种，成为官服中服饰之一。

以上几类巾帽各有许多帽式，根据不同的职别、不同的地区及时代，都有各自的名称。如冠有步摇冠、方山冠、巧士冠、獬豸冠等几十种；巾有幧巾、折角巾、唐巾、诸葛巾、东坡巾、纯阳巾等。另外，帽、盔、胄以及民间许多帽类都各有名称及戴法，到清代以后，许多帽类渐渐被淘汰或失传。至清朝帝制崩溃，有关帝王所用的冠冕就成了珍贵的历史资料，现代人所戴的帽式，除了传统帽式演变保留下来及改良款式外，受外来影响的式样较多。

二、外国古代帽式的发展变化

外国帽式的演变与中国有不少相同之处，但又有较大的区别。在称别上，外国历史上也称为冠、帽、盔、巾、冕等，也有大量的假发饰物。在此介绍几种典型的帽式。

（1）古埃及（公元前3100年）纳尔莫成功地统一了上、下埃及，自立埃及第一王朝，成为第一位国王。他同时享有两顶王冠：白色的上埃及王冠和用柳条编织的红色平顶的下埃及王冠，显示了他的权力至高无上（图6-8）。

（2）15世纪法国流行一种草帽，与现在的款式相近。帽盔高低适宜，帽口正好合人头大小。宽大帽檐的一侧向上翘起，另一侧饰有两片羽毛，以保持和谐对称。

（3）15世纪法国妇女头饰之一的女式罩帽，为网状头饰，装饰丰富多彩，镶有璀璨夺目的珍珠、宝石，头饰上蒙有一层纱网。上部为高耸的圆锥形罩帽，这种罩帽将头发完全覆盖起来，有的还在顶部蒙上一块随风摆动的长面纱，或者将小块纱巾制作成的蝴蝶结插到罩帽顶端（图6-9~图6-11）。

（4）16世纪威尼斯总督的头冠（图6-12）是一种无边竖直圆筒形软帽。帽顶后部向上突起，再向前倾斜。软帽上布满花纹图案，这些图案细致精密、漂亮典雅。

（5）科戴帽，因为刺杀革命领导人马拉于浴室之中的女人夏洛特·科戴戴的就是这种帽子，所以这种帽子在1793年曾盛行一时（图6-13）。

（6）19世纪法国男式高筒大礼帽非常盛行，通常为黑色或深灰色。早在1798年时这种高筒大礼帽形成了它独特的式样，并在整个19世纪独占鳌头。同时，丝绸帽和海狸帽也是这一时期最为时髦的帽子。帽子的高度、帽筒外展的幅度、帽边的宽度以及帽沿的式样，每年都有变化（图6-14）。

（7）18世纪末至19世纪初，由于服装的简化，在帽子上进行装饰的形式增多了。波兰式的荷叶边帽注重镶皮边、饰流苏、缠藤等装饰；另外还有英国宫廷中戴的插有羽毛、帽子后部有较多首饰和布满精致刺绣的镶边女帽。

在此期间又出现了草帽。这类草帽，草帽上系有彩带。另外还有一种黑天鹅绒法国帽，它是拿破仑征战活动的见证。这种帽子形似头盔，插满了羽毛。还有一种帽子与法国帽类相同，帽上有饰边，饰边全由金线连接，其状如鸡尾，帽上还插有不同的羽毛和羽翎，鸟羽全部向外展开。此期间的帽子如图6-15所示。

（8）19世纪40年代的大檐帽，帽顶平坦、帽上的镶边与支撑紧紧相连，妇女对帽檐的颜色和极丰富的用料很感兴趣，檐帽上有在下颏处打结的彩带（图6-16）。

（9）19世纪80年代戴普通帽子的人增多了。檐帽在整个80年代都可以看到。这种帽子顶部高起，以满足高发型的需要，帽边也自然翘起，帽子周边垂挂着卷曲的羽毛或蝴蝶结。

图6-14　19世纪法国男式高筒大礼帽

第二节　帽的类别及特点

图6-15　19世纪的女帽

一、帽的分类

由于帽饰有许多不同的造型、用途、制作方法，款式也很多，因此分类方法多种多样，目前已有的分类体系按不同的内容有不同的方法。如按使用目的分，可分为安全帽、棒球帽、风帽、泳帽、遮阳帽等；按材料分可分为呢帽、草帽、毡帽、皮帽、尼龙帽、钢盔等；按季节气候分可分为凉帽、暖帽、风雪帽等；按年龄性别分可分为男帽、女帽、童帽等；按形态分可分为大檐帽、瓜皮帽、鸭舌帽、虎头帽等；按外来译音分可分为贝雷帽、布列塔尼帽、土耳其帽、哥萨克帽等。

图6-16　大檐帽

在此我们按照帽子的形态特征对帽子的造型、特点、材料及用途作一些具体分析。

1. **钟形帽**　钟形帽又称金钟帽，是一种圆顶窄边或无边的钟形女帽，起源于法国（图6-17）。这种女帽帽顶较高，帽身的

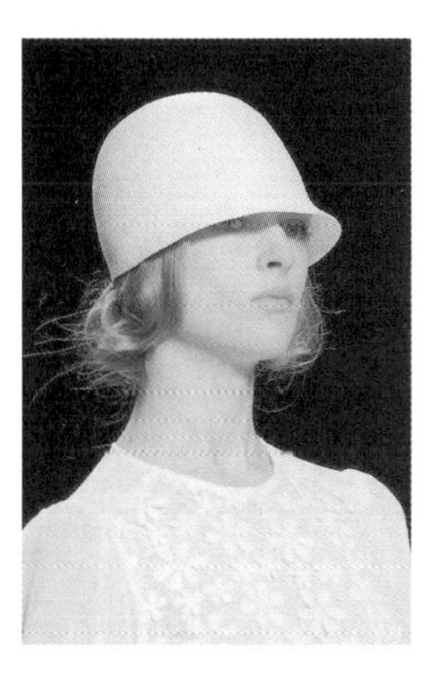

图6-17　钟形帽

形态方中带圆，窄帽檐且自然下垂。戴用时，一般紧贴头部。通常选用毡呢、毛料或较厚实的织物制成，有的还装饰一些饰物于帽边上。这种女帽在20世纪20年代曾被一些不受传统观念约束的少女所戴用，60年代再度流行。

图6-18 宽边帽

2. **宽边帽、大轮形帽** 宽边帽和大轮形帽的帽檐宽大平坦，帽座底边镶有一圈彩色绸带，帽檐边缘也有类似丝缎包边装饰，大多采用尼龙、白府绸和其他色彩明亮的透明或半透明织物制成（图6-18）。在帽子上加上装饰后可用于礼仪或婚礼场合。

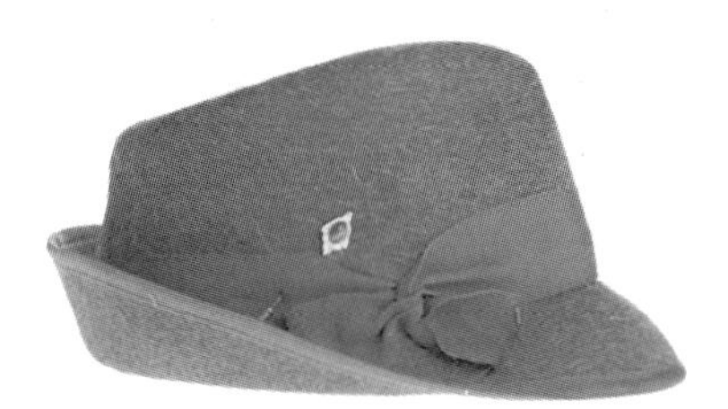

图6-19 半翻帽

3. **半翻帽** 半翻帽是相对全翻帽而言，它是指帽檐的某局部向上翻卷，包括前翻、后翻、侧翻及双侧翻。半翻帽的形式很多，如较典型的牛仔帽、费多拉帽、圆顶硬礼帽、巴拿马草帽、蒂罗尔帽等都属此类（图6-19）。

4. **全翻帽** 全翻帽又称布列塔尼帽，是一种帽檐全部翻起的圆顶礼帽（图6-20）。这种礼帽有柔软的圆顶，帽檐较宽并均匀向上翻折，具有水兵帽的某些特征，大多选用毡呢、毛料、棉麻等织物制作。它起源于法国西北部布列塔尼地区居民所戴的帽子。在英国、美国历史上水兵帽均为此样式。

图6-20 全翻帽

5. **罩帽** 罩帽是一种能服帖地罩住头顶及后部，并在颔下系带的帽子。有的女帽具有宽大的软顶，帽幅向前翻，在颌部系有蝴蝶结帽带，通常采用涤棉或高级密织棉布制成。它是一种始于14世纪的欧洲传统女式帽，源于印度的BANAT，18世纪曾是妇女们广泛应用的帽式，也是妇女、儿童在草原上生活、放牧时作为遮阳避风之用，后又演变为贵族夫人、小姐常用的帽式（图6-21）。现在这种帽子主要为儿童使用。

图6-21 罩帽

6. **硬草帽** 硬草帽的主要特征是帽身和帽檐的夹角为直角，帽冠较浅，有一种平顶、直帽檐的男式硬草帽就属此类。男帽的帽底座边常嵌有黑色丝缎织带，一般以天然麦秸、麻制品或化纤原料等制作。由于此种帽子具有一定的硬度和较好的韧性，因此可遮阳避风，原为19世纪末英国划船竞技者和渔夫所戴（图6-22）。

7. **鸭舌帽** 鸭舌帽的帽盆小，帽檐的局部形如鸭舌，起防护作用（图6-23）。这种帽子帽身前倾与帽檐扣在一起，此种帽式在新中国成立前的铁路工人中多用，苏联及原东欧部分国家的工人也常用。

另外，猎帽、高尔夫帽、棒球帽等均属此帽式。

8. **贝雷帽** 贝雷帽是一种扁平的无檐呢帽，原为法国与西

图6-22　硬草帽

图6-23　鸭舌帽

图6-24　贝雷帽

图6-25　无边帽

图6-26　盔形帽

图6-27　兜帽

(a)

(b)

图6-28　头巾式无檐帽

图6-29　圆盒帽

图6-30　斗笠

图6-31　大礼帽

班牙交界的巴斯克地区居民所戴，一般选用毛料、毡呢等制作，具有柔软精美、潇洒大方的特点，其中美国特种部队所用的制服帽为绿色贝雷帽。戴用贝雷帽时，将帽贴近头部，并向一侧倾斜，在20世纪20年代和70年代欧美一些国家的女士中十分流行。我国现多为中老年男性戴用（图6–24）。

9. **无边帽** 无边帽又称杜克帽。这种帽式无帽檐，顶部多使用蝴蝶花结、花叶等作为装饰。一般选用毛呢或针织品制作，具有柔软轻便、舒适实用的特点（图6–25）。

10. **盔形帽** 盔形帽是一种能遮盖整个头部、面部，有时包括颈部的保护帽（图6–26）。这种盔形帽的前部采用透明材料制作，有时在面部有几个小孔，并附有呼吸器或无线电装置。此帽多选用质地坚硬的金属、厚皮革、塑料或纤维材料等制成，帽内一般附有带状支撑物，使帽子不与头部直接接触。这种帽常作为消防员、运动员、摩托车手、飞行员、坦克兵、海下作业人员等使用的安全防护头盔。

11. **兜帽** 兜帽又称连颈帽，源于11世纪，是一种适合于男、女使用的头兜状风帽（图6–27）。这种帽子通常长垂至肩，有的与运动服或风衣连于一体成为连帽上衣，有的则通过拉链连接兜帽和上衣。兜帽一般能遮盖头部和颈部，并可通过系带或扣子调整帽的松紧。兜帽不用时，可拆下或垂于背后。

12. **头巾式无檐帽** 头巾式无檐帽又称塔盘帽，一种呈褶皱状的头巾式软帽，源于东方以长巾裹成的头饰。此帽无帽檐，帽与头部紧贴。在18世纪时盛行以薄纱加饰羽毛的帽式，20世纪70年代时曾在女子中流行（图6–28）。

13. **圆盒帽** 圆盒帽是一种圆盒状帽式。这种帽子无帽檐和帽舌，帽顶较平坦，通常把它扣于头顶部，一般采用毛呢、毡、厚皮革等制成，具有较浓厚的民族地方风格。最初为16世纪时意大利妇女使用的帽型。马球帽、侍者帽、土耳其帽等都属此类（图6–29）。

另外，有一种较为扁小的筒形帽，加饰上美丽的绢花、羽毛、披纱和珠饰，是新娘婚礼的装饰帽。

14. **斗笠** 斗笠是一种帽顶较尖，帽底宽的倒锥形帽，帽内附有带状支撑物或由竹料编制的环形帽座，使帽子不与头部直接接触。此帽通常采用竹料或天然草等编制而成，具有结实耐用、透风性好等特点，是中国及东南亚部分国家农民常用的一种便帽（图6–30）。

15. **大礼帽** 大礼帽是一种帽顶高而直的男用礼帽，起源于19世纪的法国。这种礼帽的帽檐窄而硬，帽座底边饰有一圈由丝织品制成的滚边。这种礼帽通常与较正式的服装配用，显得庄重而有气派。在特殊场合中，女性也偶有使用（图6–31）。

二、帽与服装的关系

（一）帽与服装的整体性

帽的品种极多，每一种帽都随着服装的变化而更改。衣服宽大时，帽子造型夸张；而服装修长细窄时，帽子的造型也显得紧凑精致；服装造型简练时，帽子的式样也应更为精练得体。

在现代服饰设计中，往往有如下几种情况：

第一种情况是在创意性时装发布会中，设计师的作品都非常讲究服装与帽子的整体搭配，通过帽子的功能性和装饰性，体现服装设计师的创作理念、服装作品的风格及表达出穿戴者的气质与风度。因此，这类设计作品大都有较为典型、夸张、突出、强烈的帽饰配套，装饰手法多样，装饰风格恰到好处，使人感到帽子的风采和美感。

第二种情况是一些享有盛名的服装设计公司附设有制作服饰配件的子公司或工厂，因此，设计师所推出的服装设计作品以及与其配套的帽子，当然还包括其他饰物，全部由工厂系统地完成。从服装、面料、色彩到风格的表达及情感的表现，这些制作单位都尽可能地接近或达到设计师的意图。设计师作品的整体美感、艺术风格、个性展示及服装品位也由此得到完美的体现。

以上两种类型注重时装的创意性组合和设计风格的表达。由服装的整体性、服装与帽子完美结合的形式提高人们的审美意趣，得到人们的欣赏，达到更好的宣传目的。我们可以从许多作品中欣赏到风格各异、款式多样的优秀作品。

第三种情况是市场上销售的成衣，大都以单独的套装形式出现，很少考虑与帽子的配套。在许多国家和地区，包括我国，成衣界与鞋、帽等行业基本脱节，各属自己独立的系统，造成了配件与服装之间的距离。如大众款式的帽子无法与新款时装配套，服装的独特风格也无法完美地体现出来。

因此，设计师的作品，无论面向市场还是展现个性，都应从服装整体的角度去设计。

（二）衣帽配套的因素

服装的整体性表现由多种因素组成，如帽、包、鞋等，如结合不当就会影响整体设计的效果。

从风格上说，帽子应与服装相符，因为它们是一个整体，受到相互制约。如一款具有田园意趣的裙装上配一顶前卫风格的帽子显然是不协调的。好的作品在风格的协调上应具有独特性和一致性。如20世纪20年代初出现的不强调女性曲线的直筒式连衣裙或男孩式打扮的T恤、衬衫和裤子，配上短发型、钩针帽或小野鸭帽，形成了较为夸张的“小野鸭风貌”，显得可爱纯真，受到少女们的青睐。

20世纪30年代初，欧洲女装外形细长、贴身，与之相配的是圆顶窄边的钟形小帽，平滑而又紧贴地戴在头部。在帽子的一侧饰有羽毛或花朵，使帽子和服装形成一个有机体，成为一种典型的淑女风格。

创意风格的帽饰设计虽别致大胆、令人惊奇，但与服装款式也紧密相关。如表现向日葵的服装，将服装设计为葵花的枝叶，而帽子的式样正好是一朵大大的葵花，模特行走在T型台上，人们远远望去，感受到整个服装似花非花的清新氛围。近年来，T型舞台上所展示的帆船帽式、灯笼帽式、地球帽式等，在与服装搭配、风格的协调方面均有一定的创意性。

帽子的色彩要与服装协调，帽与衣的配色讲究整体性和协调性。美与不美虽依赖于设计师的修养、消费者的审美水准等因素，但也有其共性可言。一般衣帽的配色有以下几种：

同类色相配——指衣帽以相同或相近的色相、明度或纯度的色彩搭配，在视觉上容易形成统一谐调的感觉，但也易产生单调感。

同花色相配——指帽子的颜色选择衣服花色中某一面积较大、色感较好的颜色相配，整体感强，风格较活泼。

花帽配素衣——服装的色彩淡雅、素静，帽子则可选择与衣服同色调的小碎花、条格纹，显得素雅中带点青春的朝气。

色彩的强对比——这类搭配最好选择风格较为强烈的服装，以服装中某一对比色作为帽子的颜色，显得大胆、强烈、夸张。

色彩的弱对比——突出柔和效果，虽是对比色，但色彩的明度、纯度反差不大，类似粉色效果，可强调女性的柔和感。

从帽子的材料和服装相配的角度看，制帽的面料应尽量与服装面料相一致，使服装设计整体协调。如毛呢的服装与毛呢面料的帽子搭配；毛线衣裙与毛线帽搭配等。在某些特殊的情况下，也可根据需要适当变化。如牛仔服可配牛仔帽，同时也可配草帽或麻帽，但风格应一致。夏天穿着的针织衫、丝绸衣也可适当搭配质地细腻、编结精致的草帽。

创意性的设计，往往采用的面料都很独特，为了将帽子的外形定型或支撑起来，常用铁丝、竹篾、塑胶管、皮革等材料作为支撑物。这就需要周密地考虑这些材料与服装面料之间的关系，从整体上协调起来。切忌在设计中将重点放在头部，强调了头部而忽视了服装，给人以头重脚轻的感觉。

第三节　帽的设计与工艺制作

一、帽子的结构

在设计之前要先了解帽子各部分的名称（图6–32）。帽子的基本型可分为平顶型与圆顶型。

帽冠（身）：这是指帽檐以上的部分，可以是一片结构亦可为多片组合。

帽顶：这是指帽冠最上面的部分，通常为椭圆形。

帽墙（侧）：这是指帽檐与帽顶之间的部分，帽顶与帽墙分

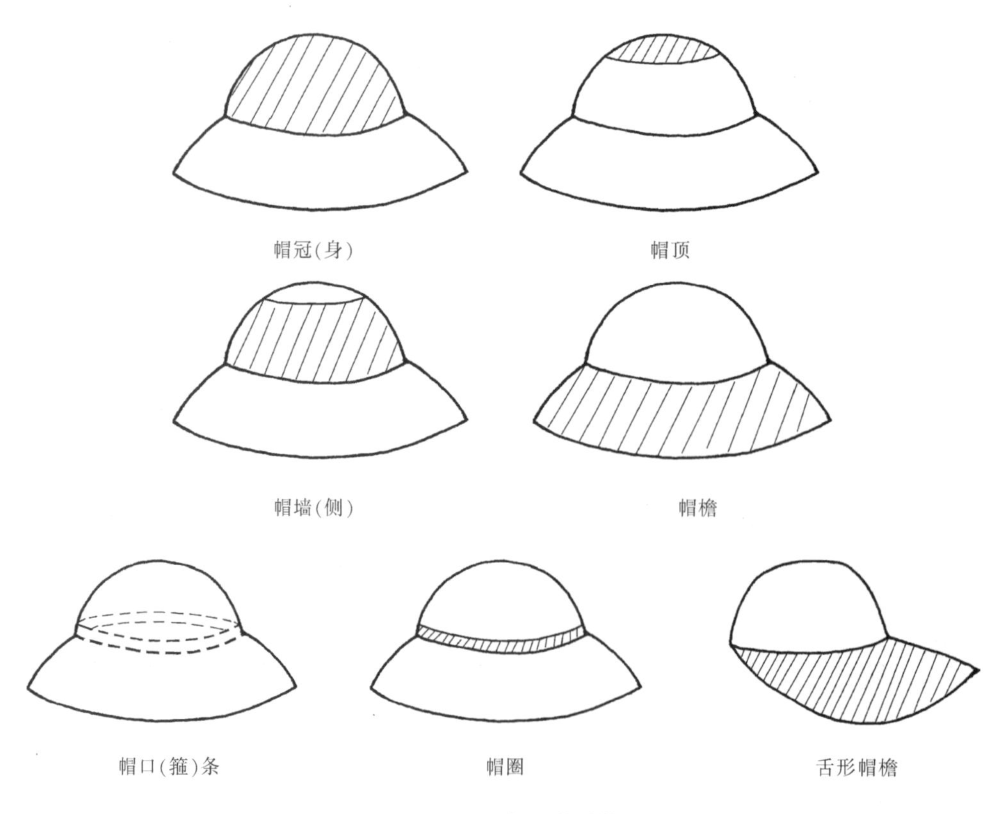

图6–32　帽子的结构

为两部分的帽冠常在后中线处接合帽墙。

帽檐：这是指帽冠以下的部分。帽檐有宽有窄，形状可能是平的也可能是向上卷或向下垂。

帽口（箍）条：这是指缝于帽冠内口的织带，用于固定帽里并紧箍头部。

帽圈：这是指帽冠外围的装饰丝带。通常沿帽冠与帽檐交界线围绕帽冠装饰。

二、帽子设计与装饰

帽子的设计主要从四个方面考虑：帽身的变化、帽檐的变化、帽子的装饰与帽子的材料。应考虑以上各方面的整体关系，从实用功能、色彩、面料、造型等方面入手，同时要结合流行风格、时尚和社会风情等因素：

（1）明确设计的总体构思、风格体现、实用性、造型定位是什么。

（2）帽子的帽口尺寸要与人的头围相符。无论帽子的外形如何设计，都应考虑帽口的形状与大小。特殊的小口帽如贝雷帽、船形帽等除外。

（3）改变帽顶造型。可扩大、缩小、倾斜设计甚至取消帽顶，也可增加帽顶的层次，作必要的突出和强调。

（4）改变帽冠或帽墙的造型，将帽冠或帽墙加长、缩短，作特别的设计，增加层次和折叠感（图6-33）。

（5）变化帽檐（图6-34）。帽檐是整个帽子最有变化、最有创造性的部位，通过帽檐的形态变化来体现帽子的造型效果。帽檐采用加宽、变窄、翻卷、切割、折叠、起翘、倾斜、取消等方法进行变化，将构成奇特、新颖、巧妙、大方的视觉效果。

（6）增加装饰。帽子上的装饰天地是非常广阔的。在帽子基型上，适当地添加一些丝带、蝴蝶结、花朵、羽毛、面纱、草叶、毛皮、丝网、珠片、首饰等物，使帽子显得活泼美丽、装饰性更强。

以上因素是设计中应重点考虑的内容，在设计时可有所侧重，相互联系。在考虑变化帽檐的同时，还要强调扩展帽顶，增加装饰；在考虑帽口形态时，还要注重帽冠的分割等。要从帽饰整体上把握住设计的规律和要素，顾大局又不忽视细节，强调局部又不脱离整体，使帽子的设计更为得体、完美、富有创造性。

三、帽子工艺制作范例

帽子的制作专业性较强，需要一定的设备和工具以及专门的配料、辅料。

制帽的工具设备包括木模具、金属模具、熨烫设备、熨

(a)帽口的设计　(b)帽冠的设计

图6-33　帽身的设计

图6-34　帽檐的设计

斗、剪刀、专门的缝纫设备等。

有些帽式用毛毡在模具上定型后可直接制帽。制帽的模具除了用金属制成或圆木制成外，也可自己制作。具体方法是，准备一些棉纸或毛边纸，在一个较大的球体（如塑料泡沫块、木球等）上，边刷糨糊、边往上贴棉纸，并用熨斗熨干，这样反复多次，达到你所需要的形状和尺寸即可，干后备用。

制作帽子还需准备一些配料和辅料，如帽条、衬条、帽标、特制的帽檐、搭扣、松紧带、里料、装饰布、纽扣等物，准备好待用。

帽子的制作根据设计要求，大致可分为模压法、裁剪法、塑型法、编结法等。

模压法是采用毛毡作原料，将毛毡在模具上定型，定型后卷边缝制而成。有的帽子经模压后再进行裁剪缝制，并装饰上花朵、丝带等物，效果较好。有的贝雷帽、卷边小礼帽就是用模压法制成的。

塑型法指用塑料、橡胶等材料在特制的模具中定型而成，定型后在内附加衬里、支撑物。头盔多以此法制成。

编结法在帽子的制作中尤为多见。编结材料有绳线、柳条、竹篾、麦秸、麻、草等经过处理的纤维材料。编结的方法很多，有整体编结、局部编结后再加以缝合等；密集编结、镂空编结、双层及多层编结等造型独特，美观、适用，在编结的基础上还可加饰花边、花朵、珠片、羽毛等物。这种方法流行甚广，经久不衰，很受人们的欢迎。

裁剪法是制帽方法中最为普遍采用的。按照设计要求，将面料裁剪成一定的形状，配上里料、辅料缝制而成。

掌握裁剪的方法，首先要了解帽子基本型的尺寸来源，然后在基本型上加以变形创造。

（一）帽子的基本型结构制图

1. 测量

（1）头高的测量：从左耳根向上1cm处开始量，绕过头顶到右耳根上1cm处为止，得到的长度就是头高。

（2）头围的测量：从发鬓线绕过后脑最突出部位一周，所得出的长度就是头围。

帽子基本型尺寸来源于头形尺寸，其中帽口等于头围，帽冠高（包括帽顶）应从左耳上方经头顶至右耳上方，再除以2取得。作图时，已知帽口就是圆周长，求出半径的长度，公式为r=周长／2π。用求出的半径画出准确的周长。

设计帽子时，分割的片数宽度也取决于周长。一是帽口的周长，另一个是帽冠或帽顶的周长。将分割的片数确定下来，用周长除以片数即可得到每片的宽度。具体方法可参考下面的图例。

2. 平面结构制图

（1）旅游帽（棒球帽）：旅游帽一般为六片型帽，前有帽舌，可用细帆布、皮革等材料制作。帽的颜色搭配以一二种色彩为佳，帽冠与帽檐的颜色可有区别（图6–35）。

（2）太阳帽：太阳帽的帽顶有六片型和全顶型两种。帽檐为平型或下翻型，缝合比较特殊，材料采用棉布或薄卡其布均可（图6–36）。

（3）宝宝帽：宝宝帽为软顶帽，用柔软的碎花棉布制成，可加饰花边及装饰（图6–37）。

（4）六角贝雷帽：六角贝雷帽为贝雷帽的一种，用薄型呢绒制成，帽口与头围吻合（图6–38）。

（5）六片便帽：六片便帽无帽檐，帽边可穿一丝带固定，居家着便装时使用（图6–39）。

（6）圆盒帽：圆盒帽的帽冠、帽口与头围相吻合，可加饰花朵或羽毛饰物（图6–40）。

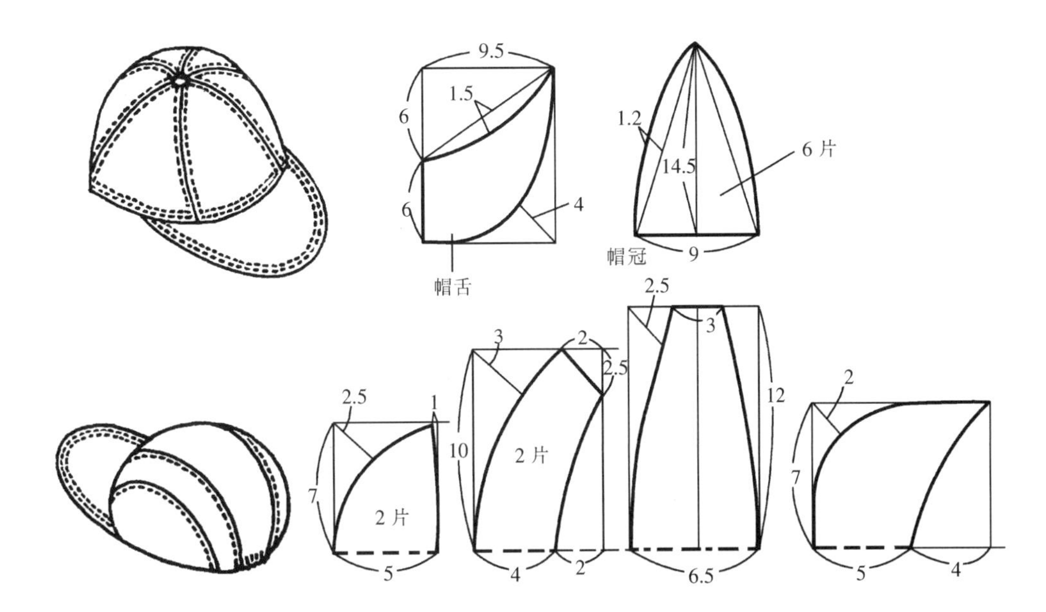

图6–35　旅游帽的制作（单位：cm）

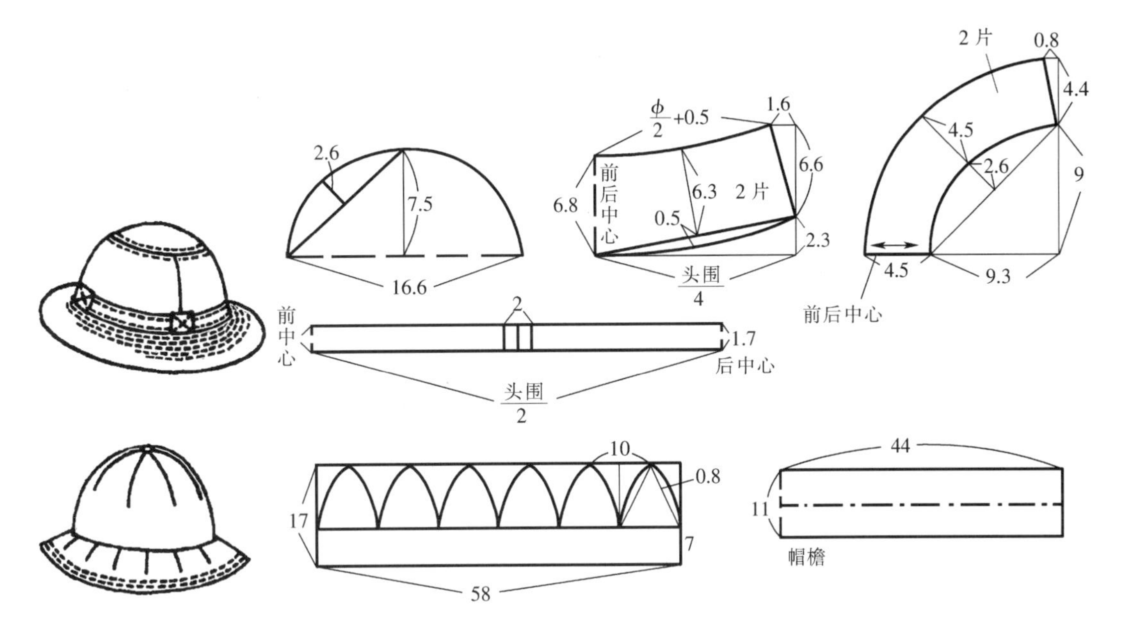

图6–36　太阳帽的制作（单位：cm）

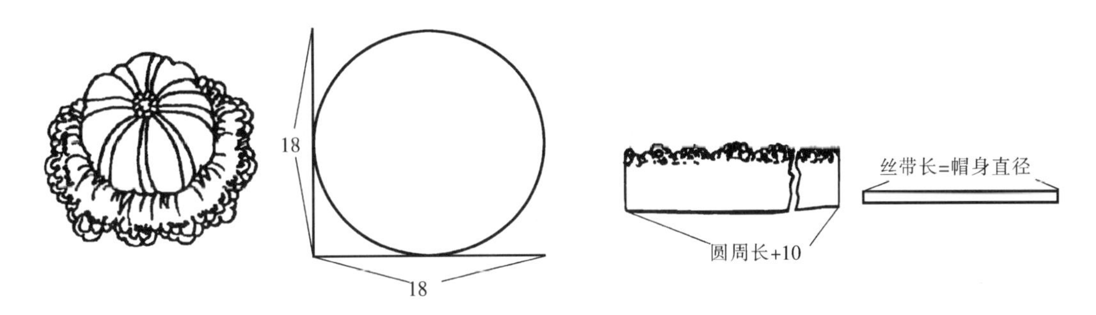

图6–37　宝宝帽的制作（单位：cm）

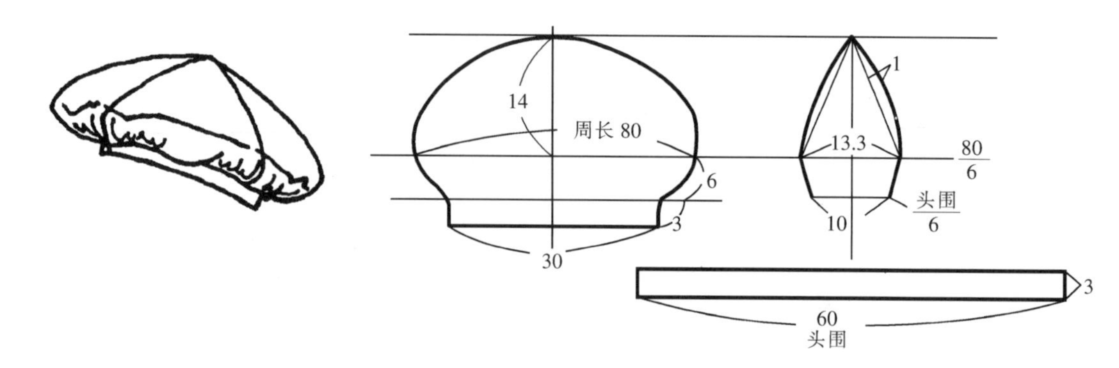

图6-38　六角贝雷帽的制作（单位：cm）

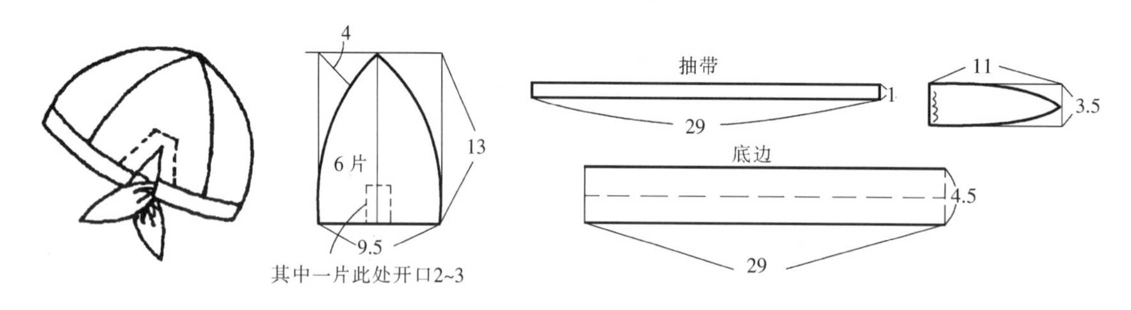

图6-39　六片便帽的制作（单位：cm）

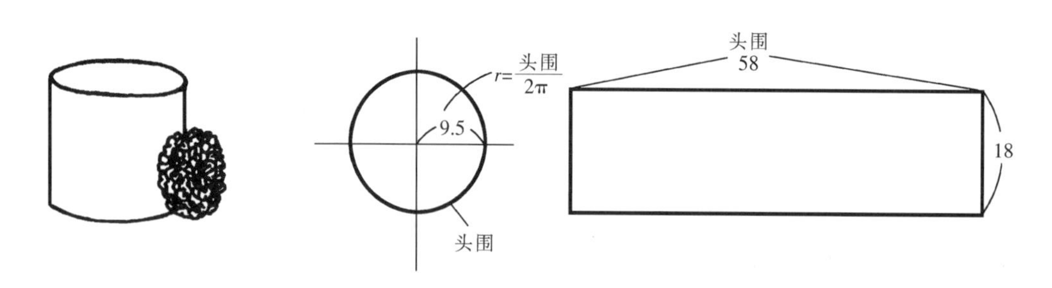

图6-40　圆盒帽的制作（单位：cm）

（二）毡帽制作步骤简介

1. 设备与工具

（1）模型（图6-41）：制作帽子的模型包括头部模型、帽顶模型、帽檐模型、模型支架等。头部模型可被当作帽子支架便于制帽者操作。通常使用按定制者头部尺寸制成的头颅形木头模型，常用的还有亚麻制成的轻质头部模型。帽顶模型种类繁多，可根据流行的风格和样式制成各种形状。帽檐模型用于制作帽檐，它可与帽顶模型连接或单独使用。模型支架可将模型架起便于操作，同一支架可与各种不同的模型匹配。

（2）工具：除平面制图常用的工具外，还需熨斗、水壶、刷子、垫子、垫布、钳子、大头针、按钉等。

（3）材料：主要材料包括帽坯（绒毛毡呢帽坯、毛毡呢帽坯、草帽帽坯）、硬化剂以及衬里、帽圈、帽带、人造花、缎带、帽针及羽毛等装饰性配件。

2. 工艺制作

（1）帽坯的制作：绒毛毡呢帽坯、帽冠及帽兜常用家兔、野兔、麝鼠、海狸鼠或河狸的软毛制成；毛毡呢帽坯则常用羊毛等制成。有时还将以上材料混合或将这些材料与化学纤维混合后

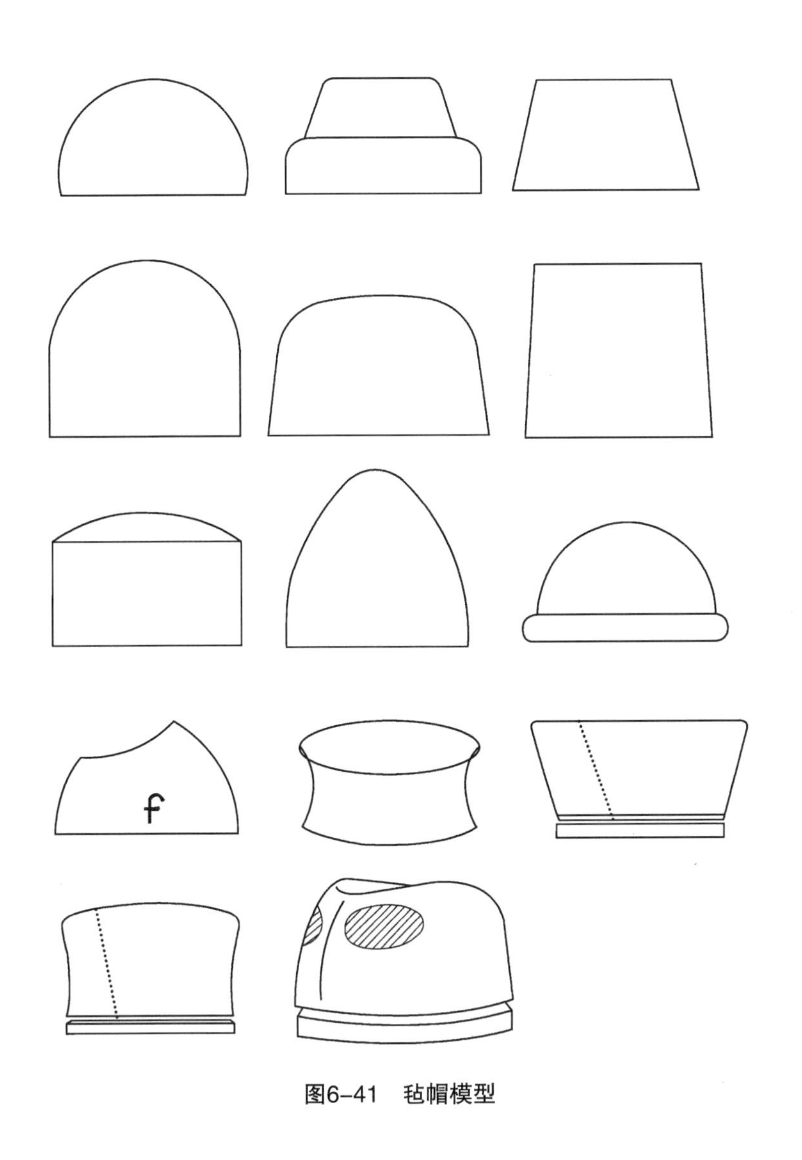

图6-41　毡帽模型

制成帽坯。

绒毛经过适当处理后，通过吸力使绒毛均匀地分布在一锥形帽模上，而羊毛则是将粗梳纤维绕于一双圆锥形帽模上（后者是在其最宽部位剪开，即可得到两个锥形帽坯），经喷洒热水或蒸汽后，将帽坯从锥形帽模上摘下。这时的帽坯仍为松散毡合状态，经过一系列的硬化及收缩工序后才能成为完全毡合并近似锥形的帽冠。

毛毡是制作定型帽的最佳材料之一，它是用松散纷乱的纤维湿热定型而成，没有丝缕方向，在湿热条件下可以向任何方向拉伸塑型，且晾干后保型性较好。兔毛具有良好的缠绕结块特性，是优良的制帽毛毡材料，而羊毛毛毡的品质要取决于制作毛毡的绵羊毛的优劣。

草帽帽坯直接用纤维或条带（主要是秸秆、芦苇、棕榈纤维、酒椰纤维）编结而成。可采用各种方法编结这些材料，如将一组纤维或条带从帽顶的中心向外放射，与其他纤维或条带交织后螺旋盘绕的“织法”等。

（2）定型毡帽的制作步骤如图6-42所示。

①选择基础帽坯：根据帽子的款式和风格选择毛毡的品质和基础帽坯的形状。

②涂硬化剂：将毛毡基础帽坯反面向上，用硬化剂涂抹整个表面，晾至干透。

③定型帽冠：将帽子在蒸汽壶上蒸透，趁热将帽冠在模型上拉紧，按压定型（可用布包住用熨斗按压），并用大头针或一根绳子沿帽冠底边线以下将帽子固定在模型上，帽冠底边的位置依帽冠的高低而定。

④剪裁帽冠：将帽冠底边线之外多余的毛毡切去。这部分毛毡可用来制作帽檐。

⑤制作帽檐：帽檐的定型方法与帽冠相同，帽檐内圈尺寸应与帽冠底边相同。可用蒸汽熨烫均匀归拢或拔开使之符合要求，通过湿热定型使帽檐与模型服帖并用大头针固定，晾干。

⑥缝合：帽檐口缝上沿条，帽圈内缝上帽口条，然后用手针在面上将帽冠缝在帽檐上，用帽圈装饰遮盖帽冠与帽檐的接缝，毡帽即完成。

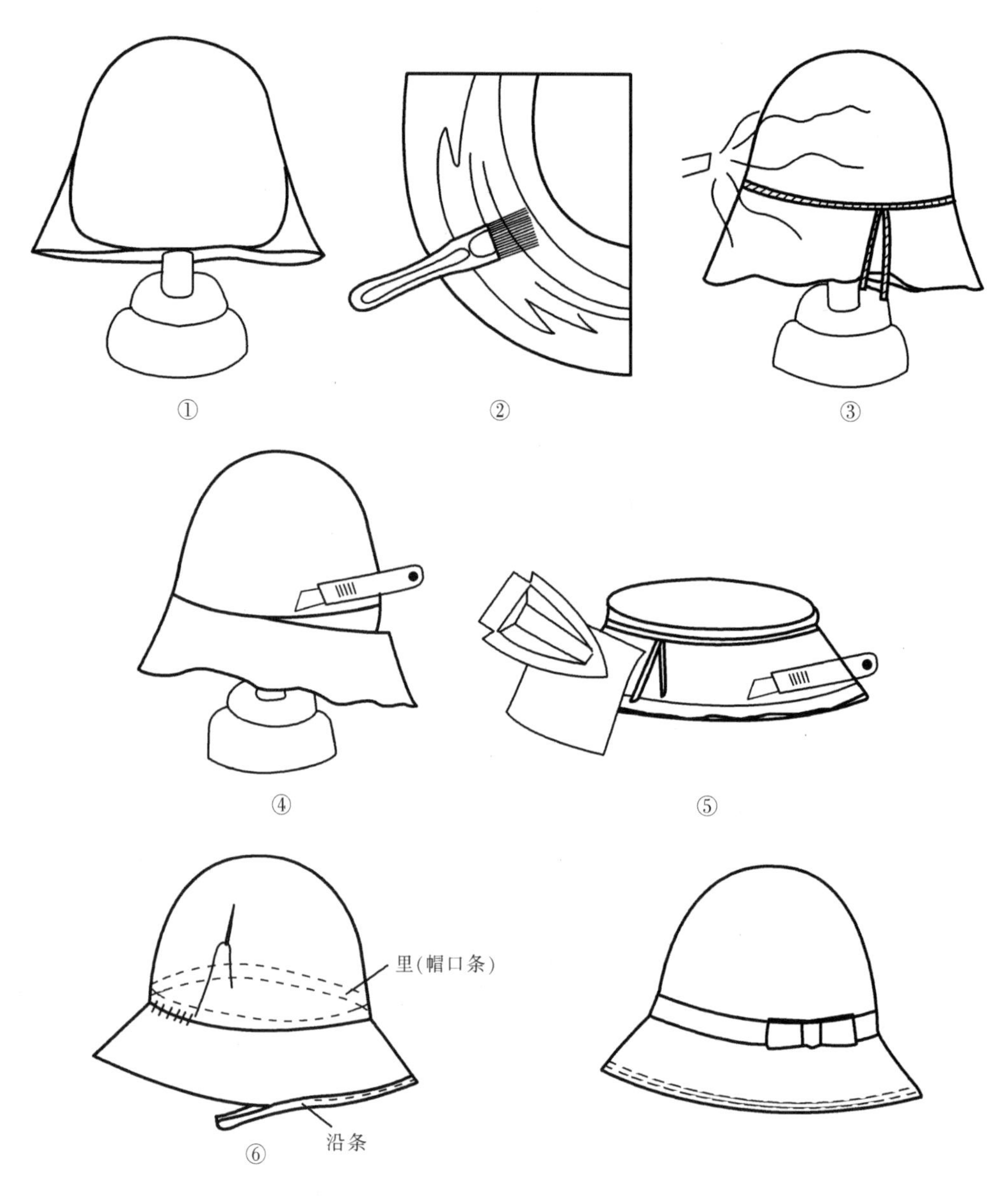

图6-42　毡帽的制作

总结

本章以帽子为主题，围绕着帽的产生、发展以及帽与服装的搭配、设计要点、制作工艺等几方面展开。通过本章节的学习，学生能够了解中外帽子的发展历史以及与服装搭配的规律，从而进一步完善今后的服饰设计；帽的设计与制作是本章的学习重点。

思考题

1. 熟悉、了解东西方传统帽子的发展演变及经典样式，并分析其形式美法则。
2. 简述中外古代帽式的发展变化。
3. 目前已有的帽式分类体系是如何对帽进行分类的？帽与服装的关系如何？
4. 搜集各类帽子造型30款。
5. 当代帽子在人们生活中地位、作用和过去相比有何异同点？

练习题

1. 进行帽子市场调研，并完成调研报告。内容主要包括当前的流行样式、新材料、新工艺以及与服装的搭配情况、品牌情况等。
2. 设计并完成5款以创意为主的帽子彩色效果图，并注明设计理念、主要制作工艺、材料等。
3. 根据自己的帽子设计稿，选择一款制作1：1实物，并附结构图。
4. 运用编结技巧，设计并制作完成一顶时尚的女式休闲帽。
5. 运用花饰制作技巧，设计并制作完成一顶造型独特、具有浪漫色彩的女式花饰礼帽。

基础训练与实践——

腰带设计

课题名称： 腰带设计

课题内容： 腰带的历史沿革

腰带的分类与设计

课题时间： 10课时

训练目的： 让学生了解整体风格配合的设计方式。

教学要求： 1. 让学生掌握腰带的历史发展与典型分类。

2. 让学生通过动手实践理解如何设计腰带。

3. 教师对学生的练习进行讲评。

课前准备： 1. 预习本章的内容，查阅中西服饰史中关于腰带部分的内容。

2. 收集各类腰带的图片和使用材料以及腰带制作方法的书籍与网站。

第七章　腰带设计

第一节　腰带的历史沿革

腰带是一种束于腰间或身体之上起固定衣服和装饰美化作用的服饰品。它与服装一样有着古老而又悠久的历史，并在服装中起着重要的作用。

名曰腰带，其实它还包括许多装饰形式，如缠于胸间的束带、臀带等。在服装史中，腰带具有多种形式和不同的名称，在各个历史时期起着不同的作用。下面分别介绍腰带的发展。

(a)河南安阳殷墟出土的束带人像

(b)西汉束带舞人玉佩

图7-1　出土文物中的束带造型

(a)女子塑像

(b)男子画像

图7-2　唐代腰带

一、中国腰带的历史演变

人类的祖先在艰苦的生活当中，学会了自我保护的方法。他们用纤维或皮条将兽皮、树叶缠绑于身，用以保暖护体或防晒防虫等，并形成了原始的衣着装扮。原始的腰带也由此粗具雏形。

古代的衣服没有扣襻，将衣裤固定于身均靠各种形式的带子。到殷商时期，腰带的形式已非常明确，我们可以从大量的出土文物中看到各种束带的造型（图7-1）。在阶级社会中等级制度的形成使腰带也分成了不同的形式，与冠、服、色等一起，逐步完备了冠服制度。

在文字记载中，有关腰带的说法很多，如“易女玄衣带束”中的带即是腰带。在商周时期，带已有革带与大带之分。革带博二寸，用以系韨，后面系绶。大带是天子与诸侯的腰带，大带四边都加以缘辟。天子为素带朱里，诸侯不用朱里。大带之下垂者曰绅，博四寸，用以束腰。赵武灵王推广胡服骑射，而胡人的腰带是很有特色的，在腰带上附加了许多小环，可将小物件随身携带。当时的腰带使用带钩加以束缚，带钩以铜或镶金制成，腰带又以皮革制成，这种带式对后来腰带的演变起了很大的作用。《梦溪笔谈》对此作了详细的叙述：“中国衣冠，自北齐以来，乃全用胡服。窄袖绯绿，短衣长靿靴，有蹀躞带，胡服也……所垂蹀躞，盖欲佩带弓箭、帉帨、算囊、刀砺之类。”革带之上有金玉杂宝等装饰，此为北方民族所喜爱的服饰品之一。

南北朝时期妇女服饰中，腰间加饰束带，它与革带区别之处为腰带柔软而较长，一般在腰间绕一两圈后再打结。刘孝绰《古意》诗有“荡子十年别，罗衣双带长”，梁武帝《有所思》中“腰间双绮带，梦为同心结”，腰带长且能系漂亮的结式，并有飘曳的带尾，使女性服饰显得更加妩媚动人。

唐代官服中使用革带，沿袭古制，如唐高祖赐李靖的革带叫于阗玉带，有十三銙并附带环，革带的带尾叫铊尾，唐时铊尾向下斜插。妇女命服中腰带随男服用革带，常佩蹀躞七事中的几件，但一般妇女常服中腰带又以束带为主，以柔软绵长、缠绕花结为美（图7-2、图7-3）。

革带在宋代的官服中，是官职高低的标志。从材料和装饰、色彩上都很有讲究。革带称为鞓，外裹绫绢，唐时多用黑鞓，唐末五代时用红鞓，宋代以黑鞓为常服。在鞓上附有带銙，它的质料、排列和制作有一定的制度。如朝服用玉带銙；有官品者才能用犀带銙。“通犀带”有特旨者才能用。带銙的形状和雕饰亦有一定的区别，帝王用排方玉带，大多以四个方形及五个圆形排列于革带上。

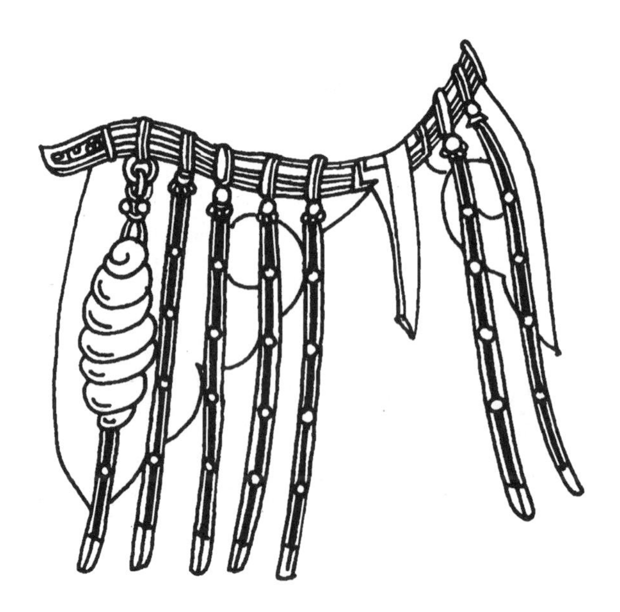

蹀躞带，本为胡制，带间有带环

图7-3 蹀躞带

帝王及太子一般用玉，大臣用金。低级官员只能使用铜、铁、角、黑玉之类。

宋代革带的两头称挞尾或铊尾，随着官员们的喜好由短至长，又由长变短，不断变化（图7–4）。

图7–4 宋代革带

在日常生活中，低等官职和平民的腰饰有革带、勒帛、绦（通绦）和看带。此革带是黑鞓铁角为銙的革带。勒帛指约束绣袍肚和背子之用的带饰，家常服中只系勒帛而不穿冠服。绦是如绳索形的普通圆腰带，用以束腰而下垂，在宋代，隐士和一般人士多用。看带即为后世的鸾带，它是在织成的带上织有花纹装饰，较宽阔。

明代官服所用革带，外裹红色或青色绫，其上缀以犀玉金银角，合口叫“三台”，两旁有小辅，左右各有三圆桃，后有插尾。官阶一品用玉带，二品用花犀，三品用金钑花带，以此类推。

明代的腰带，多束于胯部并不着腰，用细纽将腰带悬于衣胁间。

衙门杂役、皂隶等腰带为红色或青色丝织或布织束带；各衙门掾史、令史、书吏等系丝绦；举监等腰束蓝丝绦。

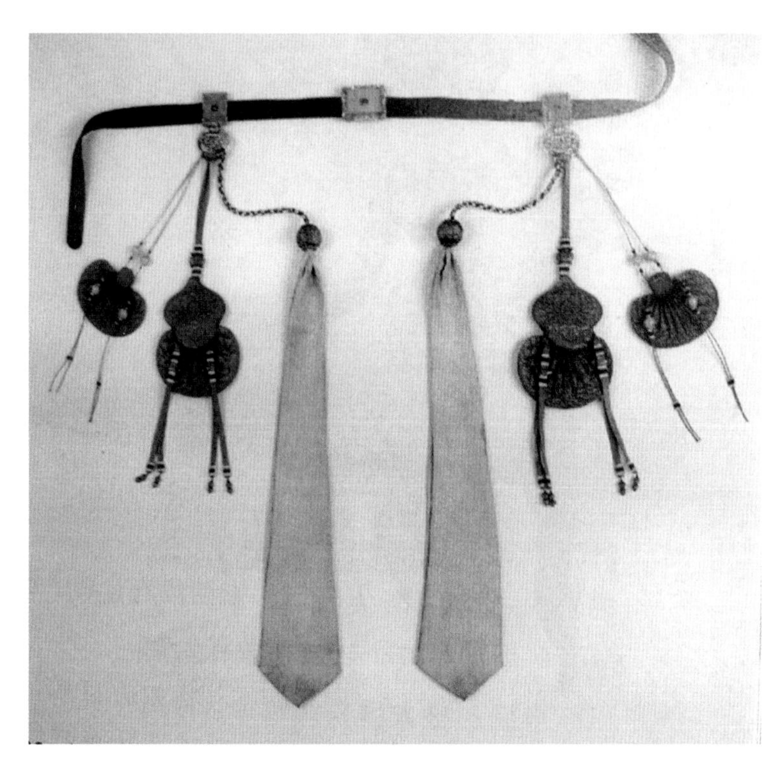

图7–5 清朝忠孝带

清代官服中腰带有朝带、吉服带、常服带、行带等。皇帝的朝服带为明黄色，上饰红宝石、蓝宝石、绿松石、东珠、珍珠等。按规定，亲王朝带之色，宗室用黄，觉罗用红，其余人皆用石青、蓝色或油绿织金。

带用丝织物，上嵌有各种宝石，有带扣和环扣，用以系汗巾、刀、觿、荷包等物。带扣用金、银、铜等制，考究的则用玉、翡翠等制。其中所佩之汗巾称为帉或飘带，用布或绸为之，在带上各绣有“忠”“孝”二字，因而又称为“忠孝带”（图7–5）。

一般男子的腰带以湖色、白色或浅色的束带为准，其长结束后下垂至袍底，讲究些的可以绣花或加些零星佩饰。

清代妇女所束腰带多于上衣内，较窄，用丝编结而下垂流苏。后改长而阔的绸带，系于衣内而露于裤外，成为一种装饰品。颜色以浅而鲜艳者居多，一般垂于左边，带下端有流苏、绣花或镶滚。

在近代，由于冠服制度的解

体，纽扣和拉链的广泛使用，腰带的应用逐渐减少，不像以往那么严格和规整，但它的实用价值和审美价值仍使腰带在服饰整体中具有很强的生命力。如今的腰带，款式众多、造型新颖独特，在服装整体中成为不可缺少的组成部分。

二、西方腰带的历史演变

腰带在西方的服装历史中显得非常重要。尤其是在18世纪之前，它不仅应用广泛，在许多情况下还作为地位、权力和财富的象征。

在数千年前的古埃及王国，固定服装所用的腰带就很精巧别致，被推测为是手工拼接的缝制品或手工编结品。而当时农夫、渔人所结的束带，则是以布料剪成条形，用来绑住臀部遮盖物；也有的束带本身呈三角形或菱形，用以围住腰腹部位。到中期王国时，腰带的式样已经成为显示地位尊卑的重要标志，与服装的式样同等重要。腰带细长，装饰华丽，有时于身后打结或打成方形扣结，腰带两端自由下垂，与节日盛装一起穿用时显得格外突出、引人注目。帝国时期服装款式更为复杂，腰带的款式也显得宽大笨拙。有的腰带如早期的胯裙，沿腰部绕一周后在腹部打结，下垂部分形成一个很大的扇形；也有的腰带很长，绕身两周后打结，其带尾下垂拖至脚踝（图7-6）。

在古希腊的服饰品中，腰带不仅仅是用来束衣和显示身份的，还是一件重要的装饰品。闭合的多利安式衣裙有深陷的皱褶，上衣长至臀部，这种衣饰的腰带往往不是系于腰部而是系于胯部，以保持上衣皱褶部分的美观。另一种是将多利安式上衣加在爱奥尼亚式上衣的外面，与之相配的则是双层的装饰腰带。到了海伦时期，各种腰带或饰带更加繁复，如有辫状的系带、双

(a)

(b)

图7-6　古埃及腰带

图7-7　古希腊腰带

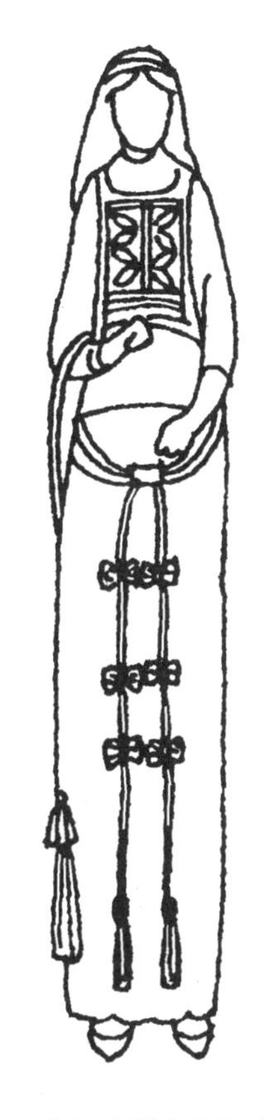

图7-8　12世纪欧洲贵族妇女的腰带

图7-9　中世纪男式腰带

层系带等。腰带的位置也从胯部向上移动，结在齐于腋窝的胸部，有的甚至系于乳房上，使服装看上去外观更为平衡匀称（图7-7）。

古罗马人的服饰，与古希腊追求时髦的贵妇服饰很相像，基本上保持了多利安式与爱奥尼亚式风格，但根据古罗马人的喜好有所变化。腰带以细长饰带为主，系带的位置在乳房之下或腰部上方。古罗马妇女所穿的紧身内衣非常短小，叫做斯特罗费姆内衣，而腰间所系的是一条很宽的腰带，主要为束腰之用。

12世纪贵族妇女中，华丽昂贵的服装体现了这一时期的风格，腰带细节也展示得很清晰。腰带细长，一般在3.7m左右，缠绕在腰间偏下部位，在背后中央交叉，再由臀部上方折回到身前，并牢牢系紧，腰带的两端以许多股丝线编成穗状一直垂落于地面。整个造型与饰法都带有东方风格的痕迹（图7-8）。

在中世纪男式服装中，有一种系在胯部的腰带。此腰带极为贵重并饰有珠宝（图7-9），有时人们为了能够拥有或佩戴这样的腰带，必须花大笔钱财才能得到。

15世纪德国的男装中，系带长衣为主要服饰，人们喜欢在腰带上加些装饰物，如在腰带上挂些铜铃，将装饰用的短剑佩在腰带上。有的腰带较宽，上面镶有金属装饰，系法也很特别，并不贴身紧系，而是松松地挂于腰下。以后佩剑带逐渐被绶带所代替。这种绶带又宽又长，上面通常绣有图案，披挂在右肩上，用以携带左臂下的剑（图7-10）。腰带的造型也比以往复杂、多层次，并有数对扣带，可以将马裤挂于扣带之上。女式服装中腰带仍很华丽，通常是五颜六色的，并饰有金质镶片，腰带比当时其他国家的略宽一些。如有一位贵

(a) (b)

图7-10　15世纪的男式腰带和绶带

(a) (b)

图7-11　欧洲妇女腰饰

妇人的腰带上镶满了珍珠宝石，身前中央还悬挂了一枚长长的垂饰物，她可以随时将搜集的金银珠宝等饰品附于这枚垂饰物上，可见这条腰带的珍贵了。

此后的很长时间内，妇女服饰中的腰饰均以裁剪方式制成，外用腰带已明显减少。但丝带式的腰带或装饰带在不同时期时有出现，主要起装饰作用（图7-11）。而男式腰带也仅在衣内系戴，以实用为目的，外衣宽松不系带，因此腰带的价值也不如从前那么昂贵。

17世纪欧洲女装流行复古之风，使束腰带重又受到欢迎。当时腰带束得比较高，同时也流行束在正常腰围的高度。此后，系于腰际位置似乎已成为固定格式，流行了数个世纪。

19世纪末，由于服装风格的简化，女式腰带具有男性化风格，预示出20世纪腰带与服装的趋势。

三、腰带在服装上的应用

从以上中外腰饰物的发展变化及应用中，我们可以看出，腰带的实用性和装饰性是有机地统一、结合而相互促进的。它还有炫耀财富、显示地位的作用。

腰带原为固定衣服的实用品，因为早期的衣裙没有纽扣、拉链等来束缚，为了不使衣服在活动中落下，也为了便于穿脱，人们便使用一根细长的带子将衣服捆绑起来，很容易就解决了这个问题，原始腰带的雏形也由此而产生。人们寻找到可以利用的纤维，切割出动物皮条、纺织出面料，使用各种方法制作成形态各异的腰带。然而，解决了实用的目的之后，人们又在美观上动脑筋，尽其所能，将腰带制作得更漂亮。因此，出现了在腰带上雕花、印花、镶嵌珠宝、刺绣、编结、悬挂饰物等手法。单层、双层、多层以及束带所编结出的花结，也使腰带增加了美感。

过分装饰的腰带，虽然非常豪华美丽，但要耗费大量的钱财，历史上曾有人为得到一根豪华腰带，不惜卖掉房产田地。因此，豪华腰带也成为富有的标志，有相当的经济实力才能够佩戴得起。在历史上的某些阶段，贵妇巨贾们竞相攀比争妍，使得腰带一度走向畸形发展的道路。

腰带的另一个表象，则是作为身份和地位的象征。中外历史上都有这样的记载，在冠服制度中，不同等级的官员腰带的式样、颜色、装饰也不相同，不可随意佩戴。帝王或官员的腰带一般装饰较华丽，有时还饰满金银珠宝，而平民百姓的腰带则比较简陋，不加装饰，偶有一些穗饰或在系扎上有些变化。

当今的腰带装饰，早已失去了身份等级地位的象征意义。而人们更注重的是它的美观和实用性，注重腰带在服装上的整体效果。许多有信誉的著名品牌，也使人们增加了一些崇拜心理及新的价值观，炫富的心理被淡化，取而代之的是展示品位、气质和实力。

第二节　腰带的分类与设计

一、腰带的类别

腰带又称皮带、裙带等。名曰腰带，其实它还包括胸带、臀带、吊带等多种带式。根据它的功能、造型、材料等分成不同的类别，如根据功能分，可分为束腰带、臀带、胸带、吊带、胯带等；按材料分，有皮带、布腰带、塑料腰带、草编带、金属带等；按制作方法分，有切割皮带、模压带、编结带、缝制带、链状带、雕花带、拼条带等。

以下介绍几种主要腰带。

1. **胸饰带**　胸饰带是由一连串的链圈或绳带组成的装饰性带子，有一定的结构和装饰性，绕于上身，用钩子连接腰部（图7-12）。

2. **链状腰带**　链状腰带是用金属或塑料制成的链式带，通常在腰部使用带钩扣合（图7-13）。

3. **流苏花边腰带**　流苏花边腰带由绳线编结而成。一般以多股绳线编结出各式花结，宽窄不定，加上扣襻作为腰带，加上流苏可以束结，还可在上面缀饰珠子和亮片（图7-14）。

4. **宽腰带**　宽腰带又称宽带，是一种紧身宽带。一般由金属、皮革、松紧带等材料制成，较宽，扣合于正前腰部（图7-15）。

5. **牛仔腰带**　牛仔腰带是以皮革制成的宽腰带，腰带上有压印的花纹图案，有的还有铜钉装饰，原来附带的手枪皮套现已被省略。皮带的分量较重，腰带前端为钢制回形钩，另一端为数个铜扣眼（图7-16）。

图7-12　胸饰带

图7-13　链状腰带

图7-14　流苏花边腰带

图7-15　宽腰带

图7-16　牛仔腰带

6. **印度腰带**　印度腰带是印度男、女所佩戴的束衣宽腰带。一般采用宽幅布料制成，结好后有襞裥。女用束带选用柔软、抽褶织物制成，束在裙子或外套上。男用腰带较宽，织物前部有褶皱，后部较窄，在腰间缠绕数圈后于腰侧或背后打结（图7-17）。

7. **和服腰带**　和服腰带用于和服束腰，通常佩戴在胸部下方。另有一条狭窄的细腰带系于宽腰带之上，在腰带的后方系成各种漂亮的花型，如樱花、松树、牡丹等，装饰效果比较柔美（图7-18）。

8. **臀围腰带**　臀围腰带是束于臀围线上而不是束于腰部，有宽有窄，上加许多装饰物，多用于上衣、迷你装等服装（图7-19）。

9. **双条皮带**　双条皮带指以两条皮带并排装饰的形式。以皮革或布料等制成，有的皮带中间留有缝隙，多为装饰之用（图7-20）。

(a)女用印度腰带

(b)1765年东印度公司的约翰·富特上校身穿印度服饰

图7-17 印度腰带

图7-18 和服腰带

图7-19 臀围腰带

图7-20 双条皮带

图7-21　金属腰带

图7-22　珠饰腰带

图7-23　优雅娴静风格的腰带

10. **金属腰带**　金属腰带是以装饰为主要目的，用金属制作而成，多用于新潮、前卫的服装上（图7-21）。

11. **珠饰腰带**　珠饰腰带是在皮革或布制腰带上缀满珠饰亮片的一种腰带，也有以珠编缀而成的。腰带较宽，饰珠按色彩或形状排列出花纹图案，多为装饰之用（图7-22）。

12. **腰链**　腰链是以单层或多层链条组成，多为金属制作。在链状结构中还可垂悬流苏珠饰，用于新潮时装及舞台表演装，装饰性很强。

二、腰带设计

（一）材料及辅料

设计腰带时，首先要考虑材料与辅料的合理应用。归纳起来，腰带材料有如下几大类：

皮革制品——动物皮革、人造皮革、合成皮革、配皮等。

纺织品——棉、丝绸、化学纤维、毛呢、麻等。

塑胶制品——硬塑料、软塑料、橡胶类。

金属制品——金、银、铜、铁、铝、不锈钢合金等。

绳线编结制品——毛线、棉线、麻线、塑胶线、草类纤维等。

辅料——金属扣、夹、钩、饰纽、襻、打结、槽缝搭扣、鸽眼扣等。

饰品——珠子、金属片、塑料片、垂挂饰物、首饰、花朵、绳结等。

（二）设计风格

腰带作为时装配件已成为时装形象的一个组成部分，在服装整体中起到画龙点睛的作用。设计风格要以服装风格为基点，与服装的整体风格相呼应。根据服装风格的演变，腰带的设计有如下风格。

1. **优雅娴静风格**　优雅娴静风格是女式腰带的特有风格，多以丝绸、布料或皮革制成。纺织品束带以柔美、飘逸的形式于腰间打结，或于腰侧、或于腰后结出蝴蝶结，飘带下垂，使服装尽显女性柔情。皮革所制的腰带应尽量细窄些，装饰上精巧细致的饰物，色彩雅致，同样能够展示出淑女柔情（图7-23）。

2. **运动休闲风格**　运动休闲风格是为运动型服装或休闲式服装所设计的皮带风格，以皮革、塑料、帆布等材料制成，款式

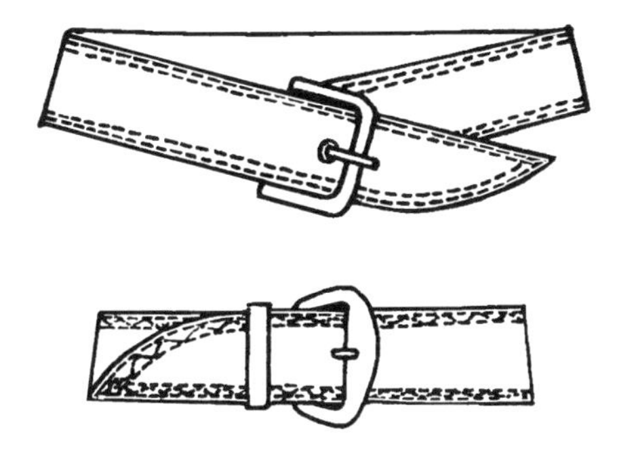

图7-24 运动休闲风格的腰带

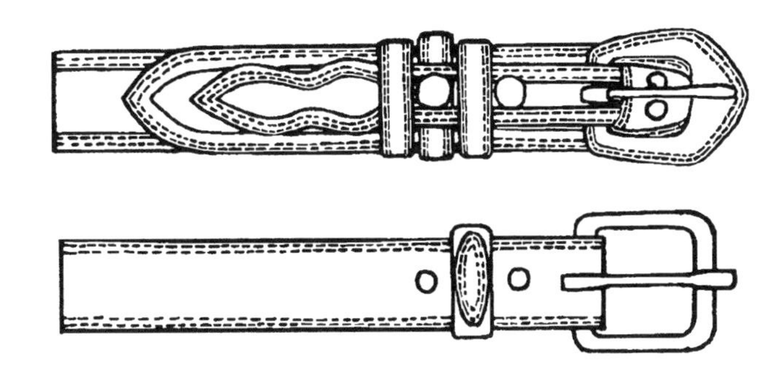

图7-25 刚毅雄健风格的腰带

简洁明快，可采用不对称设计，于腰前部交叉，显示出轻松活泼的风格（图7-24）。

3. **洒脱冷峻风格** 洒脱冷峻风格的腰带款式精练醒目，造型呈流线型或直线型，色彩可选择金属色或冷艳色调，尽量少用装饰物。

4. **刚毅雄健风格** 刚毅雄健风格是男式腰带多用的风格，以皮革带为主，造型宽大、强硬、厚重，强调力度、粗犷和夸张的手法，双层及多层重叠、交叉并可加饰金属镶钉或其他饰物，突出阳刚之美和雄健的风格（图7-25）。

5. **民族风格** 世界上各民族服饰中都有非常优秀的腰带式样，它突出了各民族文化的典型特征。如波斯风格、西班牙风格、波西米亚风格、印度风格等，我们可以从中汲取精华和灵感来设计（图7-26）。

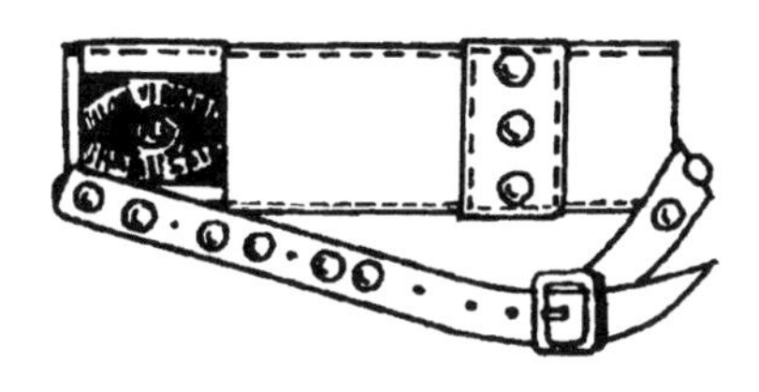

图7-26 民族风格的腰带

（三）腰带设计

腰带设计首先要考虑美的基本要素。作为服装整体的配饰物，腰带应成为能够与服装融为一体的因素，从服装的风格、外形、色彩、材料等方面统筹考虑，以达到理想的设计效果。

腰带的宽度和长度的确定是设计中常遇到的问题。按照人体的结构和比例，腰带的外观应采用细长型才能够符合人们生理上和视觉上的需要。宽度应在20cm之内，太宽的造型原则上已失去了腰带的意义，而且会显得非常笨重。细可到手指粗，太细会使人对其牢度产生怀疑。长度可按照实际需要设计，腰带以适合腰围为准，加放的尺度可长可短，但要能够围住腰身。束腰带有的可以圈数计，腰带可围腰数圈，还可束结后将腰带两端拖地，产生飘曳的效果。长与宽的比例还可按材料的性质而定，如一般皮革带可宽些、短些；金属链带可窄些、长些；而纺织面料的束带则可根据需要决定其宽窄长短。

平衡也是腰带设计中的重要因素。腰带处于人体的中心位置，起着分割服饰、调节人视觉平衡的作用，因此腰带造型的好与坏，直接影响服装整体的外观效果。

平衡有对称平衡和不对称平衡，在比较正统而庄重的服装上，可以采用对称平衡的设计手法，但过于对称容易使人感到呆板拘束。因而，对于不少服饰来说，虽设计的是不对称的款式，但在视觉上却仍要达到平衡的效果。这样的设计较为灵活、富于变化，适合多种服装及场合（图7–27）。

应强调腰带主体部分的设计。如带扣、装饰等物，引导视线贯注于主体之上。对带扣的造型、色彩、装饰形式、点缀物，都可进行加强设计，以达到最佳效果。

腰带的选材是设计中不可忽视的重要因素，材料的质感、手感、自然纹理、色彩等都是设计变化的要素。不同质感的材料镶拼、正反皮面的镶拼、宽与窄材料的镶拼均可产生丰富的变化。同一款式的腰带选择不同材料制作，也可产生完全不同的外观效果。

色彩设计对于腰带来说同样重要，应根据服装款式与色彩的需要，为腰带配以适当的色彩。

腰带的色彩配置以单色、近似色为主，色调要相对统一。由于腰带在整个服饰中所占的面积较小，色彩可以亮丽但不要太花，以免影响整体效果。

三、腰带设计范例

1. **链状腰带** 链状腰带以环链结构造型为基础，多以金属或皮革制成，可长可短，亦可作多重组合（图7–28）。

2. **宽腰带** 宽腰带一般以皮革、布料制成，造型独特，外形较为夸张，可作多种设计，在腰带上亦可饰以金属饰钉、人造宝石、刺绣等装饰（图7–29）。

3. **双层腰带** 双层腰带强调外观的层次感和厚度，一般以皮革制成，设计用内层与外层的宽度、造型加以区别。可装饰金属饰钉、人造宝石等饰物（图7–30）。

4. **革编腰带** 革编腰带是将切成细条状的皮革按不同的造型编结而成，形成一定的花纹，如网状、辫状等（图7–31）。

5. **其他款式** 在皮革的设计制作中，可采用富有变化的造型和装饰，如皮带扣的变化，皮带上装饰钩襻、装饰小袋以及变化其外观造型等（图7–32）。

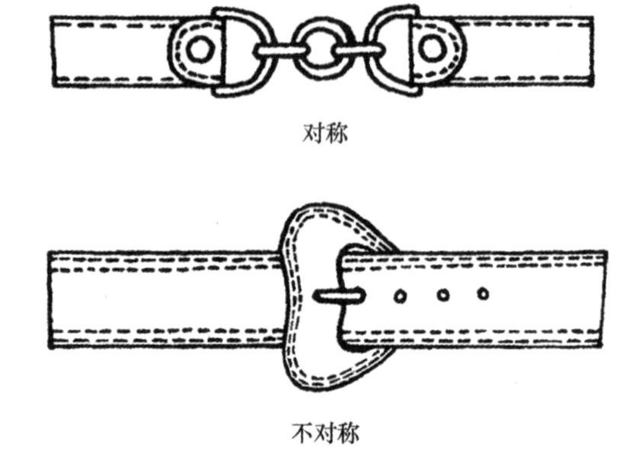

图7–27 对称平衡与不对称平衡腰带

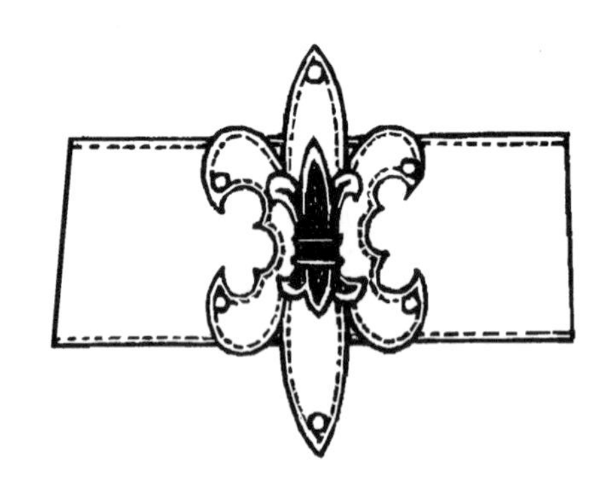

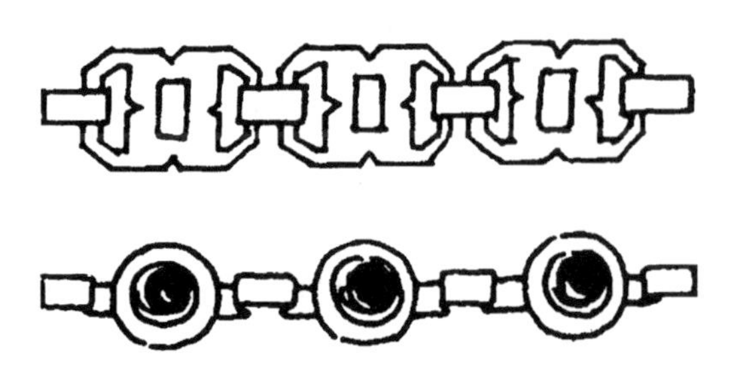

图7–28 链状腰带

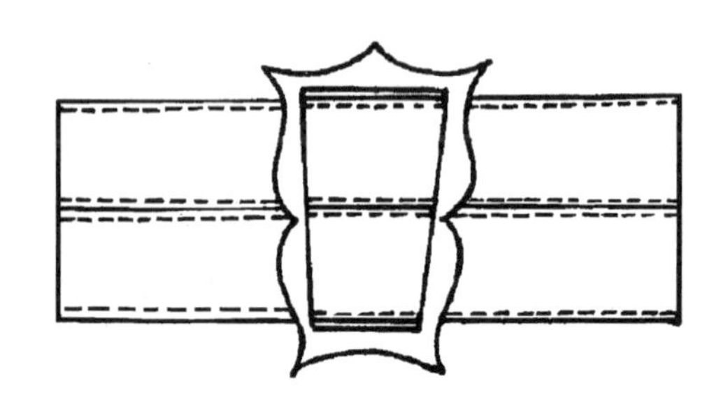

图7–29 宽腰带

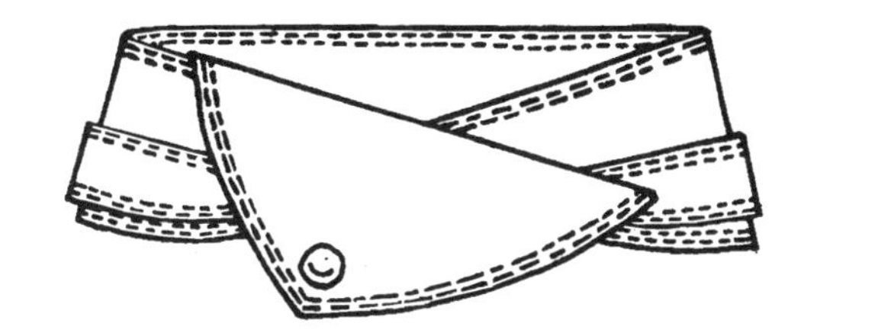

图7-30　双层腰带

图7-31　革编腰带

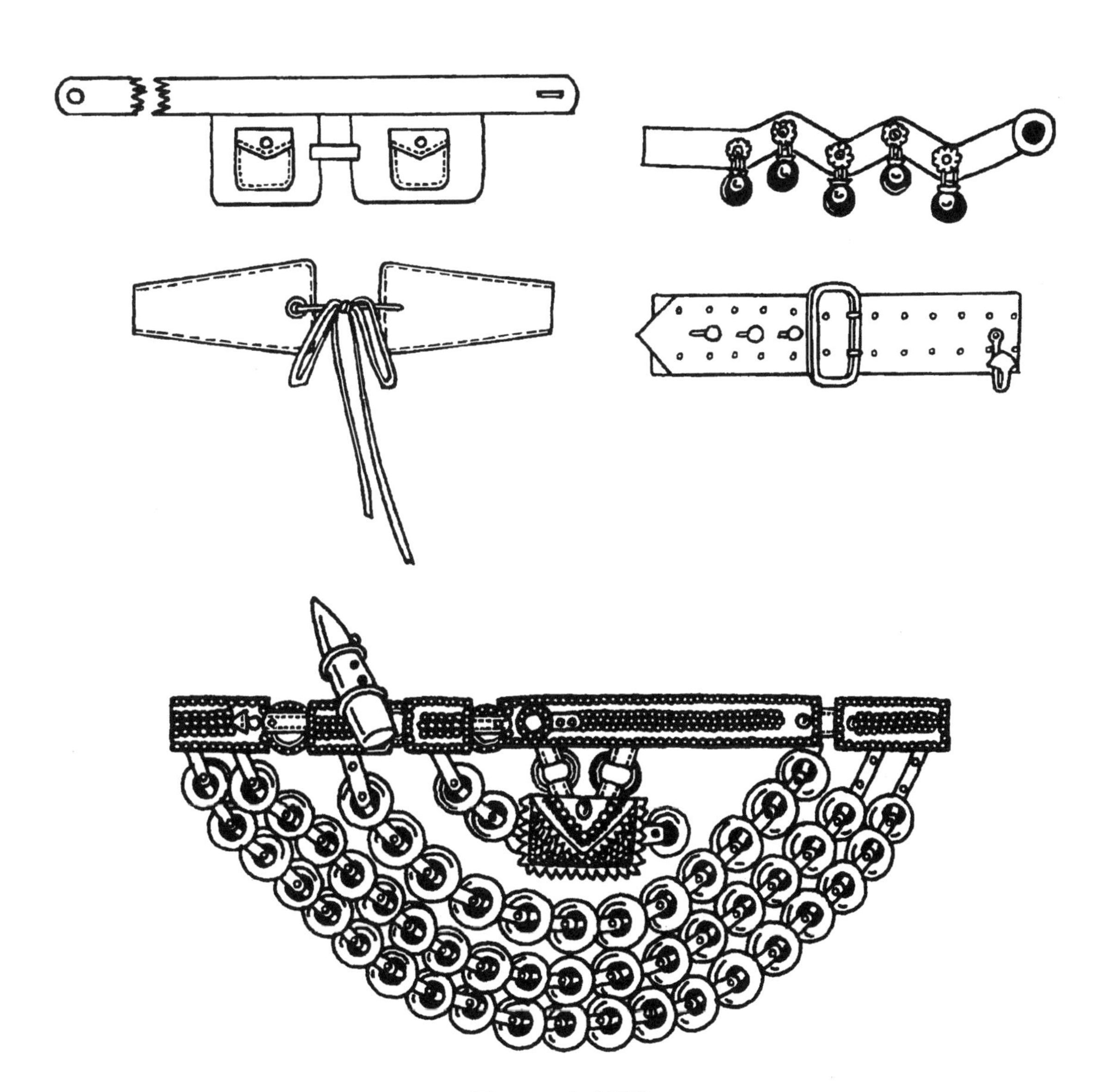

图7-32　各式腰带

总结

本章以腰带为主题，围绕腰带的产生、发展以及材料、工艺、设计规律等几个方面的内容展开。希望通过本章的学习，学生能初步入门腰带设计这一领域，熟练掌握腰带设计的步骤与方法，并能进行简单的制作。

思考题

1. 熟悉、了解东西方传统腰带的发展演变及经典样式，并分析其形式美法则。

2. 中国最原始的“腰带”是祖先在何种生存状况下、出于何种目的而出现的？腰带的演变过程中出现了哪些具有代表性的革带形式？

3. 当代腰带在人们生活中地位和作用与过去相比有何异同？

4. 搜集各类腰带造型30款。

5. 根据腰带的功能、造型、材料等进行分类，并简述在设计风格上，优雅风格与刚毅雄健风格各自的形式特点？

练习题

1. 进行腰带市场调研，并完成调研报告。内容主要包括当前的流行样式、新材料、新工艺以及与服装的搭配情况、品牌情况等。

2. 在8开纸张上，设计并完成5款以创意为主的腰带彩色效果图，并注明设计理念、主要制作工艺、材料等。

3. 运用手工编结技巧，设计并制作一款具有古典韵味的时装款革编腰带。

4. 完成一款以金属和皮革链构成的链状腰带设计。

基础训练与实践——

鞋、袜、手套

课题名称：鞋、袜、手套

课题内容：鞋、靴

袜

手套

课题时间：4课时

训练目的：让学生理解鞋、袜、手套的结构与设计重点。

教学要求：1. 让学生掌握鞋、袜、手套的历史发展与典型分类。

2. 让学生通过动手实践理解如何设计鞋、袜、手套。

3. 教师对学生的练习进行讲评。

课前准备：1. 预习本章的内容，查阅中西服饰史中关于鞋、袜、手套部分的内容。

2. 收集各类主要鞋、袜、手套用材料的图片以及鞋、袜、手套制作介绍的书籍与网站。

第八章　鞋、袜、手套

第一节　鞋、靴

鞋本为服装中的足衣。在中国古代，鞋有许多名称，如履、舄、靴、屦、屣、屩等字均为鞋的别称。上古时常以兽皮制鞋，因此鞋的称呼多以革字为偏旁，如“鞵”字本为用兽皮制成的鞋，《说文》曰：“鞵，生革鞮也。”鞮是一种兽皮鞋。后来又有丝、麻、草编之鞋，屣、屩、履即代表了这些鞋式。在古书中，一般称单底鞋为履，复底鞋为舄。靴是指高至踝骨以上的高筒鞋，来自于西域的胡人之式。鞋、靴成为所有鞋式的总称。

一、中国鞋、靴的发展

最早的鞋子式样是很简陋的，人们推测，古人将兽皮切割成大致的足形后，用细皮条将其连缀起来即成为最原始的鞋子，以后逐渐地出现了用树皮、草类纤维编结出来的草鞋、麻鞋和树皮鞋。随着纺织业的发展，布料、丝绸等物亦用来制作鞋子，并与皮革、麻草组合应用，出现大量的鞋饰品。到了殷商时期，鞋的式样、做工和装饰已十分考究，用材、配色、图案亦都根据服饰制度有了严格的规定。从服饰记载中可以看出，服制中规定王室成员着鞋的形制与色彩，如天子用纯朱色的舄或金舄，而诸侯用赤色舄。每个朝代鞋的造型、色彩都随着服制形式而变化。百姓之鞋以素屦为准，多以革、葛草制成。

图8-1　汉代鞋

周代末年，靴的使用来自于北方胡人的鞋式。胡人游牧骑乘多着有筒之靴，而赵武灵王主张习骑射、服改胡制，以更利于战事。《释名》曰：“古有舄履而无靴，靴字不见于经，至赵武灵王始服。”

汉代的鞋靴在造型上已有很多变化，如丝织的靴有色彩和图案上的变化，造型也很简练，较符合足部的形状。鞋靴使用的材料也很广泛，有牛皮、丝织物、麻编物等（图8-1）。草鞋亦是平民百姓所着之鞋，由南方多产的蒲草类植物编结而成。

南朝时期盛行着木屐，上至天子，下至文人、士庶都可穿着。木屐的造型可以变化。《宋书·谢灵运传》曰：“登蹑常着木履，上山则去前齿，下山去其后齿。”正是描述了当时的一种非常特别的登山木履形式。

唐代靴制袭隋代的六合靴，后改长靿靴为短靿靴，并加以毡。妇女鞋子的形状，前为凤头式。温飞卿《锦鞋赋》曰：“碧繶缃钩，鸾尾凤头”，就是指这种鞋式。其他的鞋，有高头、平头、翘圆头等式样，有的绣出虎头纹样或鞋身饰有锦纹（图8-2）。

宋代的鞋式初期沿袭前代制度，在朝会时穿靴，后改为履。用黑革制成靴筒，内衬以毡，其色与朝服同。一般人士所穿的鞋有草鞋、布鞋、棕鞋等，按所用材料取名。南方人多着木屐，

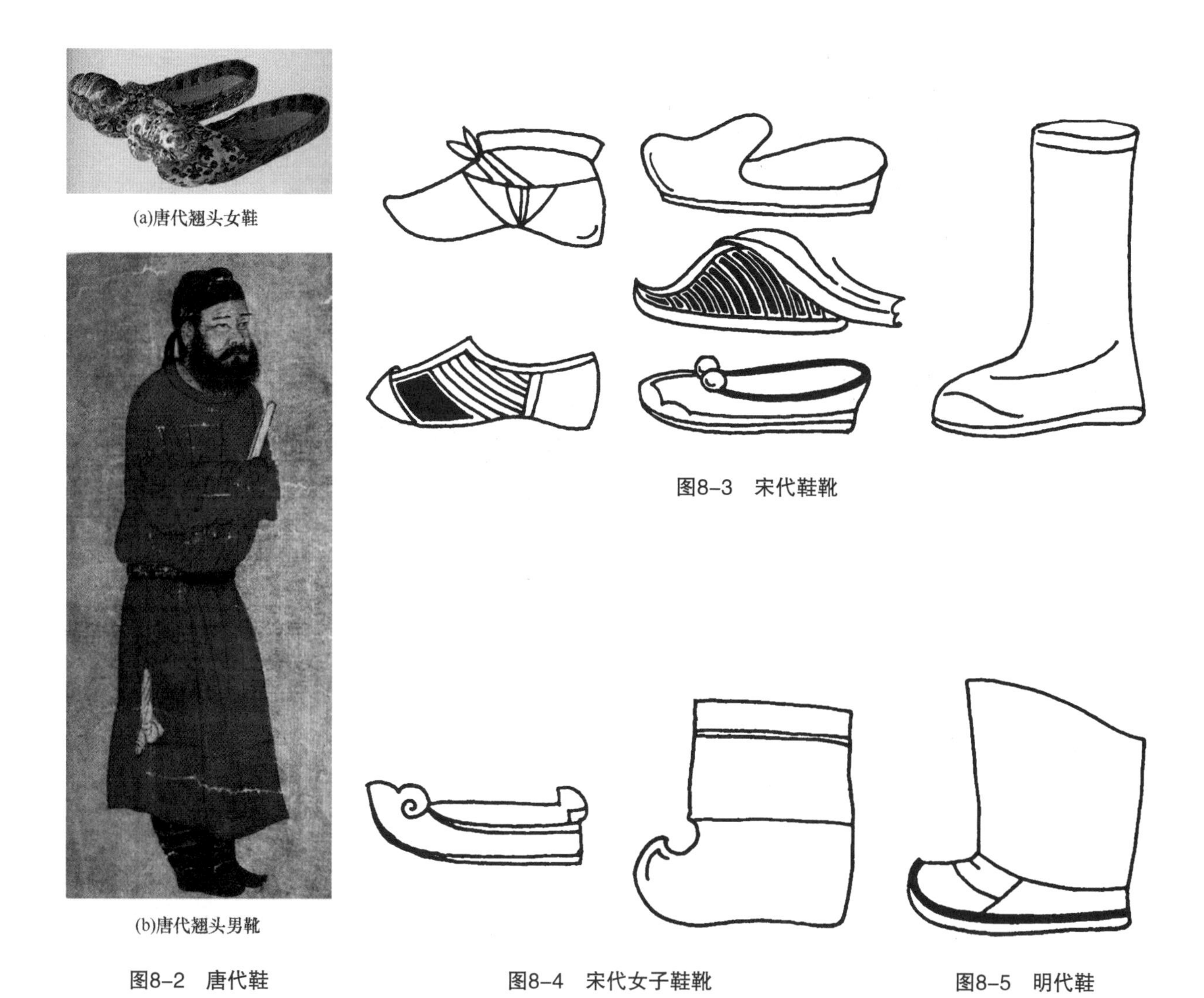

(a)唐代翘头女鞋

(b)唐代翘头男靴

图8-2　唐代鞋

图8-3　宋代鞋靴

图8-4　宋代女子鞋靴

图8-5　明代鞋

如宋人诗“山静闻响屐”，形容了木屐在山中行走的情形（图8-3）。

女子的鞋常用红色为鞋面，鞋头为尖形上翘，有的做成凤头，鞋边多加以刺绣（图8-4）。劳动妇女亦有穿平头鞋、圆头鞋或蒲草编的鞋。

明代的服制中，对鞋式的规定很严格（图8-5），无论官职大小，都必须遵守服制。在何种场合得穿着何种鞋式，如儒士生员等允许穿靴；校尉力士在上值时允许穿靴，外出时不许穿；其他人如庶民、商贾等都不许穿靴。万历年间不许一般人士穿锦绮镶鞋，一般儒生着双脸鞋；庶民穿一种深口有些屈曲的膁靸。木屐仍为南方百姓所用，并做成龙头形加彩绘。

清朝鞋制沿明代制式，文武各官及士庶可着靴，而平民、伶人、仆从等不能穿靴（图8-6）。清代的靴多为尖头式，入朝者为方头式。靴底较厚，因嫌底重，采用通草做底，称为篆底，后改为薄底，称为“军机跑”。一般人士的鞋由缎、绒、布料制作，鞋面浅而窄，有鹰嘴式尖头状鞋，亦有如意头挖云式。鞋底有厚有薄，厚者寸许有余。百姓有草鞋、棕鞋、芦花鞋等，拖鞋也在各等人士中流行开来。南方雨天穿着钉鞋，北方冬天则出现了冰鞋。

妇女的鞋式变化众多，有拖鞋、木屐、睡鞋等，南方妇女常

(a)弓鞋

(b)船底鞋

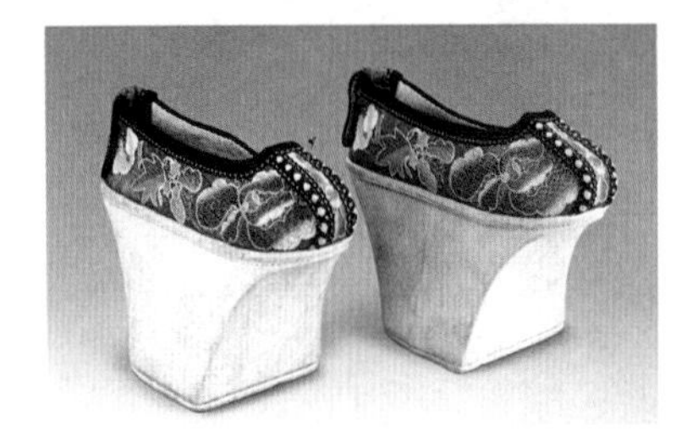
(c)花盆底鞋

(d)大鱼棉鞋

图8–6　清代鞋

穿绣花高底拖鞋和木屐，还有将鞋底镂空储存香料的形式。

近代鞋式根据服装款式的变化而形成了新的格局，造型简洁、精美，尤其是由手工操作慢慢过渡到机器加工，制作愈加精致。各种材料都被合理地应用于鞋靴的设计与制作中，各种高新技术使材料的质地、品质更加完美。

二、西方鞋、靴的发展

在国外，鞋靴很早就产生了。最早的鞋式很简单，可能只是雪松树皮或棕榈树皮制成的，动物的皮革也被切割缝制成为原始的鞋式。在古埃及帝国时期，已有国王足穿拖鞋的形象记载。男子拖鞋的前部略呈尖状，并向上翘起，法老图坦卡蒙的拖鞋表面还镶嵌了一层薄金。

公元前6世纪，波斯人的鞋饰制作得非常精巧，鞋帮超过脚踝骨，鞋面的两侧都有精心设计的图案。

古希腊人的鞋子有拖鞋、平面鞋和高筒靴三种，这在公元前5世纪已很完善。拖鞋的底部与脚形吻合，并能区分左右，带子经鞋底绕向前两个脚趾之间，再与鞋底两侧的带子相结，系于脚踝处。有的将鞋带由鞋面起螺旋式向上系至袜筒上端。拖鞋多用皮条编织而成，或将一块皮革切割成网状形成鞋面，再与鞋底缝合起来，数条皮带将鞋子与脚踝缠绑，穿着非常方便和牢固，其式样有赫尔墨斯式拖鞋、皮面木底拖鞋、打褶的长舌拖鞋等。

古罗马人的鞋靴工艺效仿和继承了古希腊人的高超技艺并进行了改革创新，有透空露脚趾的凉鞋，有覆盖脚面的带绑鞋，还有高帮系带的靴。古罗马人多数穿用带帮的鞋子，从鞋帮上引出的鞋带围绕脚踝部交叉系牢。军官们所穿的厚底靴更为精美，靴

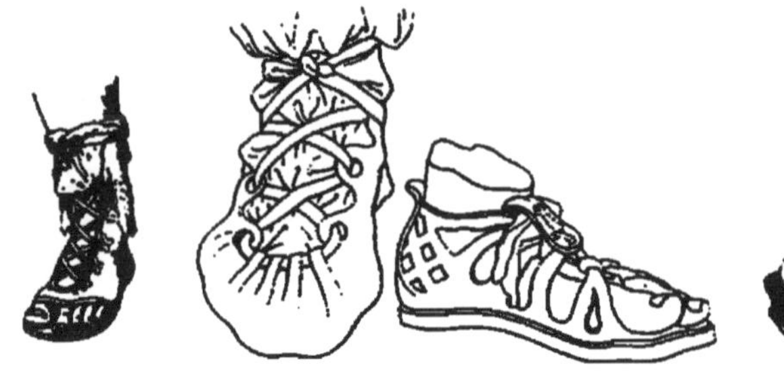

图8–7　古罗马的鞋靴

筒高至腿部，饰有雄狮头像和压印图案，并以折叠面料作为饰边（图8-7）。

11世纪以后，欧洲各国的鞋式变化很大，主要变化体现在鞋尖和鞋帮的造型上。如前部成尖形，略向上翘，鞋面上有一道开缝伸向前部（图8-8），在鞋帮的造型与装饰上都呈现出与众不同的特点（图8-9）。12世纪以后，鞋前端基本呈尖形，变化不大。在鞋面上刺绣有菱形或花纹图案。从14～15世纪开始鞋尖被异常地夸张，达到最严重的地步，有的鞋尖甚至长达15cm之多。收藏于维多利亚—阿尔伯特博物馆内的尖头鞋，其后跟到鞋尖长达38cm。由于尖头鞋柔软易弯曲，造成行走不便，因此出现了木制鞋底的尖头鞋，在后跟部分加了金属使之耐磨。这些鞋式，有的在双脚侧面留有开口，用绳带穿系；有的在脚背上开口，用纽扣系牢。直到15世纪末叶，尖头鞋才逐渐被淘汰。

图8-8　11世纪欧洲鞋

16世纪鞋头呈宽头或合体样式，以圆头、方头为多，鞋面上出现了“舌头”，鞋底也增高并出现了独立的鞋后跟，且牢牢地固定在平底鞋上，使穿着者增加了一定的高度。厚底鞋在16世纪的百年间受到妇女们的普遍喜爱（图8-10），鞋的宽窄也更加符合人的脚形，鞋底是用木头或软木制成，鞋底边覆有皮革或纺织材料，再涂上颜料，镀上金色。鞋面通常用打有小孔的皮革制作，鞋背处开口以便伸脚。

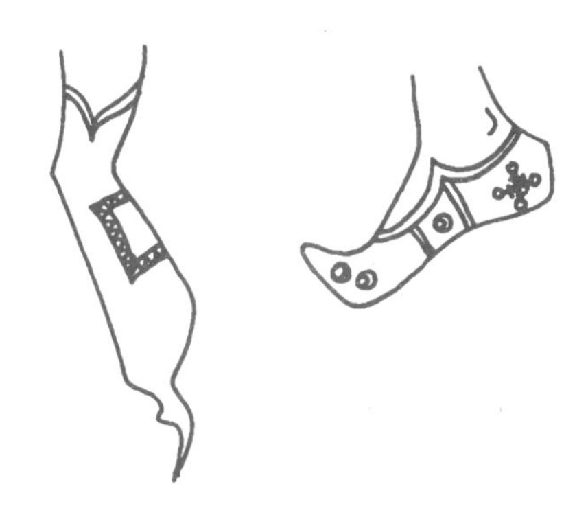

图8-9　11世纪欧洲鞋帮的造型

17世纪的鞋式为梯形头或圆头，鞋跟的形状美观，用缎带制成的玫瑰花装饰遮住脚背，掩盖了绳结。此时期穿靴的风俗也很盛行，无论在室内还是室外，骑马还是不骑马，人们都穿靴。靴上装有刺马针和套圈，靴筒上部翻折下来。另一种靴的靴口加宽，并向外翻折，造型十分精美。虽然穿着时可能不方便，但它能使镶有精美花边的长筒袜展现出来，因此仍受人们喜爱（图8-11）。

图8-10　古代威尼斯防水厚底鞋

(a)不伦瑞克公爵的靴子

(b)亨利二世的靴

图8-11　17世纪欧洲男靴

图8-12　17世纪女鞋

17世纪后期鞋式更加华丽，鞋尖呈方形，鞋舌较高而且朝外翻起，鞋面上窄窄的鞋带用小型的金属鞋扣扣结，宫廷中鞋跟为红色木制。女式鞋的鞋尖更细，鞋跟亦更高更细，所用的制鞋材料以丝绸为主，上面饰有羽毛和刺绣花纹（图8-12）。

18世纪的鞋式，鞋舌部分变小，鞋跟也变矮，鞋上的扣带装饰更为突出、宽大。宫廷中鞋的颜色在前半个世纪仍以红色为主。18世纪后半期，鞋式逐渐变化，以圆头鞋为多，鞋舌消失，鞋面的扣状装饰加大并呈弯曲状更适合脚面的形状。很多鞋上的装饰十分漂亮，有些用银丝制成，有的镶以人造宝石或贵重宝石。女式鞋仍以高跟尖头为时髦，在山羊皮鞋上布满了刺绣花纹，或在锦缎高跟鞋上装饰丝带（图8-13）。

19世纪的男鞋以靴为主。靴大致有三种形式：一是黑森式靴，靴口呈心形，饰有缨穗；二是惠灵顿式，靴筒高，靴口后缘凹下形成缺口；三是骑手靴，靴口用轻而薄的皮革制成，并向下折回。这一时期的靴是穿于裤子里面的，裤腿用带子系在靴上。到了19世纪50～60年代，半高筒靴及高筒靴要用带子缚住，方尖弯形浅口无带皮鞋开始出现，且设计得更加瘦小，鞋跟也更细更高。

图8-13　18世纪女鞋

女鞋的色彩非常受重视，有青绿、浅黄、大红、杏绿、黄色及白色等。鞋面饰有蝴蝶结和系带装饰，鞋头的造型更圆了，鞋的发展也更为实用。此时的鞋面采用黑色缎子、白色山羊皮和杂色毛皮制作，装饰也很精致，如有连环针刺绣、铁珠装饰、银扣装饰及精美的饰带。维多利亚女王的一双有松紧饰边的矮靿靴，成为当时40年内盛行的靴式。19世纪60年代以后，鞋的设计越来越受到重视，鞋帮用艳丽的织物作装饰，鞋面系带的方式取代了鞋帮系带，鞋扣的形式开始流行。大众式样的鞋多为圆头、半高跟系带式，并饰有缎带和玫瑰花的饰物。80年代以后鞋的造型为尖头、浅口无带式，选料多与服装的面料相同，以绸缎面料为主，并饰有小羊毛缨穗和镶金装饰物。在较隆重的节日中，人们常穿着有几条系带的羊皮便鞋和镶有小珍珠扣子的浅口无带皮鞋，还有黑天鹅绒面的马车靴等。

第二次世界大战以后，鞋作为服装配件的一部分，款式越来越多，变化的速度也越快。人们不断追求着鞋式的轻便、舒适和时髦。女式鞋款的变化更加快捷，鞋尖由长到短、由圆渐方；鞋跟由低变高、由粗变细。随着社会的发展，鞋的种类、款式越来越多，工艺制作也更加精致、美观。

三、现代鞋、靴的发展趋势

如果说历史上鞋靴的产生主要以实用为目的，逐渐过渡到实用与审美相结合的形式，当今鞋靴的发展变化则有了更多因素的影响，人们不但追求鞋靴的实用与审美，还不断研究鞋靴的各种功能，如透气性、保暖性、舒适性，并从健康科学的角度加以追求。其发展趋势主要从三个方面体现出来。

（一）设计风格多样性

鞋的种类很多，设计风格随着服装的流行、社会观念、审美倾向、艺术形式等各种因素而变化。人们的选择也随着美观、经济实力而有所侧重。

最新的鞋款不断地被推出或被淘汰，而鞋子的造型总是以适合足形为根本。不同的变化体现于鞋跟的高矮粗细、鞋形的宽窄尖圆、鞋舌的装饰与否、鞋筒的高低肥瘦之中，外加的饰物以及鞋辅料的应用也会使鞋的造型产生新的风貌。风格的展现正体现于鞋式整体与细节的变化，无论是现代风格、复古风格、嬉皮士风格、建筑雕塑风格、民族风格，还是其他的风格，都离不开这个因素。

（二）新材料的应用

现代鞋饰除了使用传统的材料之外，各种最新材料的发现和使用也是非常重要的。新材料中还包括对传统材料的重新处理与改革，使之具有新的性能和更高的适应性。传统的鞋材中皮革的应用非常广泛，然而硬质的皮革在舒适度上欠佳，因此用新的技术将皮革软化处理但又不失其牢度，使鞋的质量更高。

（三）制鞋技术和设备

古老的制鞋技术以手工操作为主，简陋的工具设备以及原始的操作技术，产生出无以数计的鞋款，并左右了许多世纪。逐渐地，制鞋技术和设备都有了长足的发展，如今的制鞋企业多以较完备的技术和设备发展自己，有了成套的流水线操作设备，在设计、打样、制作、检验、测试等方面都更加完备。在今天，制鞋业已被渗入了高新技术，如电脑设计、控制生产流水线等环节，并对鞋的外形、湿度、透气性能、牢度等方面检测控制，收到了良好的效果，使鞋靴在美观、实用、舒适、耐用等各个方面都有所提高。高新技术使制鞋业的竞争从提高产量、质量的角度得以完善。

四、鞋靴的种类、造型与设计

鞋、靴多以原材料的使用、穿着功能、季节特征及造型等方面为特征。

以原材料分类：有草鞋、麻鞋、布鞋、锦鞋、胶鞋、木鞋、皮鞋等；

以穿着功能分类：有运动鞋、拖鞋、劳保鞋、舞鞋、旅游鞋、马靴等；

以季节特征分类：有凉鞋、棉鞋、保暖鞋等；

以年龄性别分类：有童鞋、男鞋、女鞋、中老年鞋等；

以造型特点分类：有平底鞋、高跟鞋、高帮鞋、浅帮鞋、厚底鞋、坡跟鞋、尖头鞋、方头鞋等。

此外，还有可充电的鞋、可换跟的鞋，等等。

鞋的设计重点在于以下四个方面的变化。

（一）鞋底设计

鞋底指与足底部和地面接触的部分，造型从宽度、厚度和外形上加以设计。鞋底有宽有窄，根据男女老少及各种足形的特点而变化。一般男式鞋底较宽大，而女式的鞋底较为细窄。鞋底厚度的造型变化非常大，主要在于厚度与跟部的变化，如平底鞋的前后平齐，无鞋上跟与鞋掌有分界。现在除了薄型平底鞋外，还较流行厚底平底鞋。高跟底的造型在鞋靴设计中应用得非常普遍，鞋跟的高度和宽度、厚度都随着人们的喜好有不同的设计，如细而高的鞋跟讲究线条的挺拔和流畅；细而矮的鞋跟要求造型精致；而粗大的鞋跟一定要与鞋的其他部位相协调，使整个鞋子有厚实牢固的感觉（图8-14）。

近年来，欧美国家出现了可换跟的女式鞋，这种鞋在鞋体和鞋跟的连接处装置了一个金属卡子，换跟时将鞋跟插入金属卡子即可。通常一双女式鞋可有3～7对不同形状和高矮的鞋跟供更换，满足了女士们在不同场合中对鞋跟的不同需要。

鞋底设计主要有鞋头部与鞋跟部的造型设计。鞋头常有尖头、圆头、方头等基本造型，在基本造型的基础上根据流行程度可以加以变化（图8-15）。鞋底设计一般与鞋跟设计一同考虑，鞋跟根据高度通常分为四种：0. 8～1cm为平跟，2～3. 5cm为低跟，4～6cm为中跟，大于7cm为高跟。女式鞋跟除了高矮的变化外，在造型上的变化十分丰富，也是设计的一个重要方面

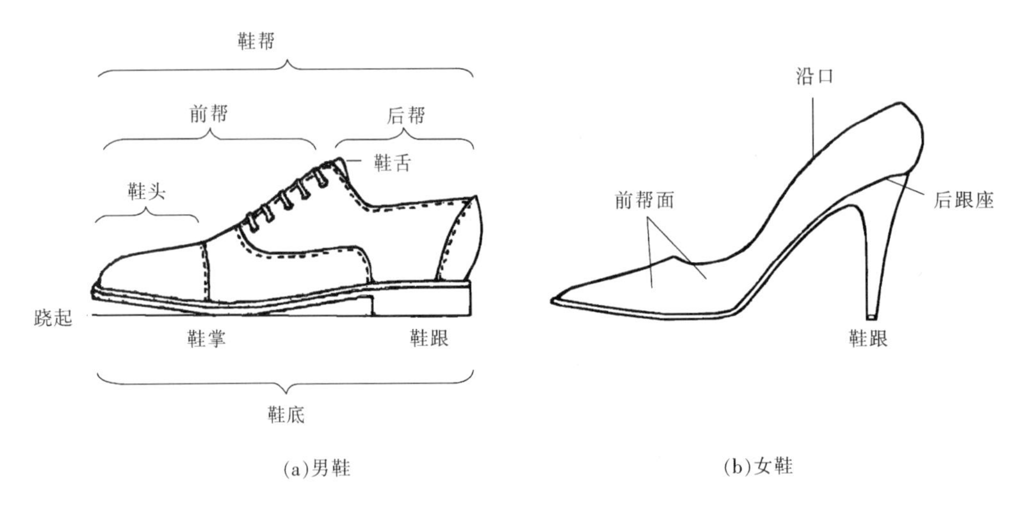

(a)男鞋　　(b)女鞋

图8-14　鞋的基本结构

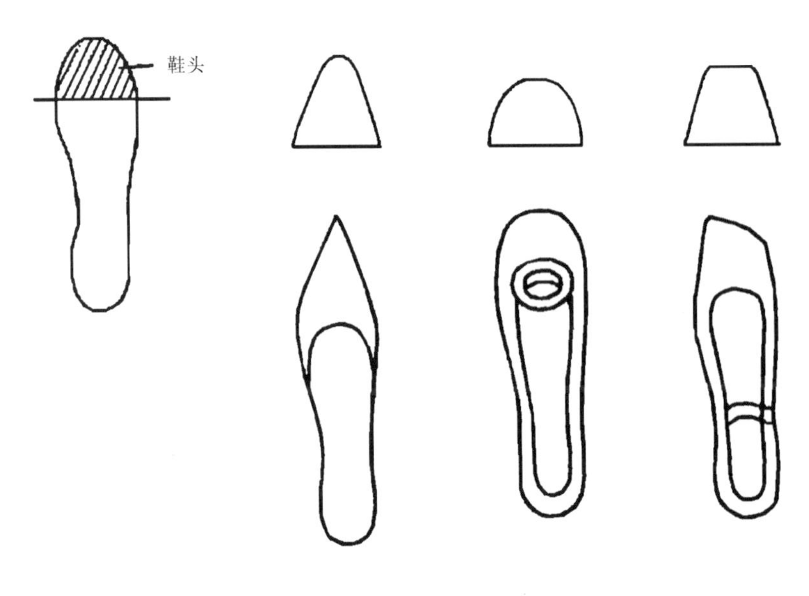

(a)鞋头的变化

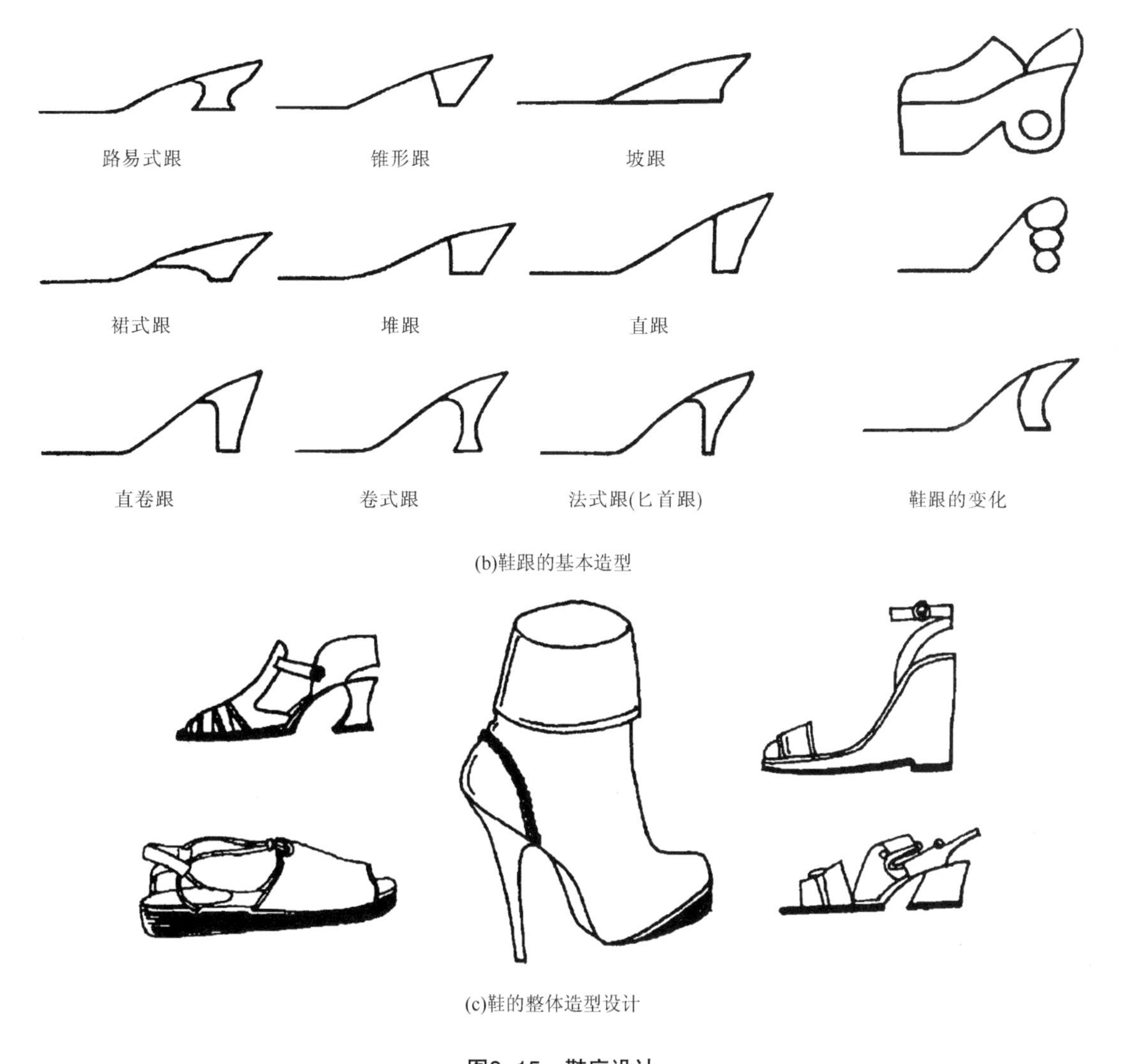

(b)鞋跟的基本造型

(c)鞋的整体造型设计

图8-15　鞋底设计

（图8-16）。

（二）鞋帮与鞋筒设计

覆盖脚背和脚跟的部分称鞋帮。鞋帮的设计是鞋子设计的重要部分，是体现款式风格的关键。结合鞋底头部的造型，鞋帮头部也有相应的尖头、圆头、方头以及扁头、高头、跷头等造型。鞋帮面的分割变化非常丰富，归纳起来有带条式、编织式、网面式、镂空式、拼接式、半遮式、全遮式、运动式等。带条式、编织式、网面式常用于凉鞋，镂空式、拼接式、半遮式常用于春夏秋季，全遮式常用于秋冬季节（图8-17）。

鞋子位于脚踝骨以上的部分称鞋筒。按高低可分为矮筒、中筒、高筒，由于鞋筒与鞋帮连为一体亦常称为矮帮、中帮和高帮鞋。有筒的鞋又称靴，一般常用于冬季（图8-18）。

（三）鞋的装饰

用于鞋的装饰非常丰富，主要有丝带、花边、蝴蝶结、花朵、金银镶边、镶珠宝或人造珠宝、标牌、手工绣花、电脑绣花以及各种各样的装饰物。鞋的装饰视鞋的造型而设计，要装饰得适当，恰到好处，不可过于复杂烦琐（图8-19）。

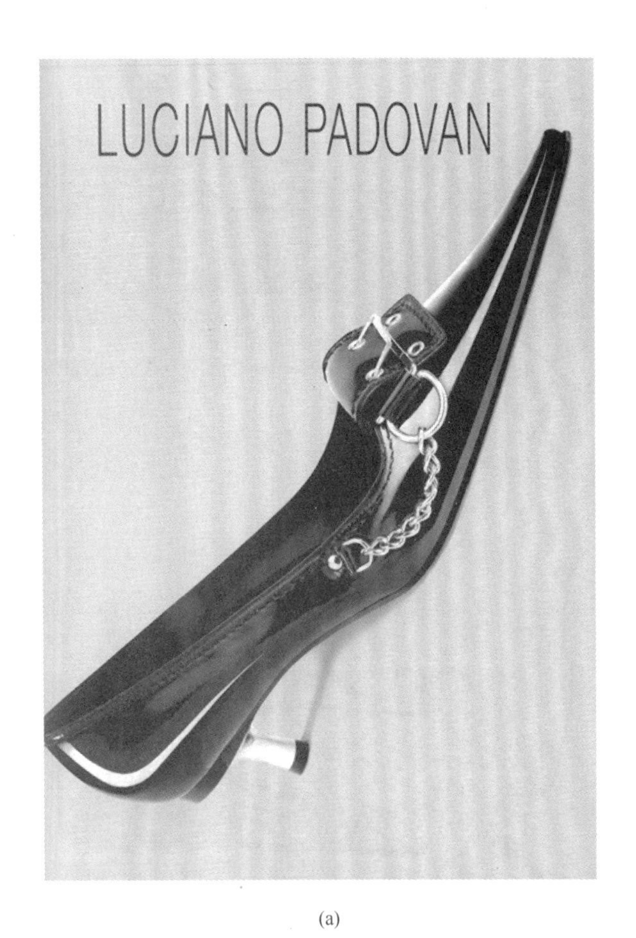

(a)

(b)

(c)

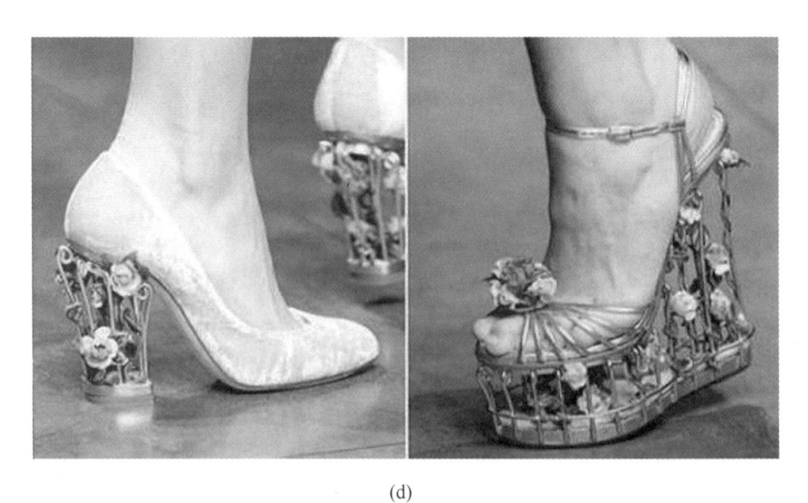

(d)

图8–16　鞋跟设计

(a) (b)

(c) (d) (e)

图8-17 鞋帮设计

图8-18 鞋筒设计

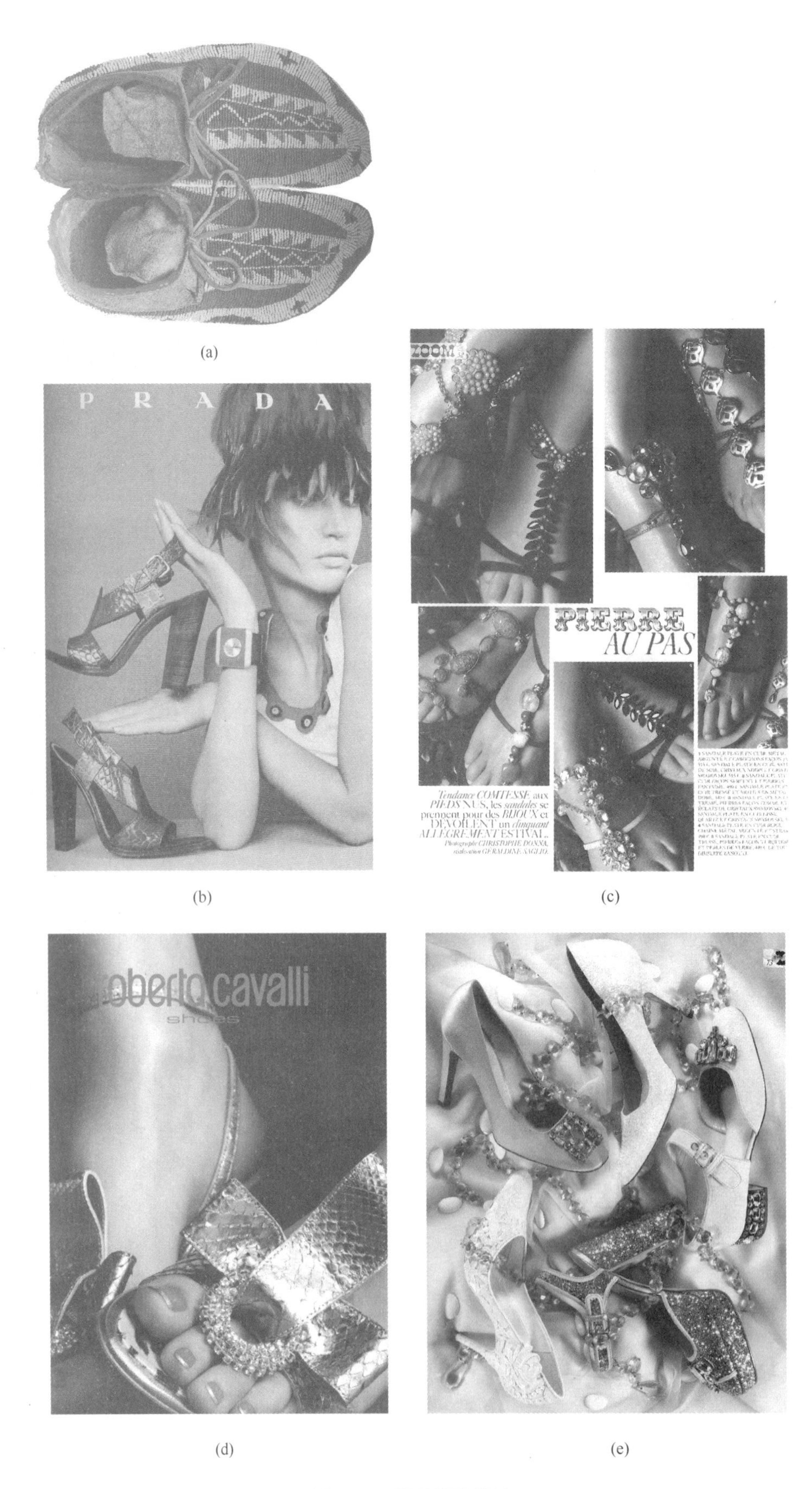

(a)

(b)

(c)

(d)

(e)

图8-19　鞋的装饰设计

（四）鞋的辅料

鞋的辅料用于帮助完善鞋的设计，主要有各种扣、襻、带、气眼、拉链、松紧带等物件，有许多鞋款就是靠这些辅料加以变化的。

以上四个方面，是鞋靴设计中应综合考虑的因素，不可顾此失彼而造成整体的不协调。现代的鞋靴设计，注重造型、款式的轻便、简练、舒适及随意感。鞋的种类、款式越来越多，因此款式设计亦成为当今鞋业发展的重要环节。

五、鞋的制作要点

1. **测量**　脚的测量（图8-20）包括6个围度、9个长度、一个脚长以及脚底轮廓线。

（1）围度：a—跖围，b—跗围，c—兜围，d—脚腕围，e—腿肚围，f—膝下围。

（2）长度：1—膝下高度，2—腿肚高度，3—脚腕高度，4—外踝骨高度，5—后跟突点高度，6—舟骨上弯点高度，7—前跗骨突点高度，8—第一跖趾关节高度，9—拇指高度。

（3）脚长：测量脚长用量脚卡尺测量脚趾端点至后跟突点的距离。

（4）脚底轮廓线：测量脚底轮廓线的方法很多，可在两层白纸间放入复印纸，把脚轻轻踩上不动，用铅笔削平的一边或扁平的竹制笔垂直贴在脚周边轮廓上描画一周，铅笔不要离开脚边沿，也不要挤压脚皮肤（图8-21）。

由于鞋的品种不同，需要测量的脚型部位也有所不同，例如：对于无筒的鞋，只需要测量图8-20所示的 a 、b 、4、5、6、7、8、9等几个部位；对于矮帮鞋，只需要测量 a 、b 、c 、d 、3、4、5、6、7、8、9等几个部位；对于高筒鞋，则需要测量上述所有部位。

脚趾高度一项主要是测量大脚趾的高度。测量时，脚趾踏地不能用力，也不能跷起。该数值作为设计鞋楦头部厚度时的参考。

2. **制作流程**

（1）在鞋楦上设计：依据

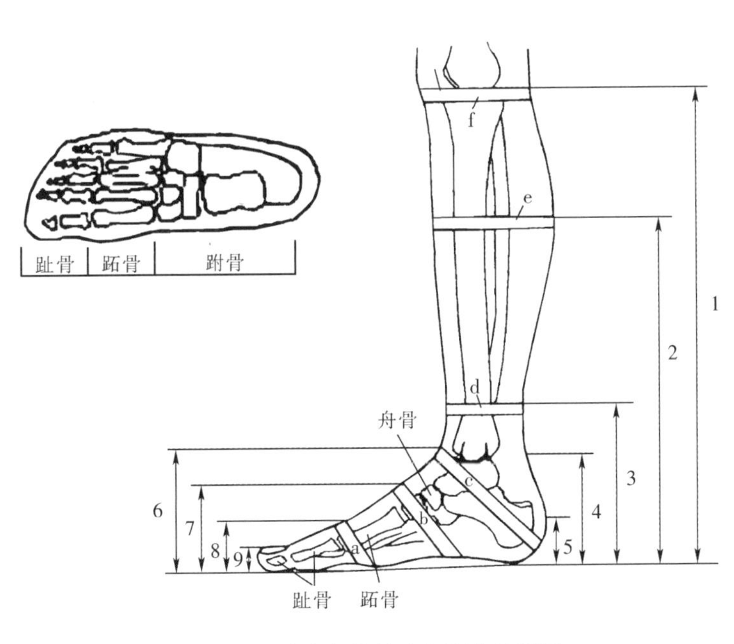

图8-20　脚各部位长度和围度的测量

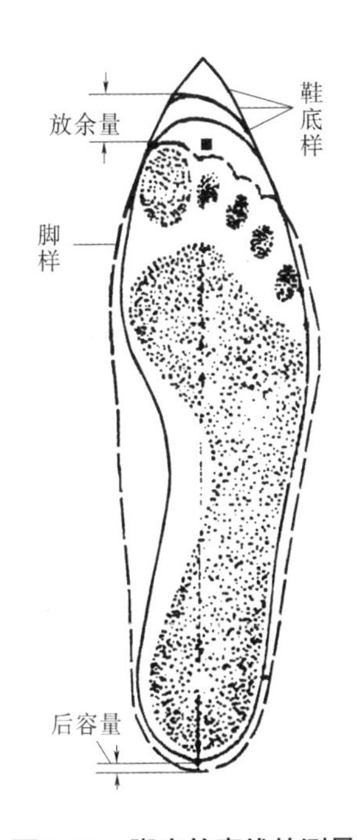

图8-21　脚底轮廓线的测量

设计好的款式在鞋楦上画好鞋帮，如图8-22所示。

（2）制作鞋帮纸样：鞋的纸样制作，使用立体裁剪的方法。将纸贴于鞋楦上，贴好后按设计好的造型复制，取下并加放松量便可得到鞋的纸样。然后，用制鞋的材料依纸样剪裁。

（3）定型：将裁好的鞋片缝合，覆于鞋楦上与鞋底一起加以压合定型，然后装钉鞋跟。

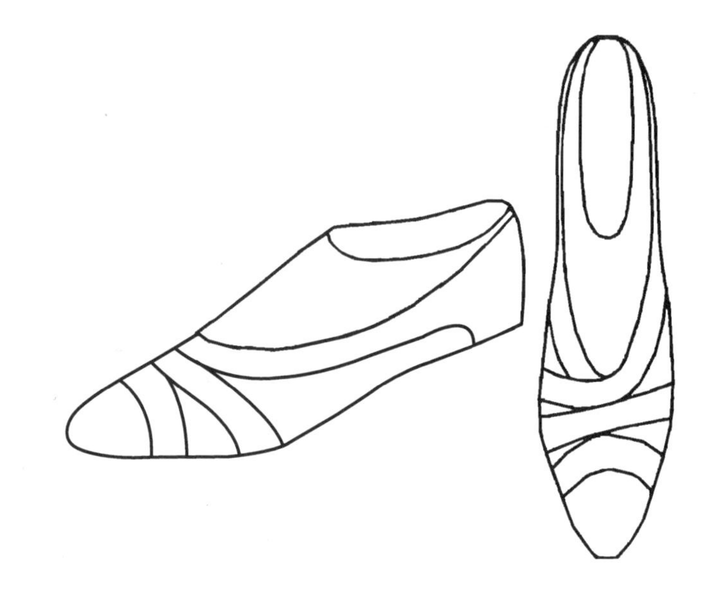

图8-22　在鞋楦上设计

第二节　袜

一、袜的发展

当今服饰艺术中，袜已成为不可缺少的服饰品之一。袜的造型、色彩、质地与服装紧密相关，相互呼应。回顾袜的历史，它与鞋一样是人们的足衣，早在有史之前就已出现，但由于它的造型、材料和制作方法与鞋相同，当时并未明确袜与鞋分开，因此鞋、袜应是同源之物。

我国服装史中对袜的考证并不多，汉代以前的实物也很少见到，从出土的人物形象中多见其外表的鞋式而不易观其内里之袜式。但在出土的汉代服饰中，已有锦袜出现，为素色直筒式袜，用锦制成，没有任何装饰（图8-23）。东汉时期已有织出文字图案的锦袜出现，在新疆民丰东汉墓出土的高勒锦袜就是用红地织文字的方式制成的。隋唐时期的妇女多用罗袜和彩锦袜，新疆吐鲁番阿斯塔出土有唐代花鸟纹锦袜。《中华古今注》中也记载了当时有“五色立凤朱锦袜靿”。宋代的袜子有长筒和短筒之分。在江苏金坛出土的南宋周瑀墓中有一种无底袜，大概因鞋底厚所以袜可无底之故（图8-24）。宋代着袜更加普遍，士庶多穿着布袜，富足人家则穿着绫罗类袜。缠足妇女穿着“膝袜”，有些人用缠足布帛代替着袜。明代的袜子在造型上更加符合足形，用薄型面料制作，后边开口用带子结牢（图8-25）。清代的袜子仍有长筒与短筒之分，并已有在袜子上刺绣花纹予以装饰的形式。

在国外，袜子的历史也很悠久。早在4000多年前的古埃及服饰中，就已出现袜子的记载，当时的袜子很简陋，可能是削薄的山羊皮制成。在公元前1500多年前的古代波斯，长筒袜被普遍穿着。长筒袜的上端同靴子系在一起，牢牢地固定于膝盖之下，这种袜式多为征战者所用（图8-26）。

公元4～5世纪时，手工针织技术已发展到袜子的制作上来，哥普特人用手针织出的袜子已非常精致，古罗马人亦很快掌握了这门技术。公元8世纪以后，袜子已为人们普遍使用。袜式有长有短，长袜筒往往达到膝盖下边，上部边缘有时可以翻卷过来，呈现出扇形装饰，或在袜边上镶以刺绣图案。有的袜子外形光滑，而有的外形则呈皱褶状（图8-27）。短筒袜高至小腿部位或

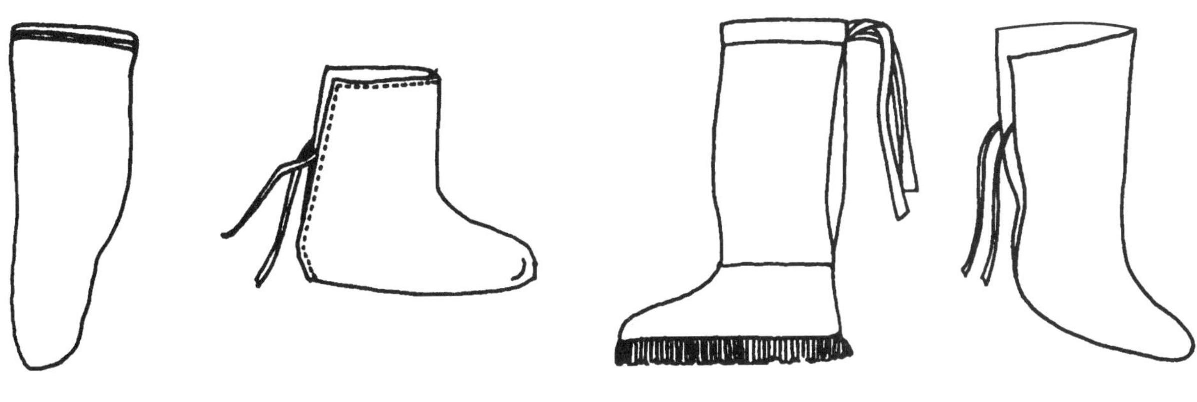

图8-23　汉代锦袜和夹袜　　图8-24　宋代无底袜　　图8-25　明代袜子

图8-26　古代波斯长筒袜

图8-27　皱褶状长筒袜

图8-28　袜口有刺绣图案的长筒袜

短至脚踝骨处，略高于鞋帮。11世纪的所罗门国王形象中，靴内是一双大花图案的长筒袜，疑为精巧的刺绣图案（图8-28），外观十分华丽。

14世纪时长筒袜的装饰性更强，人们也更关心它的外形变化。斜向裁剪使袜筒伸展自如，又使袜筒表面平展，袜的长度有的可达腰部，便于系牢在夹衣内或固定在裤带上。此时，制袜的技巧已逐渐被人们掌握，利用优美合适的布料进行制作。有时为了耐用，还在长筒袜的底部缝上皮革。

15世纪的长筒袜特征为尖头、细筒，有的袜底缝有皮革，又是袜子又可当鞋使用。长筒袜以中长为多，中长筒袜的袜边上端形成翻折状，有时在袜边上还镶有精美的宝石缎带（图8-29）。袜子的颜色多为一致，但也有少量呈对偶配色，即两只袜子的颜色不一样。做农活的人常常要把袜筒上部反折至膝盖处以保护腿部。

16世纪的长筒袜比之前更为合体，色彩艳丽、样式美观。袜子有时左右不同，出现了条纹装饰。瑞士人首先设计出袜筒的开口和切口，使袜饰更加别致。此时长筒袜开始产生变化，一部分袜子被改为上、下两段，上端为裤子的形状，而下端仍为袜子造型，为了方便穿着，两种袜式同时在社会上流行。到了16世纪中叶，长筒袜的外观与以往大不相同，有了新的装饰方法，如

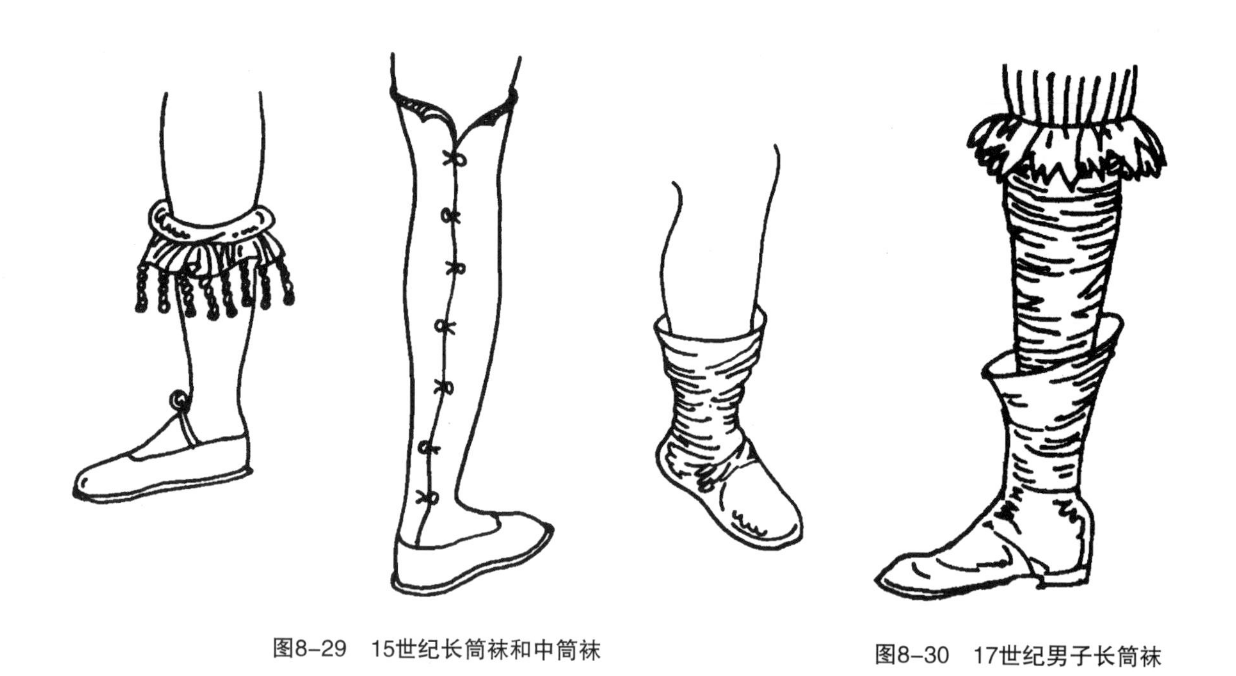

图8-29　15世纪长筒袜和中筒袜

图8-30　17世纪男子长筒袜

镶上几块布条，刺出小孔或加以刺绣；袜上端平整光洁，中部适当加宽，下端贴身。因是以手工编织的方法制成，所以可加点缀物。当时，意大利和西班牙都在生产这种由手工编织的丝线长筒袜，并很快在欧洲各国普及。

17世纪男子袜式仍以长筒袜为主，有的袜跟两侧绣有花纹，袜筒上端及裤子下边都留有小孔，以便用饰有针织花边的带子穿过这些小孔将裤腿与袜子连接起来（图8-30）。18世纪长筒袜基本承袭前代，变化不大。但由于长裤和高筒靴的逐渐盛行，使袜子慢慢地不完全暴露在外面了。整个19世纪，袜子以实用目的穿于足部而没有焕发出一个多世纪前的风采。直到20世纪尼龙丝袜的产生，使袜子以崭新的面貌出现，并掀起了一个革命性的风潮。

二、尼龙丝袜

尼龙（锦纶）是一种化学纤维，它是1938年美国哈佛大学嘉路特斯博士的研究成果，由美国杜邦公司定名并申请专利，尼龙开启了化学纤维的新领域。1939年当尼龙丝袜首次问世时，就强烈地吸引了广大妇女。因为尼龙丝袜能使双腿显得更有线条，富有光泽和美感，盛行至今。如今，尼龙丝袜以各种面貌出现，从造型、款式、色彩以及织造、工艺、功能等各方面都有很大的改观和更新。造型上讲究线条的美感、外观的效果；色彩上讲究变化及透明的程度；织造工艺上讲究牢固、不易脱丝脱胶；功能上注重透气性、保暖性、卫生性等，丝袜以其更新的姿态出现。近年来，日本还研制出一款“空气丝袜”（Air stocking），它是一种有多种颜色可供选择的喷雾剂，喷涂于腿部后，其中的超微细感光子既能让肌肤拥有透亮光泽的丝袜质感，且上色均匀、同时还能避免夏季穿着丝袜的闷热、不易脱落。

当今的袜子，除了尼龙丝袜之外，棉织物、丝织物、毛织物以及丝和棉、锦纶和棉交织等各种材料的袜子都是人们非常需要的，因此各种袜式并存是必然的趋势（图8-31）。

图8–31　各式袜子

三、袜子的穿着艺术

袜子的穿着是着装艺术之一。在一个人的服饰整体形象中，袜子几乎是不可缺少的配饰。在服饰艺术史上，着袜与着装一样，也存在着一定的礼仪和民族习俗，带有浓郁的民俗文化色彩。如我国历史上就有入席脱袜之礼，若进见王侯贵族而不脱袜则有蔑视之意，是不能容忍的。自唐代之始，脱袜之礼逐渐淡化，并为其他礼仪方式所取代。时至今日，如某人当众脱袜则会被认为是不文明、粗俗的举止。

如今，袜的穿着虽从礼仪方面不显得特别重要，但在如何穿着搭配、与服装整体协调方面很有讲究。人们往往对衣服、首饰、包袋的搭配更为注重，而对袜子的穿着有忽略之嫌，或搭配不得当，因此，由于袜子的缘故破坏了服装的整体效果也时有发生，特别是在公众场合。

在日常的袜子穿着中，应注意以下几个方面的问题，对人们着袜与服装整体协调会有一定的帮助。

（1）袜与鞋的颜色要有一定的呼应，多数情况下丝袜应浅于鞋色，不要使之产生对比色。如黑袜、白鞋或红鞋、绿袜都会产生刺目的效果，而肉色丝袜对大多数鞋都适合。

（2）腿部较粗的女性应考虑穿着较深色或带有隐性竖条纹的丝袜，少穿浅色透明发亮的袜子，尽量不要穿着长至小腿肚的中筒袜。

（3）如果服装较复杂，袜子的颜色、花纹尽量简单。

（4）儿童和少女在穿着裙裤和短裙时，可选择花边翻口、浅色或白色的短袜，带有都市风情。前卫色彩的高筒袜也是少女们穿着的好款式，可以突出她们天真活泼的青春浪漫气息。

（5）中老年妇女在穿着裙装时，应选择长筒丝袜或连裤袜，不要让腿部露出一截，那是很不雅观的一种穿着方式。

（6）男士的袜子应尽量以单色为主，尤其是在穿着正装时，不要让一身笔挺的西装下面露出一截花花绿绿、随随便便的袜子。

（7）如果不是时装展示会中特意设计出来的袜子破洞，在平时的穿着中，袜子露出脱丝和破洞也是不够雅观的。因此，穿着时尤其要注意，及时发现脱丝和破洞，尽快地更换。女士在外出时，可在随身带的包里放置一双备用袜。

袜子的穿着搭配，如今已在时装界备受重视。各式袜子的出现，也不断满足了千变万化的服装需要。了解了袜子的穿着搭配艺术，也就不难在令人眼花瞭乱的众多袜款中挑选出与自己的服装相配的袜子，以符合服装整体穿着的需要。

图8-32 14世纪欧洲手套

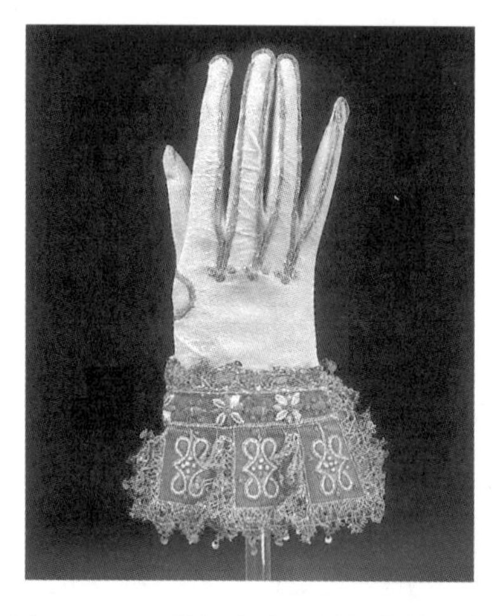
图8-33 16世纪末腕口绣图案的手套

图8-34 丝带束结的长筒手套

第三节 手套

手套在当今服饰中，既是劳动防护品，又是装饰品，在许多场合它都起到很重要的作用，如礼仪场合中手套的应用，寒冷季节室外手部的保护，工厂车间里所戴的工作手套等。

手套在我国服装装饰中早已有之，但究竟何时出现无从考证，我国古代的服装以宽衣大袖为主，袖长过手，所以在许多场合是不需要戴手套的。劳动阶层的人士因劳作所需，衣袖不能长过手掌，但在许多场合又需用手套加以保护，尤其是在气候较冷的北方，使用居多。按资料记载，清代的手套已有露指和不露指之分。手套多以棉织品制成，也有用皮毛制作的，男、女都可戴用。清末民国之后，手套的应用已很广泛，无论军人、学生还是工农民众，在特定的场合中都有戴手套的习惯。手套以棉织物、针织物或毛皮制成，款式逐渐丰富。

国外有关手套的记载较多，有图文记载的最早的手套，可能要数公元前14世纪埃及法老图坦卡蒙墓中出土的一副式样美观的手套。在此之后漫长的时期内，手套的样式和作用很少被记载，但仍有流传。比较早期的手套记载为维多利亚—阿尔伯特博物馆的藏品，13世纪中叶罗马教皇克利门特五世手上戴着的手针编织的手套，但没有说明它的质地和款式。14世纪欧洲手套的记载，出自于一个平民形象的画面。《世界服装史》中这样描述："令人吃惊的一种新服饰就是那副手套，它只分出拇指、食指和中指。右手的手套塞在腰带上，经过分析，这可能因为戴上手套不便于播种的缘故"（图8-32）。上层人士所戴的手套，大都为五指分开的样式，造型、制作更为精美。

16世纪初的手套较短，受衣服开衩的影响，手指部留有缺口以便戴戒指。手套的腕部可以折叠形成折缝，以后逐渐增加了凸起的饰边装饰。到了16世纪末期，男、女手套一般用软革制成，运用金绣和丝绣饰上了长长的腕口和精巧的花边，并在其上洒有香水。手套在当时既可作为爱情的信物，又可当作决斗的挑战书（图8-33）。

17世纪的手套更加华丽而夸张，如手套的腕部宽大并向外张开，边缘镶有流苏饰物或缎带环装饰，制作和裁剪均很精致，护腕处色彩浓重，无论男、女都可戴用或拿在手上。手套的风格与当时的鞋式、袖口等装饰风格一致，显得华丽美观。17世纪末叶，长及肘部的手套已经相当时髦，与其他饰物如阳伞、扇子等都是服装中不可缺少的组成部分。

18世纪以后，手套成为人们必需的服饰品之一。手套的造型也更加符合手形特点，但装饰比17世纪简朴，长及肘部的手套边缘用丝带束结（图8-34），短筒手套则利用针织罗纹口固定，这样的形式延续了一个多世纪。

19世纪中，手套仍是男、女服饰中非常重要的内容，尤其是女子，一天中大部分时间都戴着手套。短手套通常可以与任何服装相配，长手套则要配短袖上衣。手套的颜色与鞋相称，白天女子将手套戴至肘部，而晚上的手套比白天更长，要戴至腋下。当时手套的设计与制作技术渐渐成熟，如1810年的一副德国产手套，采用细密的织物制作，为了屈伸自如，采用了斜裁的方式，手指、指叉和拇指处镶边造型精巧。以后，镶边的长手套和普通的皮手套都在流行。

20世纪以后，手套的发展更加全面，从款式造型、制作材料、裁剪工艺到色彩装饰，都不断得到完善。手套以实用与审美相结合的方式应用于社会，在舒适性、健康性等方面更有所侧重。在许多特定的场合，如冬季的室外、工厂、车间、医务人员以及一些礼仪场合，手套仍是服饰中的必需品（图8-35）。

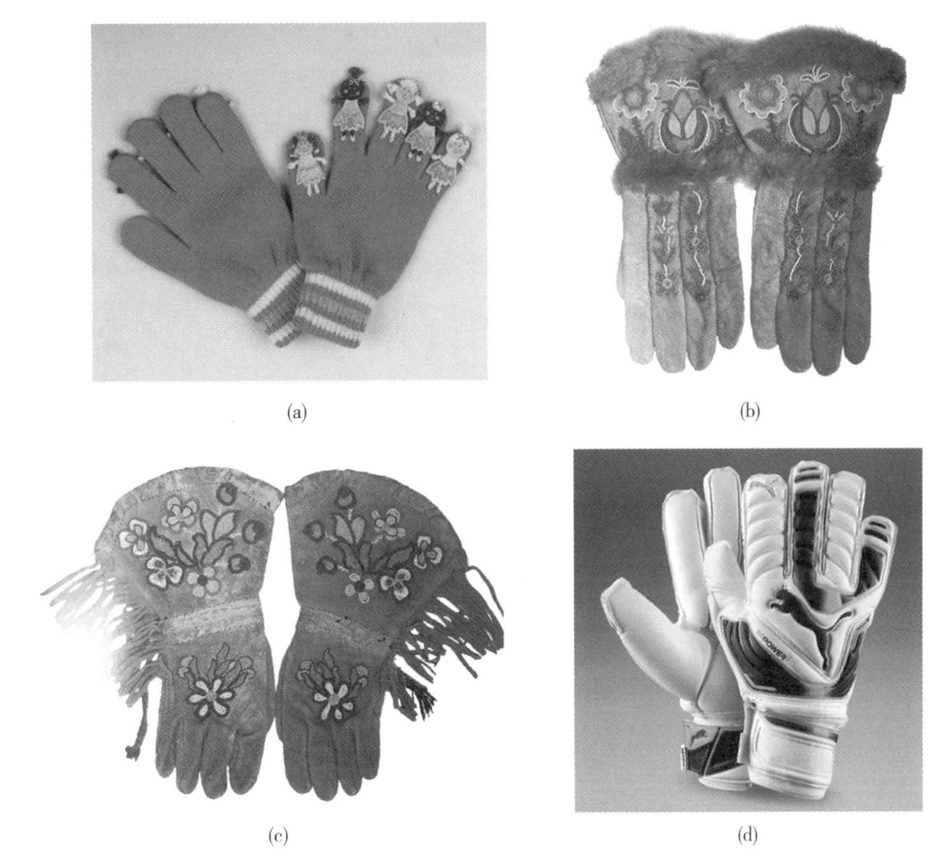

(a)　(b)　(c)　(d)

图8-35　手套

总结

本章以鞋、袜、手套为主题，围绕鞋、袜、手套的产生、发展以及材料、工艺、设计规律等几个方面的内容展开。期望通过本章的学习，学生能初步入门鞋、袜、手套设计这一领域，熟练掌握鞋、袜、手套设计的步骤与方法，并能进行简单的制作。

思考题

1. 以原材料、穿着功能、季节特征、年龄性别和造型特点对现代鞋、袜、手套进行分类。

2. 试述现代鞋、袜、手套的发展趋势。

3. 搜集各类男女鞋饰造型30款，并从款式、色彩、材质等方面分析当季的流行特点。

4. 搜集各类袜饰造型30款，并从款式、色彩、材质等方面分析当季的流行特点。

5. 搜集各类手套造型30款，并从款式、色彩、材质等方面分析当季的流行特点。

6. 在鞋、袜与手套的设计中，如何把握实用性与装饰性的尺度？

练习题

1. 选择某类设计风格或消费者定位的鞋饰品牌进行市场调研并完成调研报告，内容主要包括当前的流行样式、新材料、新工艺以及与服装的搭配情况、品牌情况等。

2. 进行鞋、袜、手套设计，各完成5款创意设计，要求尺寸为4开的彩色效果图，并注明设计理念、主要制作工艺、材料等。

3. 以白色劳保纱线手套为原型进行设计、改造，制作完成两款创意风格的手套。

4. 完成一款以花朵装饰为主、花边装饰为辅的女装秋鞋设计效果图（参考材料：皮、皮革花边、纺绢花饰等）。

5. 完成一款材质为人工时尚珠宝造型作为鞋面主要装饰物的时装女鞋设计效果图（参考材料：仿皮、人工时尚造型珠宝、金线）。

基础训练与实践——

刺绣

课题名称： 刺绣

课题内容： 刺绣的源流与发展

中国四大名绣的特点

刺绣工艺

课题时间： 4课时

训练目的： 让学生掌握刺绣这一传统装饰手工艺的源流及发展脉络，并且掌握中国四大名绣的特点以及掌握刺绣工艺的基本工艺技巧。

教学要求： 1. 让学生了解关于刺绣的历史。

2. 让学生掌握刺绣工艺的基本技巧。

3. 教师对学生的练习进行讲评。

课前准备： 1. 预习本章的内容。

2. 收集相关内容的各类服饰配件的图片

第九章　刺绣

第一节　刺绣的源流与发展

人类对身体的装饰远远先于对服装的装饰。当人类刚刚进入意识混沌、朦胧的萌芽时期，原始的巫术、审美观便引导先民们用自然界中的花草、贝石、鸟羽、兽骨等物装饰在自己的身体之上，以满足心灵的需求。随着岁月的流逝，人类逐渐走向成熟，除了会纺纱织布制成衣服来保护自己的身体之外，在其实用的功能上附加了更能体现精神需求的装饰功能。人们通过绘画、刺绣、镶边、钉珠等多种装饰，使服装更加美观、丰富、华丽和贵重，其深层内涵则表达出引人注目、炫耀富有、表现个性甚至表明身份地位等多种因素。通过对服装的装饰，达到满足人们的精神追求、审美追求等多元化的需求。

刺绣工艺的历史源远流长，在殷墟（河南安阳）出土的铜觯上所附的锁绣纹残迹则是华夏刺绣发轫的实证。而后在陕西宝鸡茹家庄西周墓的淤泥中，又发现了用辫子股针法刺绣出卷草花纹的丝织物印痕。它并不是满地皆绣，而是画绣并用。《周礼・考工记》称“画缋之事，五彩备谓之绣”。另外，湖北江陵马山一号战国楚墓出土的众多绣衣袍，纹样丰富，雅丽，色彩斑斓，精致美观。两汉时“汉绣”（即用线帛、毛布为底的刺绣）已被广泛应用于衣袍、裙边以及日用物品上，以锁绣辫子股绣法为主，平绣针法为辅。

魏晋南北朝至唐宋时期，刺绣的技艺针法有了新的发展。绣品除用作宫廷王室衣装和用品外，还扩大到宗教的法衣、袈裟、佛幡、坐垫等物品上。如甘肃敦煌莫高窟藏经洞发现有北魏太和十一年（487年）的满地施绣佛像残片；陕西扶风法门寺塔窖藏有武则天黄金线绣裙残片和宝相莲纹蹙金（平金、盘金）绣衣。另有福建福州南宋黄昇墓，出土了有各种花卉以及蜻蜓采莲和蝶恋牡丹等纹样的衣物。绣品的针法有齐针、铺针、接针等十余种，针法已较成熟。

元明清时期，刺绣工艺得到了全面而系统的发展，各种针法、绣技已日趋完美。绣线色泽达到了“变不可穷、色不易名”的程度。绣线色彩有九种色谱系列，共七百多种。纹样有章服纹样、组合寓意纹样、写生仿真纹样、嵌字颂祝纹样等。当时的“苏绣”、“湘绣”、“蜀绣”、“粤绣”，被誉为四大名绣。其他如京绣、鲁绣、汴绣、杭绣、瓯绣、闽绣等，亦负盛名。而苗绣、壮绣、土家绣、侗绣、傣绣、藏绣等少数民族绣，则各具特色，在衣物上广泛使用。

清末民初以来，西洋文化的东渐与服制的变革，使人们的服饰渐趋西化。而西方服饰受英国产业革命和法国革命的影响，变得简洁朴素，衣服上所施的刺绣量渐少。但是，刺绣作为传统的装饰手段，以其特有的美感在当今的服饰中又焕发了新的生机。

外国的服饰刺绣工艺也非常丰富悠久。在公元前一千多年前的古埃及第十八王朝图坦卡蒙墓葬中出土的服饰上，已有大量精美的刺绣及缝缀薄金片的花边。在中世纪的欧洲各地，刺绣工艺以教会和宫廷为中心得到了发展。人们在教会的壁挂、祭坛用的铺垫及僧衣和象征王侯贵族权威的衣装上用丝线及金银线、宝石等制成黄金刺绣、凸纹刺绣等，迎来了刺绣的黄金时代。而经爱琴海诸岛流传的东方刺绣，与东欧、北欧的刺绣融合，造就了新的北欧刺绣。在西方，进入17世纪后，宫廷文化再次变得华丽，花边、刺绣的运用到了全盛期，刺绣成为这个时代厚重衣服上的豪华装饰。在世界各地，刺绣工艺更是丰富多彩，不胜枚举。如俄罗斯、印度、法国等国家的民族刺绣艺术古老而又丰富，多以纤细的彩线绣缀在衣服上，配以金银线或缝缀上珍珠宝石，显示出华丽、贵重和高雅的风格。

服装中的装饰主要包括各种刺绣、滚边、拼贴、镶珠等形式，也有几种方法结合的形式。随着现代时尚的多元化需求，在传统的装饰方法的基础上，又扩展出更多、更丰富的装饰手法，传统的装饰纹样与现代创新风格相结合，传统的手工技艺与现代高科技手段相结合，更好地展现出服装的装饰美感和文化内涵，也使现代服装更加丰富和亮丽。现代服装中的刺绣艺术，继承和发扬了传统技艺的精华，更加注重刺绣的艺术表现力和视觉冲击力，结合现代人的审美需求，利用绣、贴、抽纱、挑花等手段美化服装，处理面料，使古老的刺绣艺术更加贴近现代人的生活。

第二节　中国四大名绣的特点

在服装的装饰手法中，刺绣是应用广泛、装饰效果丰富的方法之一。刺绣是指在各种纺织材料制成的服装、饰物及其他装饰品上，用针和线施以缝绣、贴补、钉珠、雕镂等方法进行装饰。中国的刺绣艺术以其富丽、美观、典雅的艺术特色和丰富精湛的技艺著称于世，已流行了数千年。其中最具代表性的有著名的苏绣、湘绣、粤绣和蜀绣。除此之外，我国还有丰富的绣种分布于各地，如京绣、杭绣、鲁绣、闽绣等，各少数民族地区的刺绣种类更加丰富，并有着各民族独特的刺绣艺术风格。

一、苏绣

苏绣的历史悠久，据史料记载，早在两千多年前的春秋时期，吴国已在服饰之上使用刺绣。三国时，也有在方帛上刺绣出五岳、河海、行阵等图案，有“绣万国于一锦”之说。到了宋代，由于苏州的种桑养蚕、抽丝织绸业飞速发展，刺绣也形成了规模，声名鹊起，已达到相当高的水平。至明代，吴门画派的艺术成就也推动了刺绣艺术的发展。刺绣艺人把好的绘画作品搬上丝帛，“以针作画”，绣出的作品笔墨酣畅，栩栩如生，在针法、色彩等方面逐渐形成了独特的风格。清初之际，在顾绣的带动下，苏绣的风格愈加完美，用色和谐，行针平匀，还出现了一批江南名绣娘，如金星月（浙江宁波人）、王瑗（江苏高邮人）、卢元素（满族人，居江南）、赵慧君（江苏昆山人）以及沈寿（著名绣工，江苏吴县人）等，尤其是沈寿的“仿真绣”使苏绣在清末民初名扬天下。

苏绣的主要艺术特点是品种众多、图案绢秀、色彩雅致、施针整齐，劈丝匀细光亮，绣风典雅清丽。苏绣的针法有9大类40多种，有齐针、套针、施针、乱针、打子、平金、滚针、结子、网绣、挑绣、刻鳞针等，还有单面、双面之分。用不同的针法可以表现出不同的艺术特点，被概括为“平、齐、细、密、匀、顺、和、光”。

二、粤绣

粤绣泛指产于广东的刺绣品，在唐代已经发展得十分成熟，绣工把马尾缠绒用作勒线，用其绣制花纹的轮廓，再把孔雀羽毛扭成绒缕，绣出花纹，还有一种将孔雀毛与丝纤维编组而成的绣线可用于刺绣精品之作。宋明之时，粤绣的技艺又有了很大的发展。到了清朝乾隆年间，广东已设立绣行、绣庄、绣坊等，呈现出欣欣向荣的景象。粤绣的品种丰富，应用范围广泛，涵盖日常用品的各个方面，如刺绣画片、被面、枕套、床楣、帐衽、台围、绣衣、绣鞋等，还有用于绣制舞台装饰品、戏袍和喜寿屏障等。前者多绣人物、动物、云龙、凤凰、麒麟类图案；后者多绣“福禄三星”、“八仙过海”、“麻姑献寿”类寓意吉祥富贵的图案。

粤绣还包括了“广绣”和“潮绣”两个流派，针法因其流派的不同各有特点。“广绣”主要有7大类30多种针法，如编绣、绕绣、直扭针、续插针等，广州钉金绣中的平绣、织锦绣、凸绣等6类10余种针法也较常用。“潮绣”有转针、旋针、凹针、垫筑绣等60多种钉金针法和40多种绒绣针法。粤绣绣品的构图饱满，针脚匀称，富丽堂皇，充分表现出粤绣浓郁的地方特色。

三、湘绣

湘绣是湖南长沙地区的刺绣产品。它是在湖南民间刺绣的基础上，吸取苏绣和粤绣的优点发展起来的。在战国时期，湘绣就已达到了较高的艺术水平，如从长沙楚墓中出土的龙凤图案绣品，是在细密的丝绢上用连环针法刺绣的，图案生动，行针整齐，绣工精致，表现出当时刺绣技艺已很娴熟。在长沙马王堆西汉墓中出土的大量刺绣衣物，其绣线都是未加捻的彩色散丝，色相有18种之多，绣衣的针脚整齐，线条洒脱，图案变化丰富，反映出西汉时期湘绣的高超技艺。明清以后，湘绣已遍及湖南各地城乡，女子在劳作之余用绣花针来展示自己的女红技巧，美化生活，大大促进了湘绣艺术技巧和水平的提高。

湘绣多用连环针、平针、齐针、接针、掺针、游针和打子针等多种针法，绣工精细，图案生动活泼，形成了湘绣独特的艺术风格。

四、蜀绣

蜀绣又名川绣，是以四川成都为中心的刺绣品总称，历史悠久。据史料记载，早在春秋战国以前，蜀国的丝帛和蜀绣的技艺就已具有相当的规模和水平。西汉扬雄《蜀都赋》中有“若挥锦布绣，望芒兮无福”的语句。据晋代常璩《华阳国志》载，当时蜀中刺绣与蜀锦齐名，被誉为国中之宝。

蜀绣以软缎和彩丝为主要原料，题材有山水、人物、花鸟、鱼虫等，针法多达12类别100多种，最独特的是表现色彩浓淡晕染效果的晕针。蜀绣的特点是图案生动，常具有吉祥寓意；色彩鲜艳、浓淡适度、掺色柔和；绣品浑厚圆润，富有立体感；针法多而细密，针脚平齐，疏密得体，变化丰富，具有浓厚的地方特色。

图9-1是四大名绣。

图9-1　四大名绣

第三节 刺绣工艺

一、手绣的工具与材料

绣花绷架、绣花针和剪刀是刺绣的主要工具。材料有绣花线和可供刺绣用的棉、丝、麻、毛织物。

(一) 绣花绷架

绣绷主要分为手持的小型圆绷和绣制较大绣品的绷架两类。

圆绷：由两只大小配套的竹箍组成，内外相嵌吻合，其直径约为13~30cm，可视绣品需要分为四五种不同的规格。

绣花绷架：由绷凳、绷架、立架等组合而成，均为木制。绷凳俗称三脚凳，二足向外，一足向内。一对绷凳相向而立，上面放置绷架。绷架有手绷和卷绷之分，是由两根横档和两根直档组成，型号以横档的长度而定，直档上有榫眼，长短可根据需要随时收放更改（图9-2）。

(二) 绣花针

绣花针有许多规格，以针身细长、针尾圆润，既利于刺绣又不伤手指为上品。以苏州产的绣花针最负盛名，针长有2.5cm和3cm等。现常用24号针（大）、26号针（小）和穿珠针。近年来又发明了两头尖的绣花针。

(三) 绣花线

绣花线分为花线、绒线、织花线、挑花线和金银线。

花线：是绞合较松的纯丝刺绣线，分粗细两种，粗的称为大花线，可劈分数十缕细绣线；细的称为小花线，不能劈分。

绒线：是由短纤维制成的丝线，粗细不匀，牢度较差，一般用于刺绣粗品。

织花线：最早用于湘绣，每股丝线的色彩均有深浅变化，用其绣出的花瓣和叶片，可取得色彩自然过渡的效果。

挑花线：由棉或麻纤维制成。棉质绣品挑花一般选用挑花线。

金银线：有真、仿两种。多用于勾勒轮廓和盘绣，使绣品更富丽堂皇。

(四) 面料

棉、麻、毛、丝和化纤等织物均可用。

二、手绣的工艺流程

一件绣品通常要经过设计、描稿、上绷、刺绣和后整理五道工序。

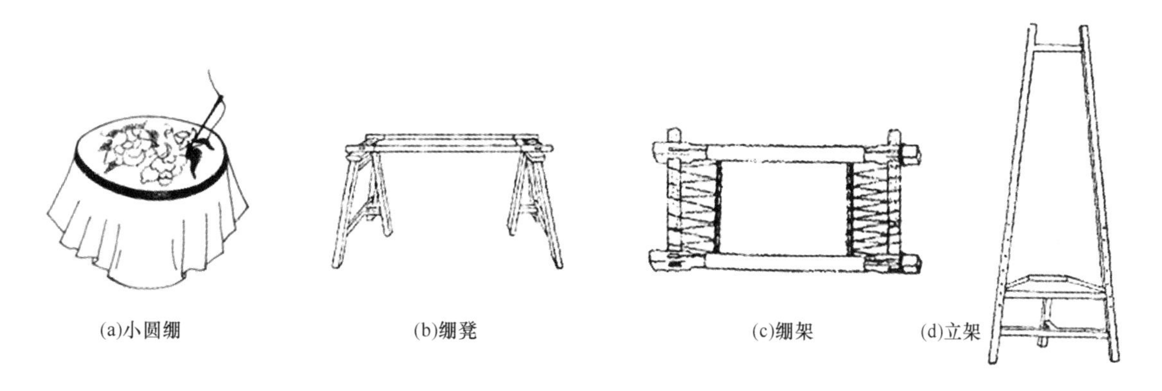

图9-2 小圆绷和绷架

（一）设计绣稿

传统刺绣的绣稿设计是用纸剪出花样粘贴在面料上，作为刺绣时的底样。专业绣品的设计样稿则由画工绘制而成。

（二）描稿

将刺绣花样描画到面料上有多种方法。如剪纸贴稿法、铅笔描稿法、铅粉描稿法以及搴印法、版印法、漏印法、画稿法等。

（三）面料上绷

将面料平整地绷在绣花绷上称为上绷。上绷时，要注意将面料拉紧，面料丝缕不能歪斜。

（四）运针刺绣

在刺绣时，要注意正确的拈针和劈分花线，同时熟练运用各种针法。

拈针方法：右手的食指与拇指相曲如环形，其余三指松开呈兰花状。刺绣落针时，全仗食指与拇指用力，抽针时食指、拇指用力掌心向外转动，小指挑线辅助牵引，手臂向外拉开。拈针动作要轻松自如，拉线要松紧适度。

劈分花线：是绣工的一项特技。劈分时需先在大花线上打活结，左手捏紧线头的一端，右手抓住线的另一端将绞回松，然后用右手小指插入线中将其分成两半，并用右手拇指、食指各将一半线向外撑开，即可将线劈分为4根、8根、16根或更多。劈分后的花线要求粗细均匀。

（五）绣片后整理

绣片完工之后，需经上浆、烫贴、压绷三道工序，才能从花绷上取下来。

上浆：需先将花绷面平放在桌上（绣片反面朝上），用饭团在绣线处揉搓，使绣线紧贴面料背面。

烫贴：是用熨斗将上过浆的绣线烫平。

压绷：分两步操作，先将上浆、烫贴后的绣绷放置两三天后，待绣片定型不再皱曲时，再从绣绷上取下。

三、手绣针法范例

（一）线绣针法组

单层平绣是从纹样的两边来回运针。双层平绣是先用长针脚将花纹缝好，再转向，把打底的针脚缝绣出来，这样绣出的花纹较为立体、饱满。

具体针法如下（图9-3）。

平伏针法：针脚长度相同，穿2～3针拉一次线。

织补针法：同平伏针法一样，但正面的针脚长，反面的针脚

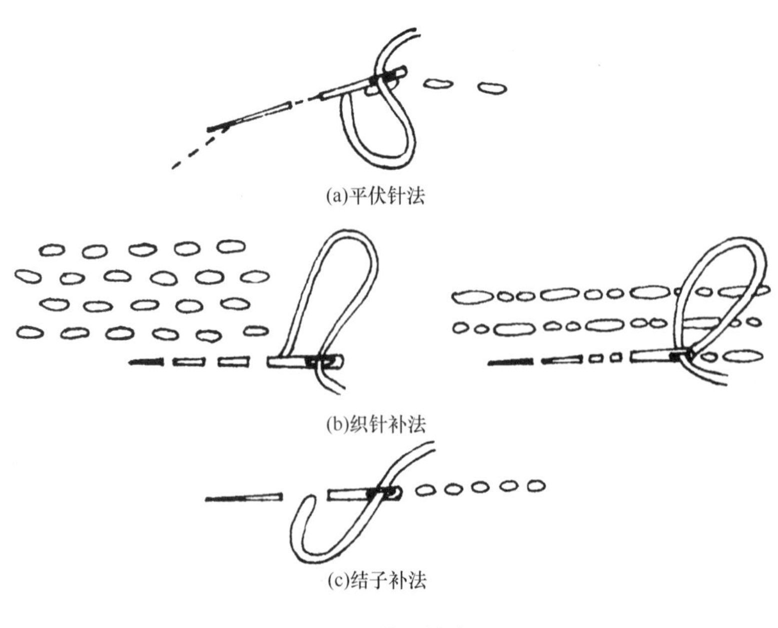

图9-3　线绣针法组

短，每段针迹相互错开。

结子针法：要领同回针缝法，但是进行半针回缝，拉线要稍微松些。

（二）茎梗针法组（图 9-4）

贴线缝针法：如图（a）中①所示，在图案线上放好粗线，然后用细线等间隔地固定。图②、③、④所示是固定方法的应用。

垂饰贴线缝针法：如图（b）所示，与贴线缝针法的要领相同，按一定间隔边作垂饰（流苏），边把放好的线固定。

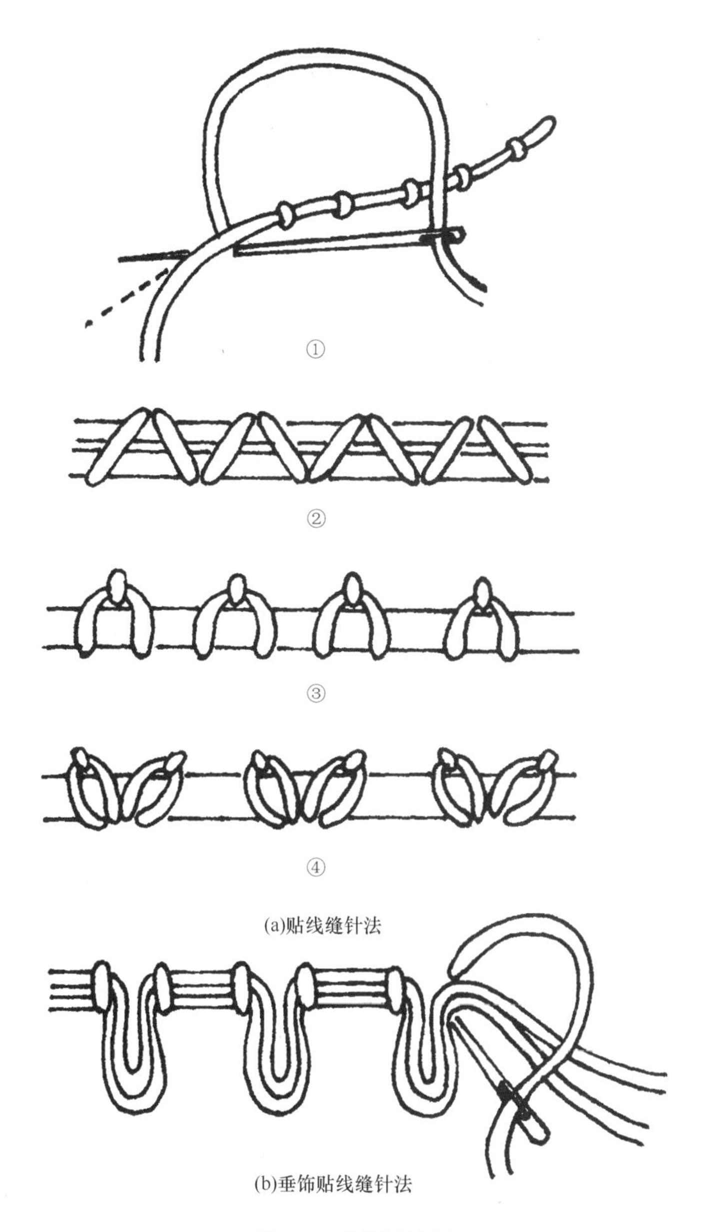

(a)贴线缝针法

(b)垂饰贴线缝针法

图9-4　茎梗针法组

（三）链式针法组（图 9-5）

链式针法：从1出针，再从2穿入（1、2是相同针眼），从3穿出，线要环绕。以后的针迹都是从环的中间穿针，重复2、3。注意针脚整齐，线的松紧一致。

锯齿形链式针法：要领同链式针法，针迹像锯齿形（山形）的刺绣法。

平式花瓣针法：运用链式针法的要领从1进针、2出针，3进针、4出针固定。

双轨链式针法：从1出针绕线从2进针，再从3穿出，再绕线从4进针、从5穿出，然后交替重复。

加捻针法：从1出针，把线放在针的右侧，从2进针、从3穿出，把线向箭头方向缠绕，从4穿入固定。

孤立加捻锁绣：从1出针，从1的右横侧2进针，再从3穿出，从4穿入固定。

绣叶针法：跨线针迹如图9-5所示间隔刺绣。

花瓣针法：从1出针，从2进针、3穿出，使线成环，将针插进环中，从左向右绕线，这样重复五次，再把针穿入五个环中，如步骤③所示挂线勒紧，再按步骤④所示从4穿入固定。

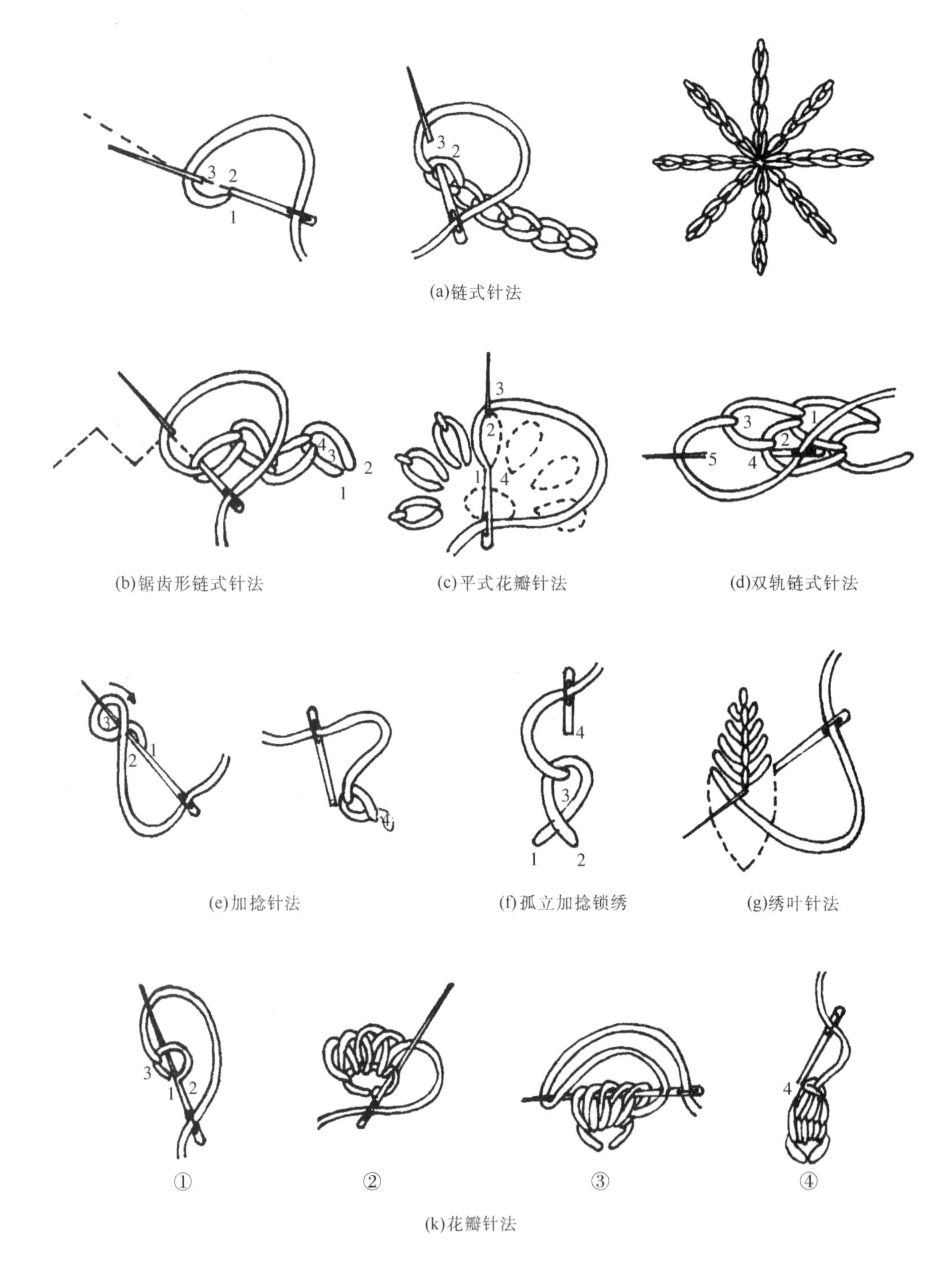

图9-5　链式针法组

（四）毛毯锁边针法组

锁针绣又称链针、锁花、扣花、套针等。刺绣时将线圈一环套一环地形成链状，根据针法的走向、扭曲、反向缝等变化，可以绣出开合锁针、闭合锁针、双套、单套、扭形锁针、锯齿锁针等。如果绣时加入芯绳，便可绣出包芯锁针（图9-6）。

毛毯锁边针法：把针从图案线的1拔出，再从与图案线成直角的2插入、从3拔出，线环绕针从右向左刺绣。

蜂巢针法：第一行采用毛毯锁边针法，线微松，以后各行如图所示，一边呈蜂巢状（六角形）；一边互相交替地刺绣。

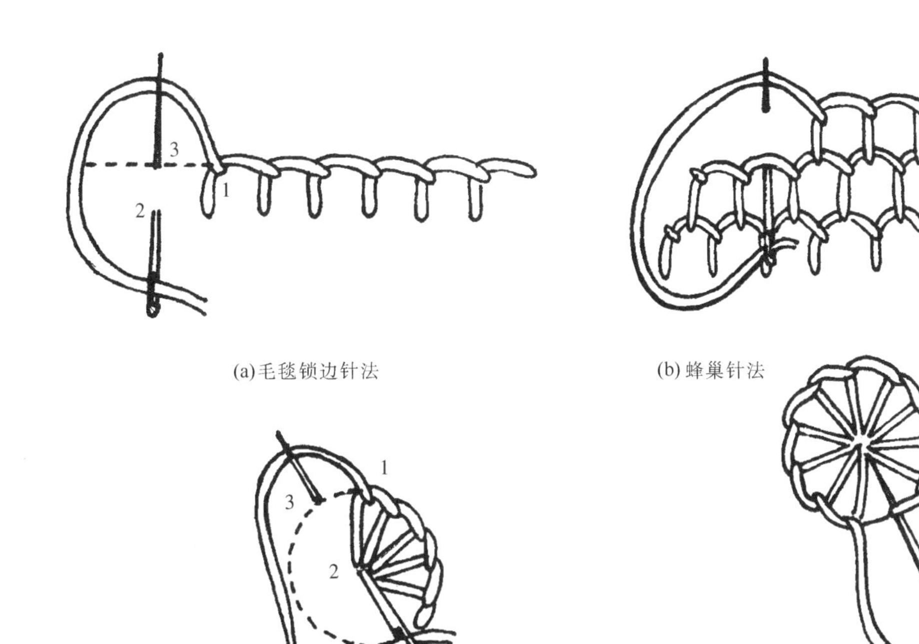

(a)毛毯锁边针法　(b)蜂巢针法　(c)圆环锁缝针法

图9–6　毛毯锁边针法组

圆环锁缝针法：用毛毯锁边针法，按圆环形刺绣。从1出针，从圆环中心2进针，再从3穿出，线松紧适度、放射状地刺绣。最后，按步骤②所示把针穿入起始线下，从中心插入，在反面固定。

（五）羽状针法组（图 9–7）

羽状针法：以线迹宽的1/3处为基准，从1出针，线从上侧2进针，从3穿出拉线，再从4进针、从5穿出，3和5是斜向走针，如此上下交替连续刺绣成羽毛状。

封闭羽状针法：运用羽状针法封闭刺绣，2～3针和4～5针为横向。

长腕羽状针法：采用羽状针法，按顺序号刺绣，3和5的位置在中央，且间隔缩短。

双羽状针法：采用羽状针法，按顺序号斜向上、下两次，交替反复刺绣。

山形羽状针法：是羽状针法的变形，如图示分别斜向上、下三次，交替反复成山形的刺绣。

（六）人字形针法组（图 9–8）

人字绣以其图形外观如人字形而得名。缝绣时从右向左横穿布料，线迹自左向右上下交叉行针。根据不同的行针方法，可绣出不同外观的绣迹。在人字绣针脚上绕线穿绕可形成绕线人字绣。

人字形针法：如图①所示，针从右向左横向出针，整体针迹是从左向右上下交替重复刺绣的；图②所示是圆形人字形针法的刺绣方法。

封闭人字针法：采用人字形针法，封闭刺绣。

东方风格针法：从1出针，从2进针、3出针，拉线微松，再从4进针、从5穿出，如此从左向右不断刺绣。

山形针法：如锯齿形针迹的刺绣，但两端不交叉，以短针迹重叠。

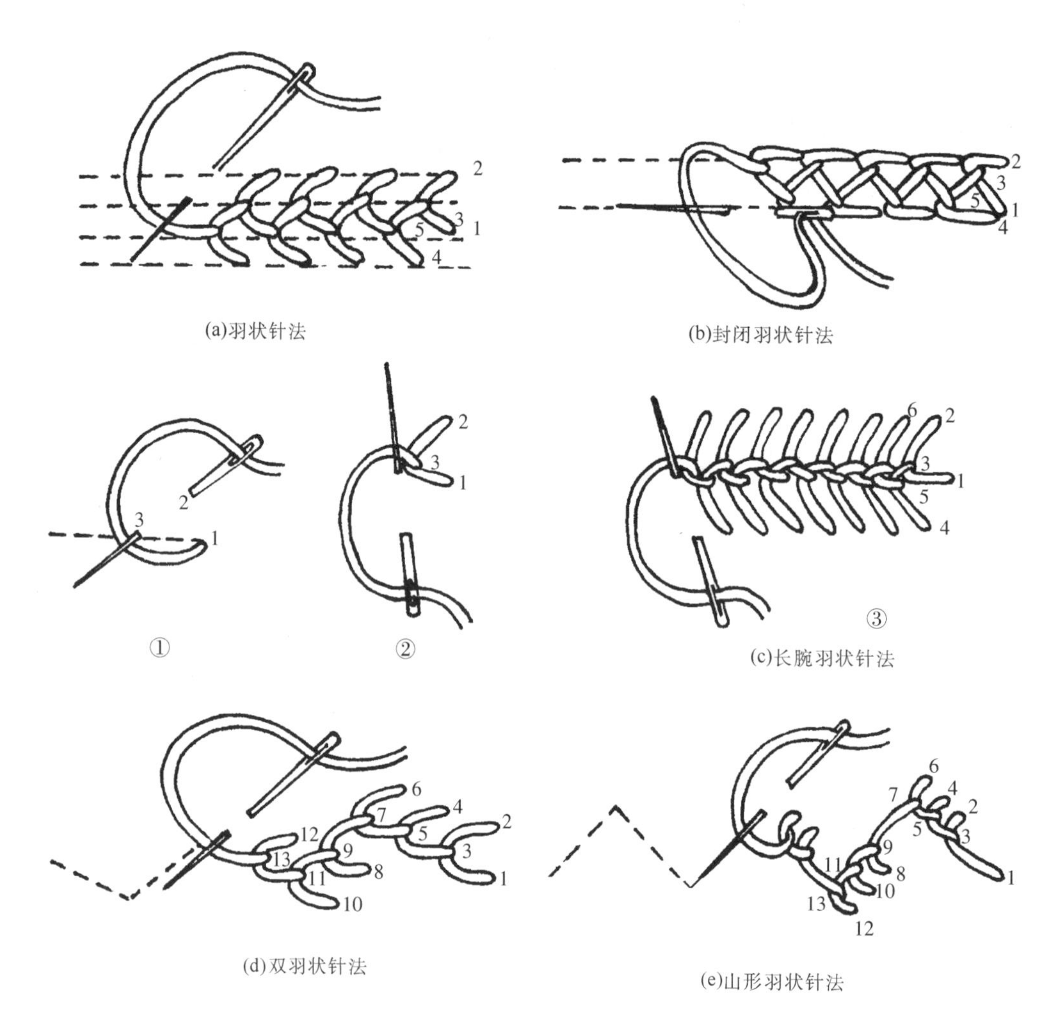

(a)羽状针法

(b)封闭羽状针法

(c)长腕羽状针法

(d)双羽状针法

(e)山形羽状针法

图9–7　羽状针法组

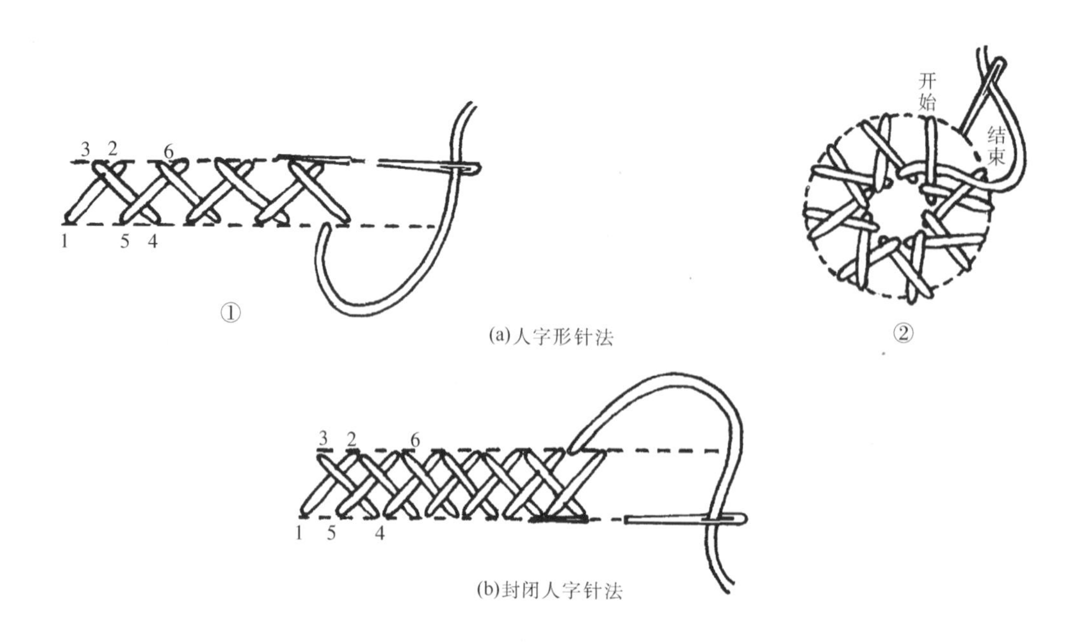

(a)人字形针法

(b)封闭人字针法

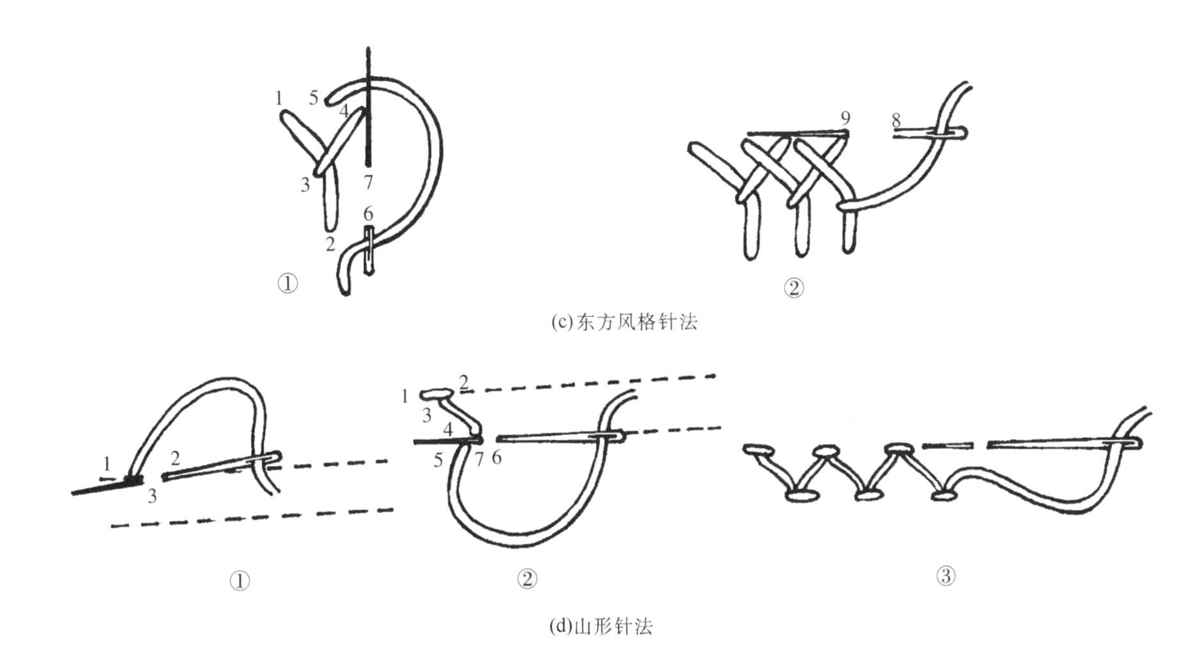

(c)东方风格针法

(d)山形针法

图9-8　人字形针法组

（七）十字形针法组（图 9-9）

十字绣又称十字挑花绣。行针为垂直交叉或斜向交叉，针脚可为散点分布，也可连成片，用不同的颜色分布图案。在纵横网线上绣出十字花纹，可形成网状十字绣。

十字形绣针法：按步骤①所

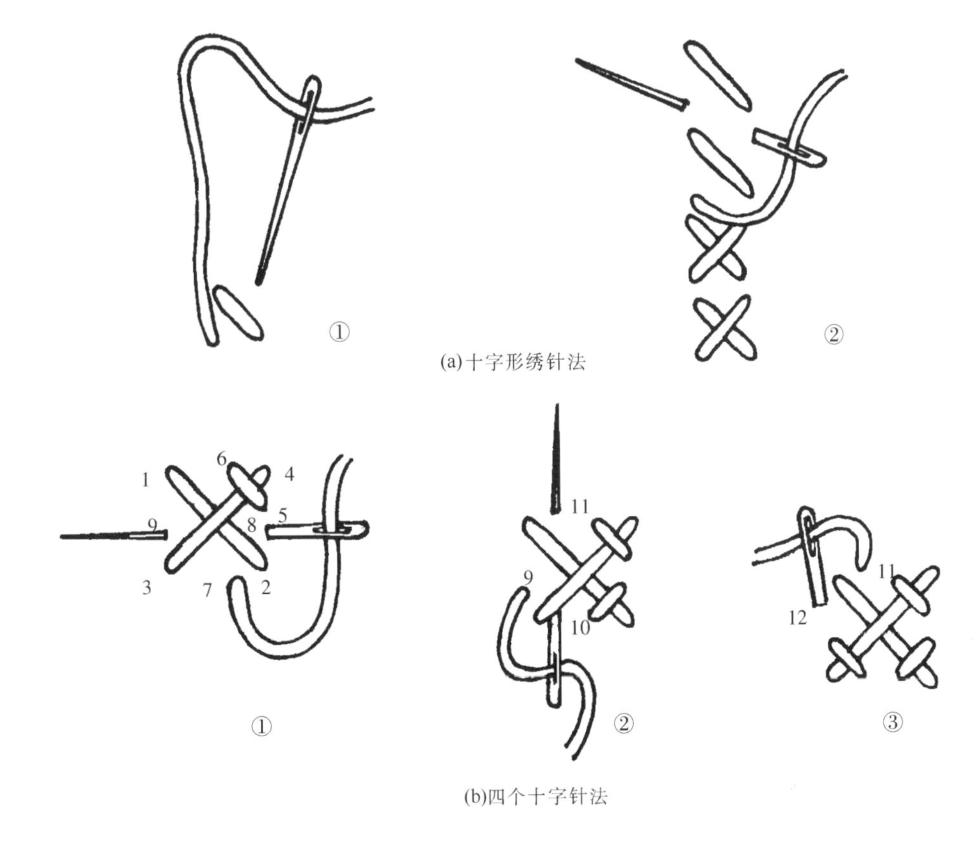

(a)十字形绣针法

(b)四个十字针法

图9-9

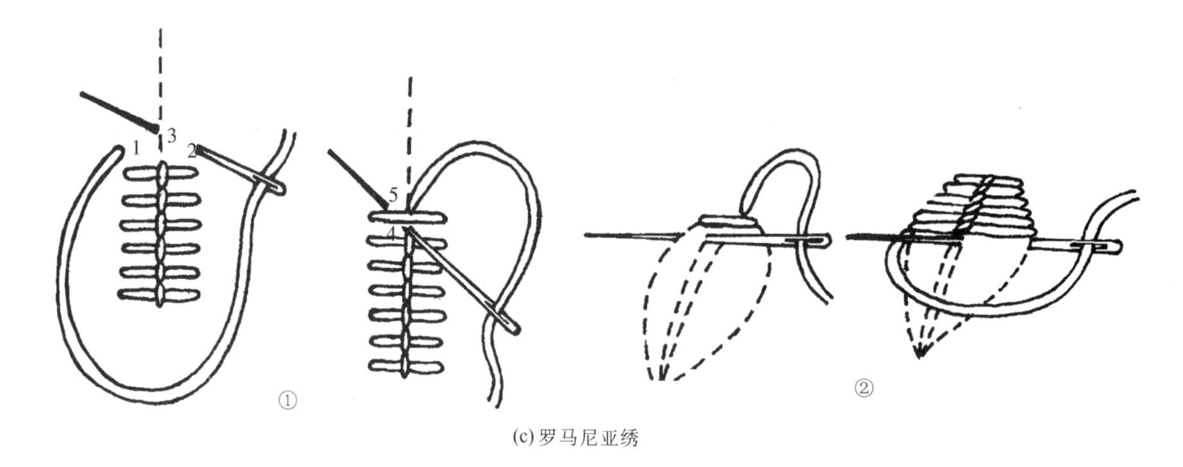

(c) 罗马尼亚绣

图9-9　十字形针法组

示的×形交叉刺绣技法。交叉线的上下重叠要整齐一致。

四个十字针法：如图所示，四个为一组的十字形刺绣针法。

罗马尼亚绣：如图（c）中①所示的1～2为横线，从其中央3出针，从4穿入固定横线。如此反复进行。②所示为从线的中央用短斜针迹固定成为叶子的形。

（八）结式针法组（图9-10）

结式卷线绣是装饰性较强，有一定立体效果的绣法，可根据

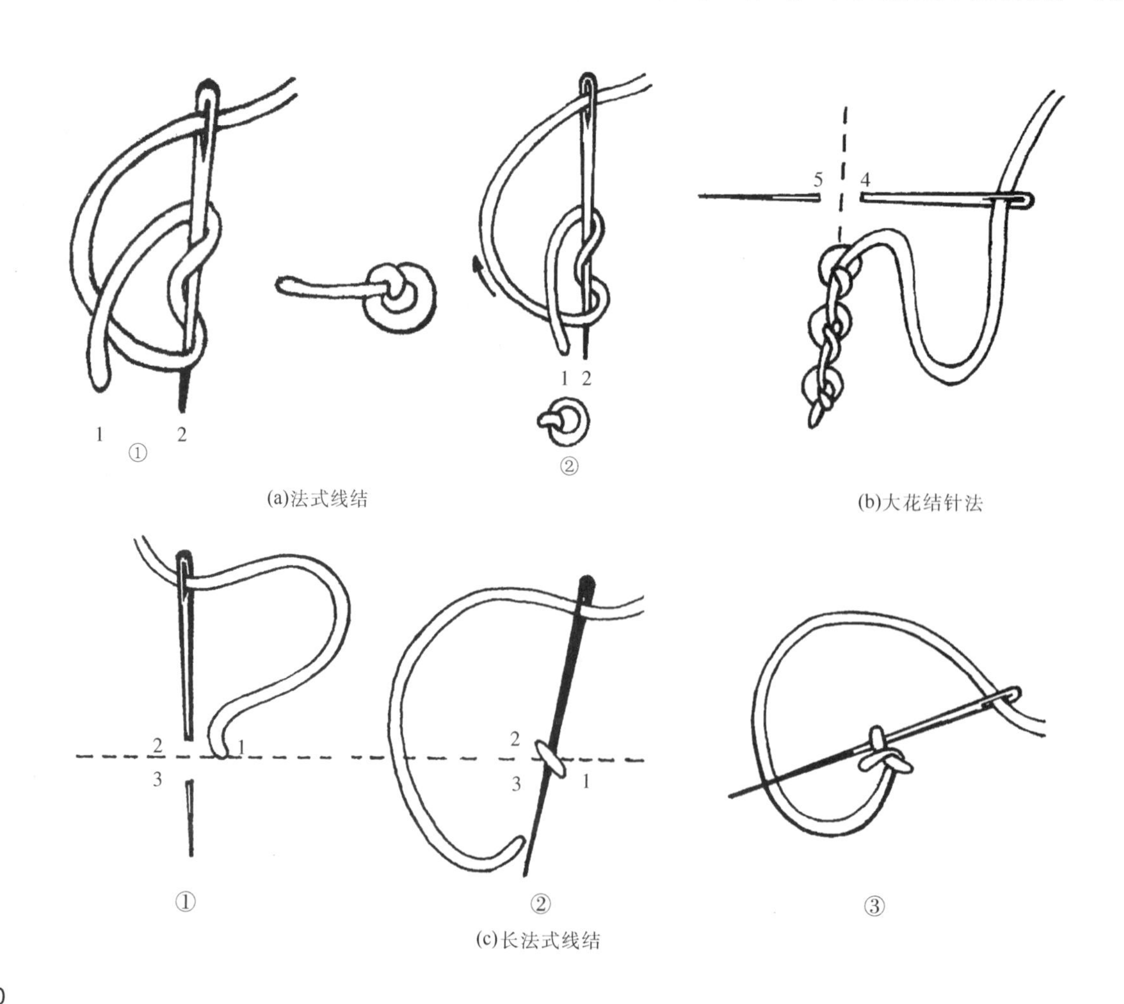

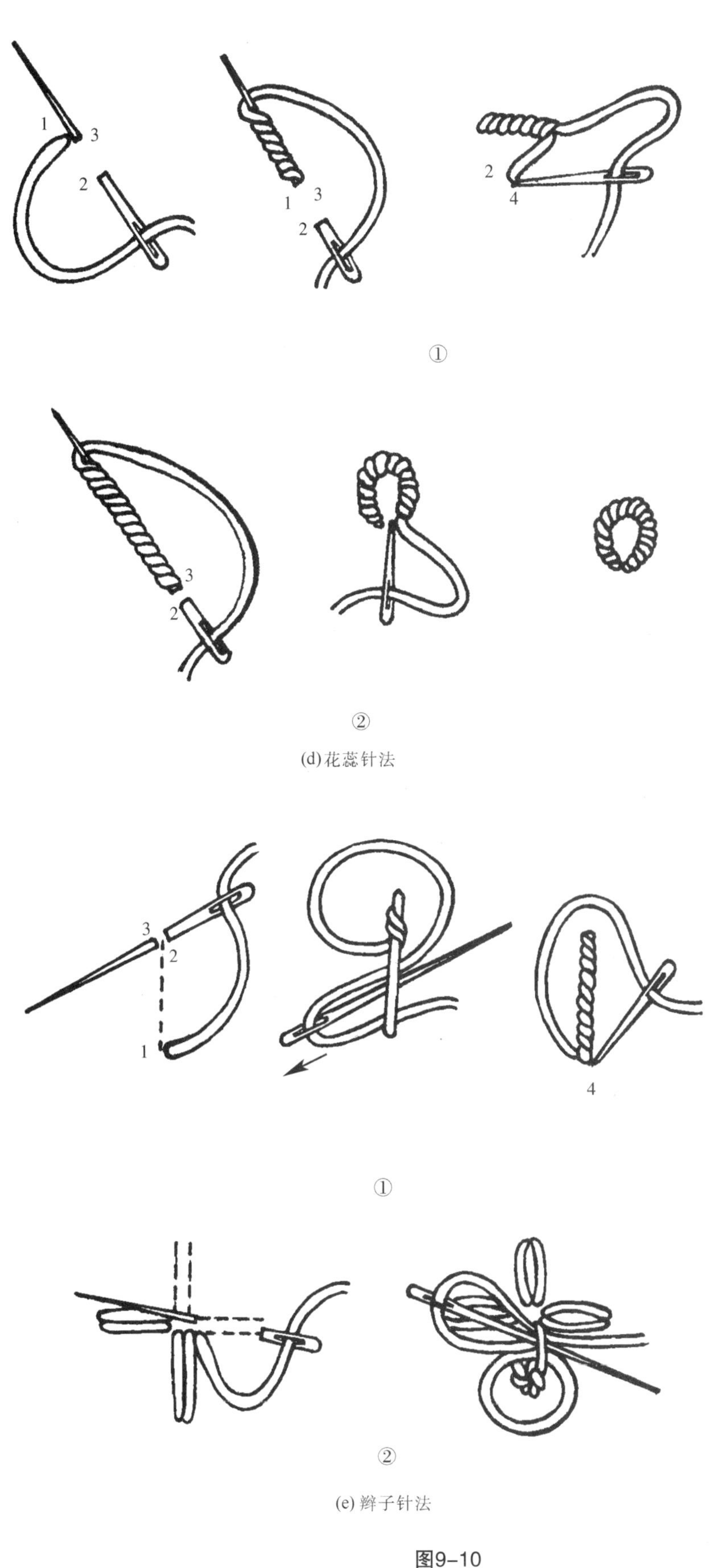

(d)花蕊针法

(e)辫子针法

图9-10

卷线圈数多少绣出不同的花型。运针时，把针刺入布层，起针前先在针上卷线数圈，然后再抽出针，形成特别的绣法。卷线的次数少，可形成颗粒形花蕊；卷线次数多，可形成花瓣形。

法式线结：如图所示，形成点状线结的绣法，多用于花蕊。从1出针，线绕针2～3圈，再垂直扎入1的边缘2处，从反面拔出。卷在针上的线向箭头方向拉形成线结。

大花结针法：是德式花结针迹、连续刺绣的技法，但线比法式的粗且花结大。也可使用绳线刺绣。

长法式线结：采用法式线结的要领刺绣，只是1～2的间隔拉开了，也称为蝌蚪针法。

花蕊针法：如图（d）中①所示，从1出针，从2进针、3穿出，用线缠针多缠绕几道，用左手指按住后拔出针，再穿入与2相同的4，拉紧线。如蔷薇花形，针迹要呈弧线状，缠在针上的线较多。图②所示是把2～3的间隔缩短，缠在针上的线增多，刺绣好像从布上浮起来。

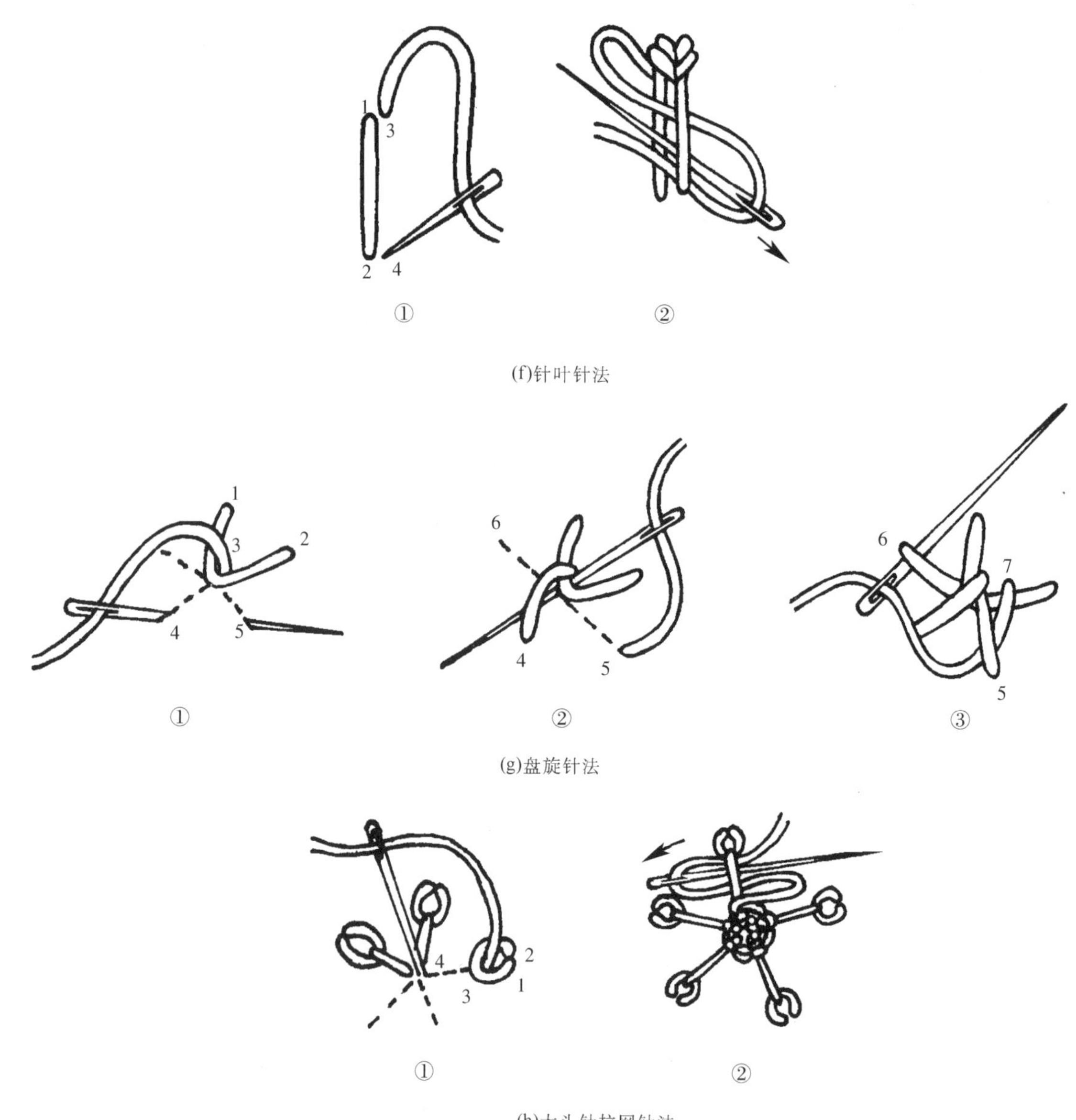

图9-10 结式针法组

辫子针法：图（e）中①所示，从1出针、2进针、3穿出，1～2为浮线，再用针的后头从上往下缠绕浮线，最后扎入4固定。图②所示是以直线针迹从中心向外侧分别用2根做十字形浮线，然后用针一根根地缠绕浮线，最后把针扎向反面固定。

针叶针法：步骤①所示为直线针迹的2根浮线，针从1的左侧拉出，再按步骤②所示一根根地交替穿出。

盘旋针法：采用跨线针迹要领从1～5刺绣。再按步骤②所示，从6进针、7穿出。从中心卷成放射盘旋状花样的绣法。

大头针拉网针法：采用长脚的平式花瓣针法，从外侧向中心发射状刺绣；再以长脚线为中心，采用蛛网形针法的要领进行刺绣。

（九）直线针法组（图 9–11）

直线针法：按图中顺序号进出针，此刺绣方法较为简单，针迹的长短可以变化，也能自由地表现。

扇形针法：采用直线针法放射状展开的刺绣技法。

辐形针法：把直线针法从相同的针眼处放射状刺绣。

蕨形针法：蕨类植物形的针迹。

撒绣针法：图（e）中①像播种似的撒绣技法，短针迹的方向可变化。图②也称为点状小针迹刺绣，两根两根平行地撒绣技法。图③针迹是边相互交叉、边撒绣的技法。

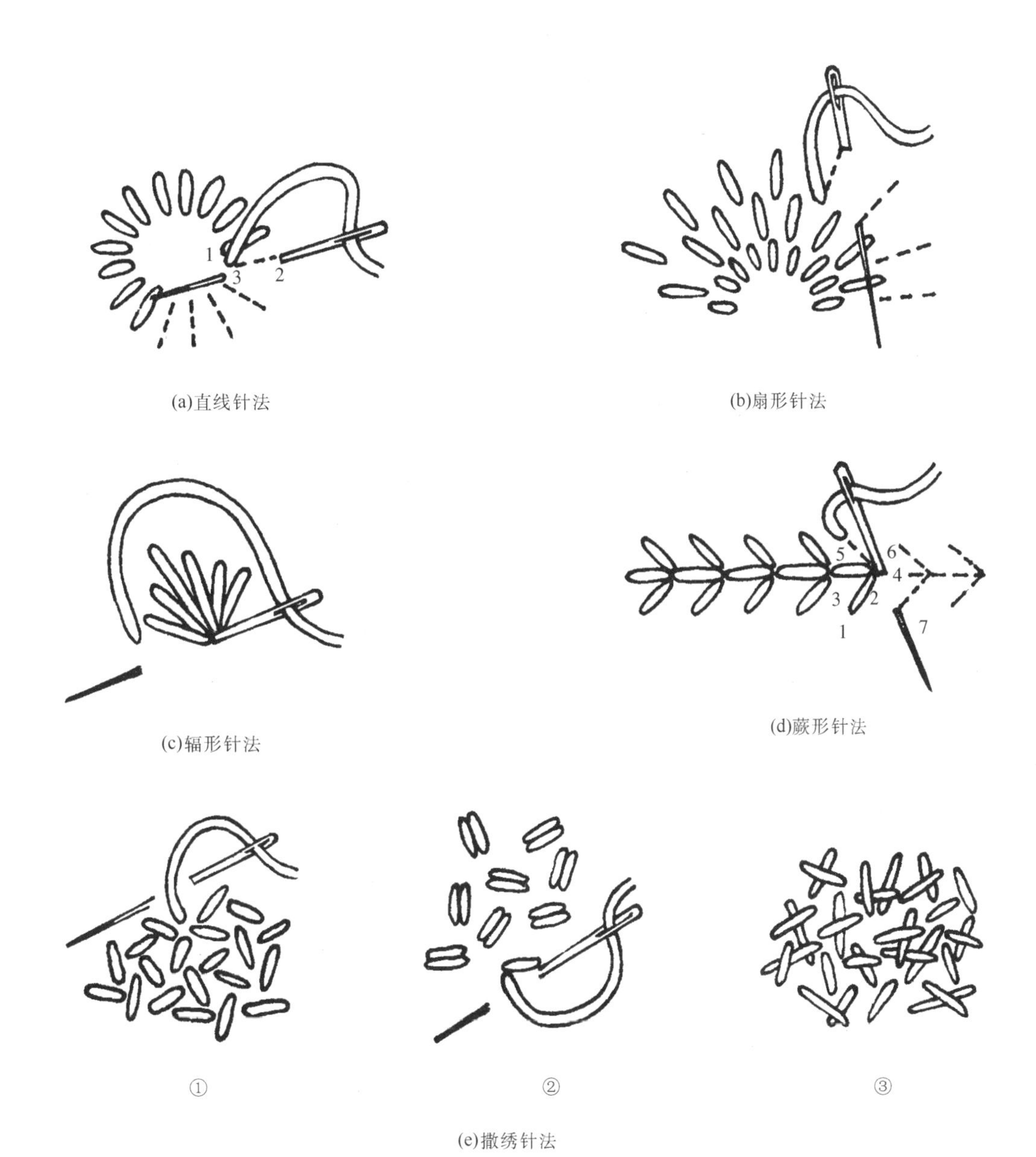

(a)直线针法　(b)扇形针法　(c)辐形针法　(d)蕨形针法　(e)撒绣针法

图9–11　直线针法组

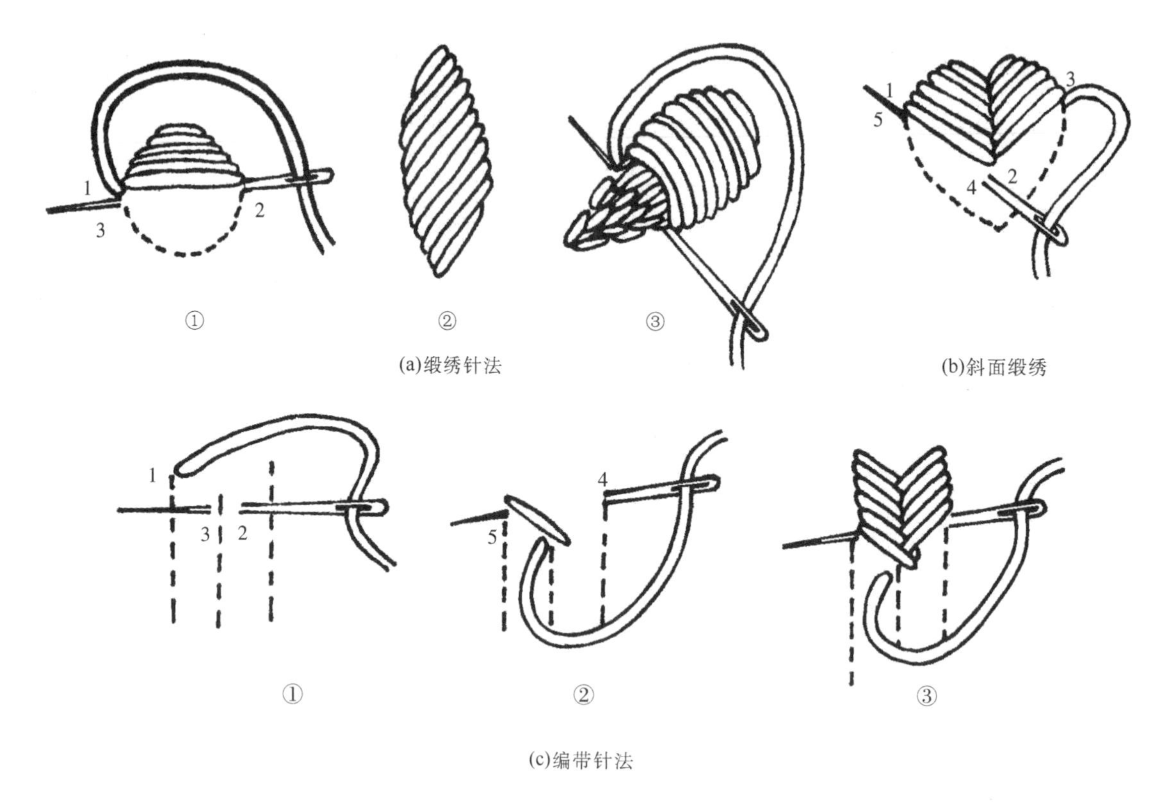

图9-12 缎纹刺绣组

（十）缎纹刺绣组（图9-12）

缎绣针法：图（a）中①为盖面针迹，线与线之间平行排列紧密，看不到面料的刺绣。图②是倾斜刺绣。图③是为了使图案凸起，粗缝后再缎绣的技法，也称包芯缎绣。

斜面缎绣：从1出针，在图案中央稍偏右侧2进针，3穿出。再从中央稍偏左侧4进针，5穿出。在图案的中央交叉是看不见面料的倾斜缎绣。

编带针法：是与斜面缎绣相同的技法，线从1拉出，在中央稍下2进针、3穿出，然后在4进针、5出针，线在中央交叉刺绣。

（十一）乱针绣（图9-13）

乱针绣行针方向看似随意但有一定的规律，针脚错综穿插，根据所绣的图形变换丝线的颜色。此针法在表现写实效果时更为合适。

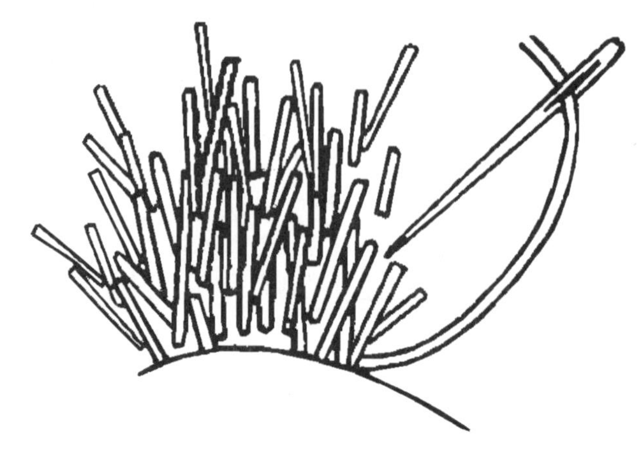

图9-13 乱针绣

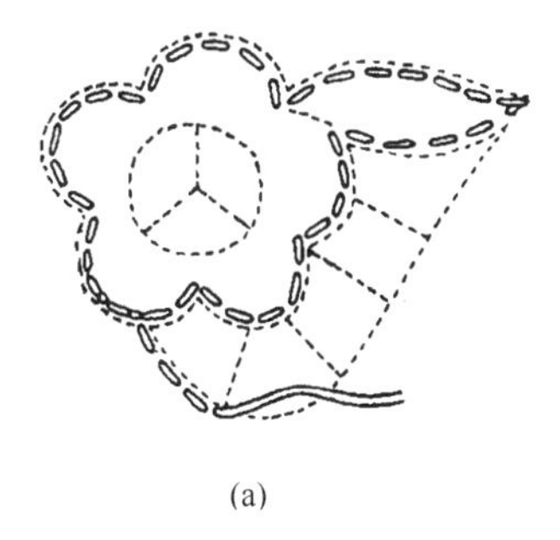
(a)

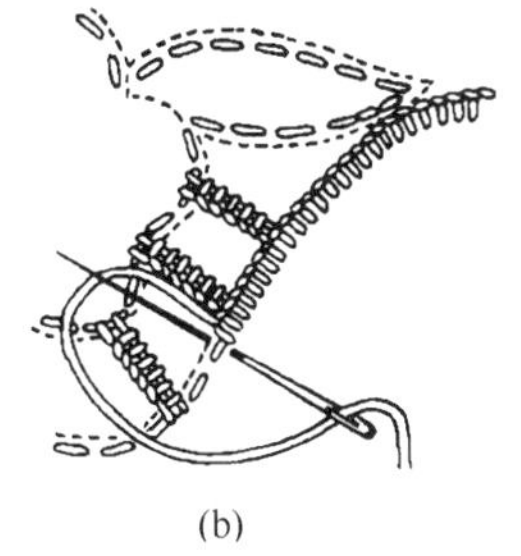
(b)

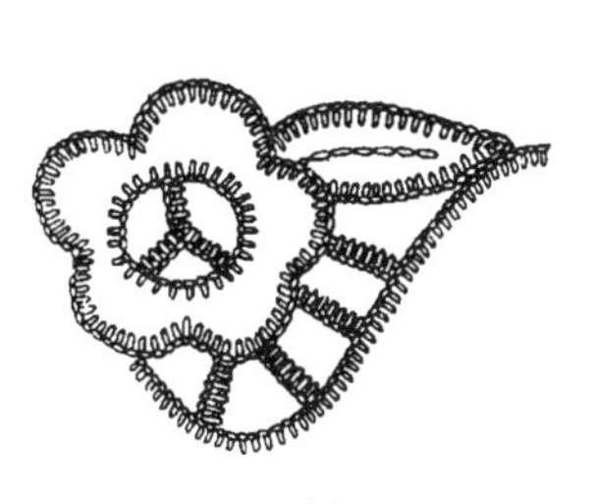
(c)

图9-14　镂空绣

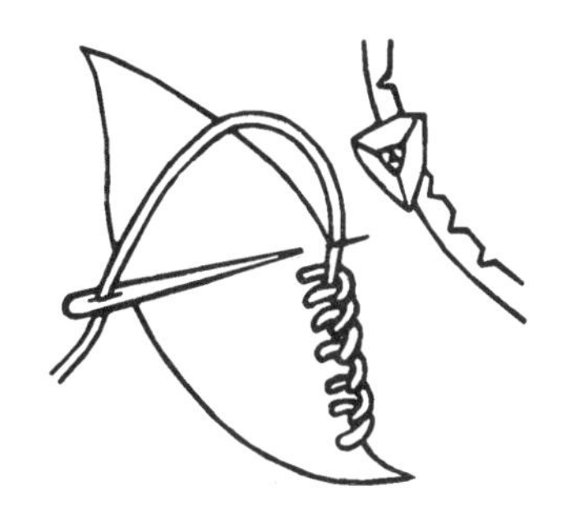

图9-15　贴布绣

（十二）镂空绣（图 9-14）

镂空绣又称雕绣，先沿花型边缘缝绣一圈，用锁针缝绣，边缘光滑、平整、紧密。再把花型中间的布料用小绣花剪沿边缘剪去，产生镂空的装饰效果。如果花型镂空的面积较大，可采取加线补垫，用锁针绣好，把悬空的花型固定，也使较大的镂空面积稳定，产生视觉上的变化。

（十三）贴布绣（图 9-15）

贴布绣又称贴花、补花，就是根据所设计的图案将不同的色布剪出不同的形状贴在底布上，再用彩色线加以缝绣，有古朴、醒目的装饰性。贴布绣首先要考虑图案的整体效果和色彩搭配，根据不同的服装风格加以装饰。缝绣时注意采用锁绣、链式绣、密人字绣等不同的针法，不要让布的毛边露在针脚外。有的贴布绣可在局部完成后再用小绣花剪沿花纹剪空，也可进行多层次的贴绣。

（十四）褶饰绣（图 9-16）

褶饰绣是将面料经过折叠、收缩后用彩色线缝绣，也可边缝边捏合出褶形，形成特定的立体花纹。常用于衣服的前胸、袖口、袋口等处，在童装、晚礼服上应用较多，装饰性强。褶饰绣技法非常丰富，根据设计的需要，可采取平整叠褶后缝绣、花纹褶绣、绞花褶绣、波形褶绣、羽状褶绣等多种方法。

另一种褶饰绣是先将衣片均匀地画上格子，标上记号，再根据一定的规律进行横向或纵向的缝合，线迹留在衣片的反面，缝合时注意用力均匀，使褶饰表面平整光洁。

褶边也是褶饰绣中一种重要的装饰，是缘口收紧、缘摆处放开的形式，有规则收缩和随意收缩的方式，在服装中多用。

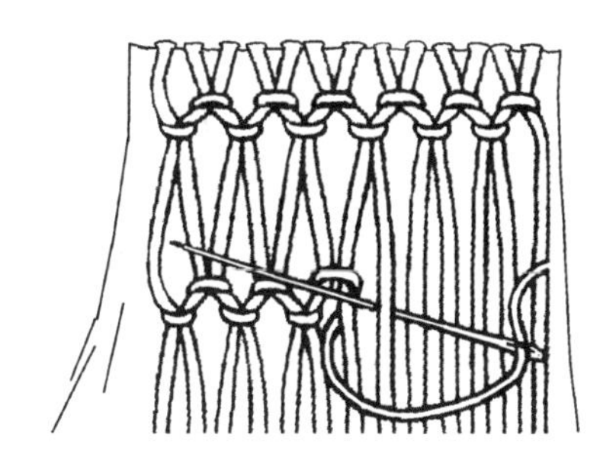

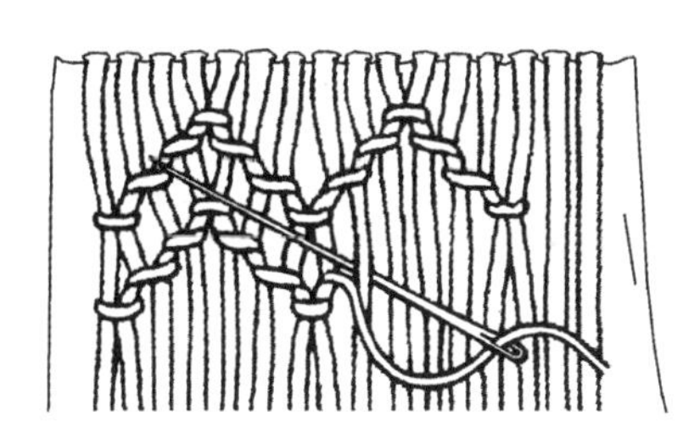

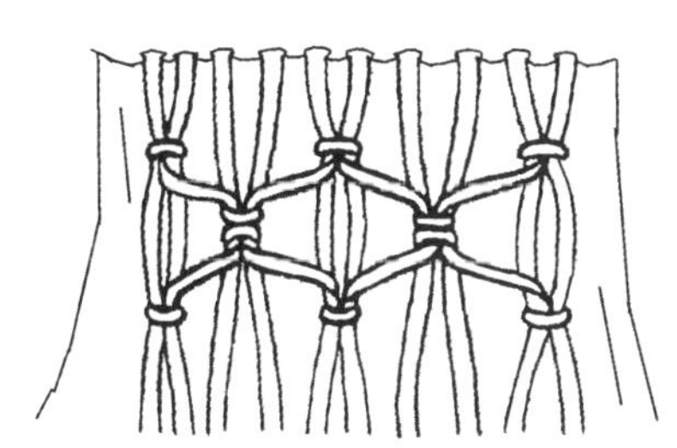

图9-16　褶饰绣

（十五）珠绣（图 9–17）

珠绣是用金属、宝石、玻璃、珍珠、贝壳、塑料等材料制成的颗粒状或片状饰物缝钉在衣服或面料上形成图案的装饰方法，有较强的装饰性。颗粒状饰物常为球形、管形、片状、水滴形、花虫形等，穿孔并用细线或钩链串连。特点是精致、华贵、富丽，多用于晚礼服及日常服中的针织服装。

珠绣缝制的要求较高，要掌握各种珠管或亮片的特点，把握好行针方法和距离，一粒粒地串缝，用力均匀，线迹留在衣

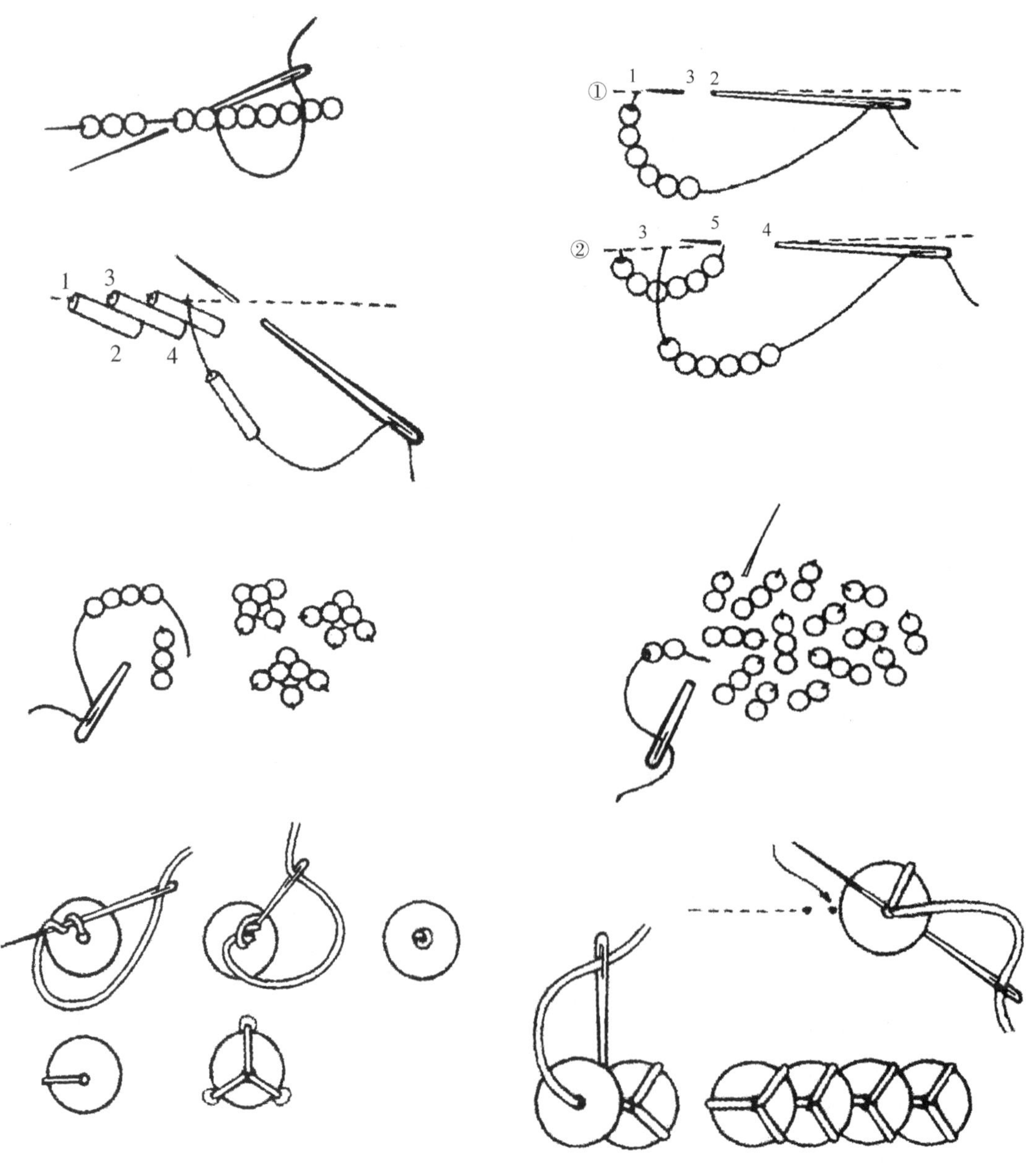

图9–17　珠绣

片的背面。结合服装款式的风格和特点，珠饰可用于满地装饰，也可用于局部装饰。满地装饰要考虑不同部位的疏密关系、图案关系和色彩关系，做到整体协调，布局合理，美观亮丽。局部装饰应考虑突出服装的主体，可在前胸、领、肩、腰、袖等部位进行装饰，达到引人注目的视觉效果。

图9-18是各种刺绣品的范例。

图9-18　各种刺绣品范例

总结

本章简略介绍了服饰配件的设计手段之一——刺绣这个传统而常用的工艺手段。使学生通过对本章的学习，掌握关于刺绣的历史沿革、类别特征以及工艺技术等内容；通过作业及思考题的练习与实践，掌握刺绣在服饰配件上的运用以及刺绣基本工艺技能的实施。

思考题

1. 思考刺绣这一传统的工艺手段在现代服饰配件中所起到的作用。

2. 中国有哪四大名绣？四大名绣各有哪些特点？

3. 熟悉、了解刺绣工艺的发展演变及其主要工艺特点。

4. 以中外刺绣服装为例，分析中外刺绣传统技艺的精华是如何被巧妙、成功地应用在现代服饰设计中。

5. 例举出刺绣在当代服装设计中的运用案例。

练习题

1. 选用缎纹刺绣组中的两种针法，用满地刺绣的装饰方法完成一条头饰（参考材料：真丝缎面面料、真丝彩线、银色珠片）。

2. 用珠绣制作技艺，设计并制作一只与晚礼服配套的女式手袋（参考材料：仿真丝缎面料，无色透明玻璃小珠）。

3. 选择三种针法，在10cm×10cm的面料上进行刺绣，可以绣具体图形，也可通过刺绣工艺进行面料再造。

4. 收集具有刺绣设计手法的服饰配件图片20张。对图片中服饰配件上刺绣纹样的风格、设计元素、材料及工艺手段进行研究和筛选，整理出一个主要的风格倾向，并以此确定服饰配件设计作业的风格主题，学生对此风格主题进行深入的背景资料分析和再收集，设计一款系列的服饰配件（包括包袋、鞋子和首饰在内的5个品种，除包袋、鞋子和首饰是必需的外，其余两个款式学生可以根据自己的设计兴趣进行选择）。纸面作业规格为4开，将所有的设计内容，包括背景资料、图片、款式设计手稿、着色款式效果图、细节分析图、材料实样、刺绣工艺小样等装订成册。

基础训练与实践——

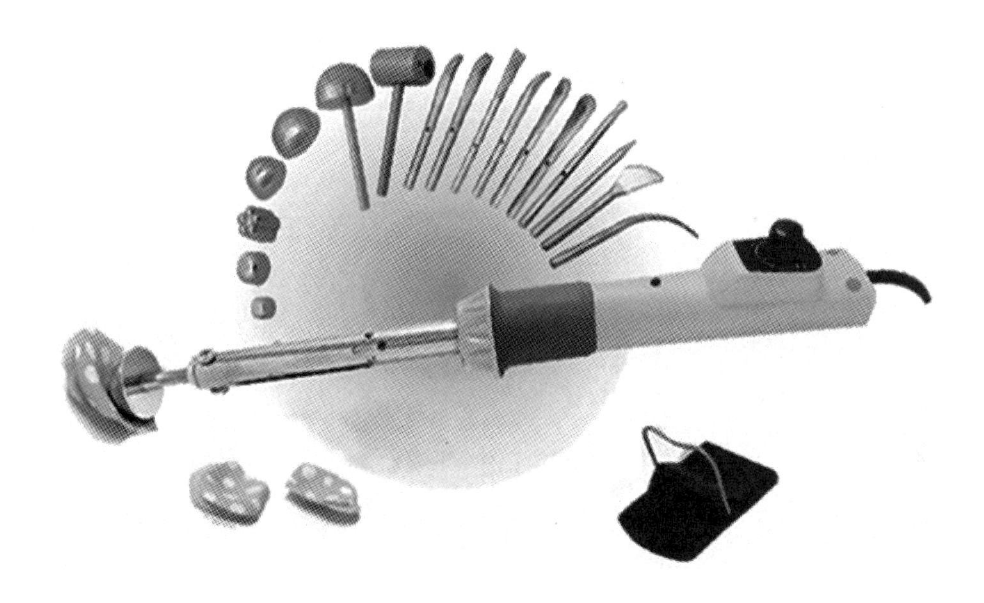

其他配饰

课题名称： 其他配饰

课题内容： 花饰

领带、领结、围巾

扇

眼镜

课题时间： 4课时

训练目的： 通过对于不同门类配饰的简介，拓宽学生的眼界，尤其是使学生了解关于花饰品的历史、发展和制作是十分必要的。领带、扇子、眼镜等服饰品在当今的服饰潮流中十分活跃，因此，了解这些服饰品的历史与发展也为学生们举一反三的设计提供了更多的思路。

教学要求： 1. 让学生了解中西方花饰的历史与特点。

2. 让学生了解花饰制作的步骤并动手实践。

3. 让学生了解领带与围巾的产生、沿革。

4. 让学生大致了解扇子与眼镜的历史与发展。

课前准备： 1. 预习本章的内容，并查阅中西服饰史中相关的内容。

2. 准备花饰制作的材料与工具。

第十章　其他配饰

除了前几章所述及的各种服饰配件之外，与服装相配的饰品还有很多。如与服装相配的花饰，尤其是礼服中的花饰给服装增添了华丽高雅的美感。男式配件中领带、领结是当今着装中重要的服饰品。围巾的出现，给服饰增添了流动感，在许多场合和服装中都少不了这一装饰物。在历史上，有很多原本以实用为目的的物品，后来都被赋予了一定的装饰含义。如今，墨镜、打火机及手表的装饰性、标志性已大于其本身的实用性，本章就花饰、领带、领结、围巾、扇饰、眼镜等配饰物作一简略介绍。

第一节　花饰

一、花饰的发展

花饰在服饰中是应用非常广泛的饰品之一。它的风格独特、艺术性强，无论是大自然中艳丽飘柔的自然花型还是人工修饰的创作形态，都给人以无尽的艺术享受。在古今中外服饰艺术史中，花饰品充分展示出艺术、文化、风格和技术的精华与内涵，它同民族习俗、时代特征以及社会经济等因素相互影响和渗透，形成了特定的艺术种类。

自古以来，自然界中娇艳美丽的花卉形态就为人们所喜爱，人们从大自然中采集色彩艳丽、美丽芬芳的花朵、枝叶、果实等物，将它们佩戴在头颈、身体和手臂上，表现出他们对自然美的热爱、崇敬和向往（图10–1）。在服装的整体装扮中，运用花饰的方法多样，如花卉首饰、花冠、花形发式、手捧的花束、折枝花等。

(a)蝴蝶结花

(b)花饰

(c)立体花卉

图10–1　花饰

花饰，在人们的生活中占有很重要的地位，服装及饰物上的花卉应用，也为漫长的服饰发展演变留下了生动的一笔。虽然服饰花卉在不同的历史时期、不同的民族地区有着不同的形制和装饰方法，但它却保留了极强的生命力，从不同的方面满足了人们的审美需求、精神追求和理想愿望。

在我国，花饰艺术的发展具有悠久的历史和独特的风格，对于美的向往和对艺术的追求是我们中华民族文化之体现。先民们对自然美的认识、追求和使用是随着时代的发展、社会的进步及审美观的变化而不断加深的。我国地大物博，花卉的品种众多，美丽的花卉形态时时处处为人们所利用。象征富贵的牡丹、表达爱情的芍药、出污泥而不染的莲花、傲雪欺霜的梅花和清雅素洁的兰花等题材，在人们的生活中息息相伴，并升华于美学、文学、艺术的高度，用以表达情思、抒发情感，或以装饰手法来畅神达意。

图10-2　唐代的花髻

各个不同的历史时期，人们对花卉的认识和应用的方法都不一样。如原始时期，人们多把奇花异草披戴于身，或将花卉之美注入日常用品的制作中，或在居住的环境中装饰美丽的花饰。此时，原始的花卉装饰意念已初步形成并不断完善。当纺织技术发展之后，人们将自然花卉加以综合概括，或织或印在纺织品当中，借以表达美的意念。在魏晋南北朝时期，由于佛教的传入，人们对花卉的选择和应用明显地带有宗教色彩和意义。如花卉品种多选用莲花、忍冬花、牡丹花等，装饰形式以供花、室内插花和头饰花为主。从装饰意义上说，花饰除对服装本身的修饰之外，还体现出人们对自然、艺术的认知，有时还在某种程度上反映出当时人们具备的文化、艺术素养。如隋唐时期，由于经济较为繁荣，对外交流频繁，使得社会发展较快，文化艺术进步，因此人们对服饰装扮的追求也更高。用花饰的形式装扮服装、头饰时开始注重题材的意境、花卉的品位，在不同的服饰形式中，花卉的选择讲究搭配，区别名花与一般花卉的用法，同时讲究花饰与服装中花卉图案的整体搭配。唐代的花髻是很有名的花饰。李白《宫中行乐词》中说："山花插宝髻。"就是以各种鲜花插于发、髻作为装饰。《奁史·引女世说》曰："张镃以牡丹宴客，有名姬数十，首插牡丹"（图10-2、图10-3）。将如此人而富丽的花卉插于发际，装饰效果较为突出。而唐代妇女更多应用的花饰为"柰花似雪簪云髻"。柰花即茉莉花，将一束束雪白的茉莉花插于黑发之间，黑白相映，形成对比，为妇女发饰中主要的装饰手法，在民间流传非常普遍。直到清代，民间女子插花于发际

图10-3　唐代的簪花仕女

的习俗仍流行不衰，因此在许多地区都有专门培植鲜花以供使用的花圃。如江南一带的插花以茉莉、素馨、蕙兰、夜来香、野蔷薇、牡丹等最为妇女所喜爱，而花源大多来自苏州、常州等地。

鲜花虽美，但无法久留，常需更换，因此明清时期苏州一带已有用丝绸、绒绢或通草等材料制作的仿真花来取代真花。这种仿真花饰制作精致逼真，又可耐久，亦为妇女们所崇尚，与自然花饰一同流传下来。

在西方的服饰艺术史中，使用花卉装饰的手法也非常普遍。如欧洲服饰的装饰性强，各个时期都有不同风格的花饰流传，或饰于衣裙之上，或饰于发际，或饰于内帽边缘。这种对于美的追求自原始人类始就已初步形成，每个世纪都在流传。花环和花冠是人们最常用的装饰物，在一幅公元前4世纪的壁画作品中，可以看到古罗马贵族妇女的花冠饰物。在许多反映伊特拉斯坎统治时期的罗马服饰的主题中，都有类似的金色叶片花冠，可见当时花冠装饰在妇女服饰中被普遍使用。将花朵大量装饰缀于服装上的方法，在欧洲18世纪达到了很高的地步。在服装史上，这个时期的欧洲处于装饰华丽、烦琐的洛可可时代，而花的使用又是洛可可风格的体现。贵族小姐的衣饰中，到处可见花卉的踪影，除了衣料上印花外，衣服的“褶边装饰镶满了花环，领口上有花、衣领上有花、头发上也有花，妇女喜欢在肩部和腰部装饰花束。……花饰也常常戴在肩上或镶在颈前的彩带上。……裙从腰间到裙子边缘都饰有花朵彩环”。在18世纪中叶，法国的庞波多夫人对服装的认识影响了世人的审美观，左右着整个欧洲服装的风格。她的服装装饰华丽、外观夸张、造型优美，并大量使用饰物，如颈下佩戴的花环，多层次的袖口饰以蓬松的彩带，轻薄的纱裙借助褶边、花朵、花边和彩带的衬托，使整套服装给人以明快轻柔、宽松飘逸的动感，花饰已逐渐被融入服装设计之中。庞波多夫人服装的装饰观，充分细致地体现出洛可可风格，既迎合了时尚特征，又反映她个人高雅的品位。当时社会上层时髦的名媛淑女们竞相模仿她的装束，在发型、面料、款式、装饰、珠宝首饰等各个方面都展现出了她的风格。在服饰史中，以庞波多夫人命名的有发型、首饰、装束等。因此，庞波多夫人对服装的影响使她被载入了服装史册。

二、花饰的艺术特征

服饰中的花卉装饰的目的应是多种并存，如装饰审美性、民族标识性、宗教礼仪性、御寒遮羞性，甚至还有表示等级地位、象征身份、取悦他人等多种含义。但从中外服饰发展过程分析，审美装饰性应排列在第一位。虽然现今服饰中的花卉的装饰形态已不同于历史服饰的形式，许多原始、古老的花卉装饰形式也逐渐失去了其自身存在的价值，但在服饰史中却占有过不可忽视的地位。

服装花饰的审美艺术特征，首先体现在原始模仿性上，自然界中万般奇异美丽的花草都是人们进行模仿的良好素材，人们将花卉编成花环佩戴于身，给人们造成外观上的视觉美感及佩戴者自身的精神愉悦。然而，自然花卉短暂的生命力不能持久地保存，促使人们产生了用其他材料仿制的方法。模仿出的花饰逼真、美观、耐用，在仿真的基础上还有较大的发挥创作余地，人们的审美视野得到了进一步拓展。

装饰造型审美性是服饰花卉的第二个特征，它通过多层次或复杂的空间结构，使服装呈现出立体、富于变化的外观效果。归结起来有两个主要特点：一是造型的多样性，它集众多花卉的造型、色彩、结构精华，经过变化和浓缩，以其新颖的外观吸引众人，给人以视觉上的美感；二是装饰形式的多样性，它运用各种不同的装饰手法，在不同的装饰部位，造成立体空间的装饰效果。花饰排列的聚散所形成的节奏感、韵律感能够引起观者视觉上的审美共鸣；花卉装饰的多与少也恰到好处地衬托出服饰的美感。服装与花饰、配件与花饰的合理组合，使得服饰从整体上产生独特的个性和视觉上的综合美感。

花饰色彩审美性在服装花饰中也十分重要。花饰色彩装饰的规律在于整体协调，在这个大前提下，应考虑三个方面：一是花饰的色彩完全与服装一致，如一袭白色的晚礼服，腰际所饰的蝴蝶结色彩取之于服装，使整套服装给人以清新高雅的美感；二是以亮丽色彩的花饰作为点缀，以求达到画龙点睛、以少胜多的效果，如在黑色天鹅绒晚礼服上以金色花朵作为装饰，在理论上这种无色系之色点缀容易协调统一，在视觉上则易达到令人赏心悦目的色彩效果；三是强烈的色彩对比组合，在传统民族服饰中，这种方法运用得较为普遍，具有装饰趣味，有时服饰可由许多不同色相的花卉对比组合，并利用色彩的补色原理，使花饰看上去更艳丽、更强烈。

在当今社会发展变革时期，人们讲求高效率、高速度的工作节奏，整个社会都处于繁忙紧张的境地之中，风格简洁明快的现代服装不可能像18～19世纪那样尽情地进行装饰，但人们仍喜爱大自然赋予的美丽，仍怀念古典优雅恬淡的田园风情。因此在服饰上，饰有花卉的作品仍很迷人耀眼。尤其是众多服装设计大师，从古典服装和民族服饰中汲取精华，获得创作灵感，使得许多服饰作品既带有古典高雅的格调，又尽显现代创意新潮的风采。花饰风格多种多样，仿真花卉逼真自然，与真花几乎难分上下；变形花卉夸张大方，自然花卉与之难以比拟。除了花卉的造型、色彩外，有些花饰还加饰了晶莹的露珠、芬芳的香气、自然的开合等，更为之增添了自然的情趣。

服饰中的花卉装饰，在服饰中起到了装饰点缀的作用。有些特定场合、特定的服装，使用特定的花卉才能形成服饰的整体美。花卉装饰的形式，主要有两个方面，一是对服装的修饰，其中部分包含在服装设计的构思当中，如花式服装、服装的局部装饰等；二是独立的花卉装饰，主要为花冠、花环装饰、头花、手捧花束装饰等。

花式服装指整套服装都是花卉形态，服装的外观以某种花卉形态形成，也可以将各种花卉缀满服装。人们在节日喜庆的场合中或舞台上穿着花式服装，仿佛是被掩映在鲜花丛中，效果非常独特。在舞台服饰中，还可将此类服装设计成变色、变花形的造型，随着音乐节奏的变幻和演员舞蹈的节奏，随时变化服装的花式和色彩，达到引人入胜的目的。

服装局部装饰指花卉饰品分别装饰于服装的不同部位。常见的装饰位于服装的领口、袖口、肩部、背部、胸口、腰际、衣边、下摆等部位（图10–4）。花卉的造型为单独的大型花朵、一束或一小丛的小型花朵、叶片、蝴蝶结等。花卉的材料、色彩、造型都应与服装的款式、造型、面料、色彩相适应，协调一致，否则会出现孤立、不自然的情况。服装局部装饰花卉，常见于晚礼服、节日服装、舞台服装、便装、西装、休闲装以及童装中，应用的范围很广，深受人们的喜爱。这类花饰虽主要起到了点缀的作用，但它作为完整设计构思中的一部分，也有着独立的装饰作用。

花冠、花环装饰，在各民族的传统服饰中，应用很普遍，人们通常将美丽的山花野草采摘下来，编成花环、花冠，佩戴在颈部或头上，用以装扮自己，表达美好的心愿。花环和花冠主要以多组花草叶片编成环形，单色花朵编成的花环活泼多姿，多色花朵花环则缤纷艳丽。人造花卉的制作以丝绢仿真形式或意象的花朵、蝴蝶结组成。在花环中还可点缀上漂亮的丝带、小球等饰物，更增添活跃的动感。

服饰中的花卉装饰，除了头颈衣装的装饰之外，还包括手捧花束的形式，因为在许多特定的

(a) (b)

(c) (d)

图10–4 服装局部花卉装饰

场合里，利用手捧花束的形式可以烘托服饰整体和环境气氛，使服饰装扮具有特定的情调和意境。手捧花束的设计讲究突出花卉的特征、色彩的组合以及数量的多少。在设计原理中，形式的重复本身就是美，因此同种花卉的重复、色彩的重复、大小的重复等，都能给手捧花束带来美感。

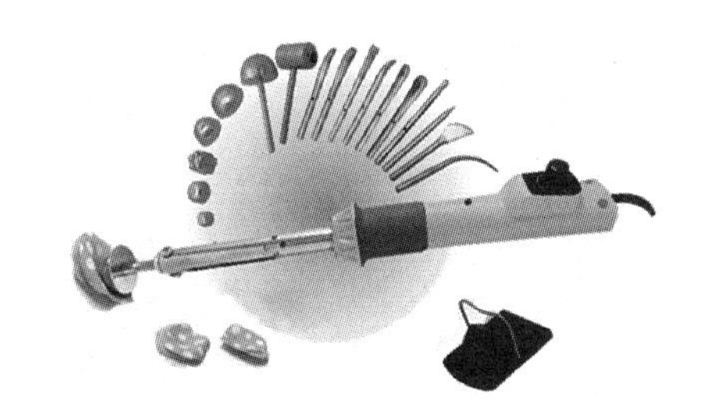

图10-5 熨花器

三、制作人造花卉的材料和工具

人们以各种材料按照自然花卉的形状、色彩、质地来加以制作，形成仿真花卉，人们称其为“人造花”或“仿真花”。由于自然界中的花卉千变万化，形态各异，因此制作人造花卉时必须考虑所设计花卉的质感、花型特点，以选用相应的材料及工具。

（一）制作人造花卉的材料

制作人造花卉的材料很多，有布料、纸、皮革、草茎、珠子、亮片、铁丝等。

布料是制作花卉最常用的材料之一。由于制作花卉时常直接将花瓣形状从布料上剪裁下来，因此所使用的布料应考虑质地细腻、紧密，避免使用结构松散、容易脱线的粗纹织物。常用的布料有丝绸类、棉布、呢绒、合成纤维织物等。

丝绸类面料有双绉、绢、绉纱、缎、电力纺等。

棉布类面料有薄型的棉布、厚棉布、针织布等。

呢绒类面料有纯毛呢料、混纺呢料、羊绒呢、毛毡等。

化学纤维类面料有尼龙纱、腈纶、胺纶等。

皮革及毛皮类材料有牛皮、羊皮、麂皮、兔皮、水貂皮、狐皮以及各种人造皮革和人造毛皮。

另外还需要一些棉质的韧性较好的纸张。

作为花朵支撑物和固定物的铁丝是必不可少的，可以准备由粗到细的铁丝、铜丝数种以备使用。

根据所制花卉的需要，应准备一些合适的绳线以便绑扎缝缀。通常使用各色棉线、丝线、尼龙线或绒线，必要时还可以使用粗一些的麻绳或棉绳。

作为花朵上的装饰物，还要准备一些漂亮的珠子、亮片以及适合于花朵的装饰物。

（二）制作人造花卉的工具

制作人造花卉的工具比较简单，主要由裁剪工具、缝制工具、整烫工具组成。

裁剪工具包括普通剪刀、尖头剪刀，另外还要准备一把能剪切铁丝的小铁剪。

整烫工具除了常用的家用调温熨斗外，还要准备一套可调换熨斗尖的电熨斗，可以根据花型的需要和用途来选择不同的熨斗尖。熨斗尖的形状有细长弯头型、钩型、球型、管状等多种形状，起到拉、压、抽筋等不同的作用（图10-5）。

缝制工具主要使用各种细长的缝衣针、锥子、镊子等。

另外，还要准备糨糊、胶水、胶带纸、刷子、染料等材料，在制作特殊花卉时备用。

四、人造花卉制作范例

在制作花卉之前，我们应先明确制作花卉的主题，是模仿自然花型的特点，还是根据自然花型略作夸张变形，也可设计成完全脱离自然花卉形态的抽象作品。

确定好主题后，选择合适的材料开始制作。我们将花卉的制作方法归纳为两种，一是裁剪制作法，二是卷折缝制法。裁剪制作法适宜制作较为逼真写实的花卉形态，而卷折缝制法则更适合制作比较抽象的花卉形态。

（一）裁剪制作法

裁剪制作法首先要制作纸样。根据花瓣的特点，将其形状绘制在纸上，如果花型较大，可绘制出从大到小的花瓣纸样数片待裁。有的花型较小，花瓣细长，所作的纸样可将其连接起来，但要注意将花瓣由大到小的排列。

用裁剪法制作花卉，一般要将面料事先用糨糊刮刷处理，待平整干燥后方可用于裁剪。

制作写实花卉时，要分别处理好各个部分的关系，如花茎、花蕊、花瓣、花萼、叶子等局部的造型，以及它们组合后是否能够完整、协调、美观。

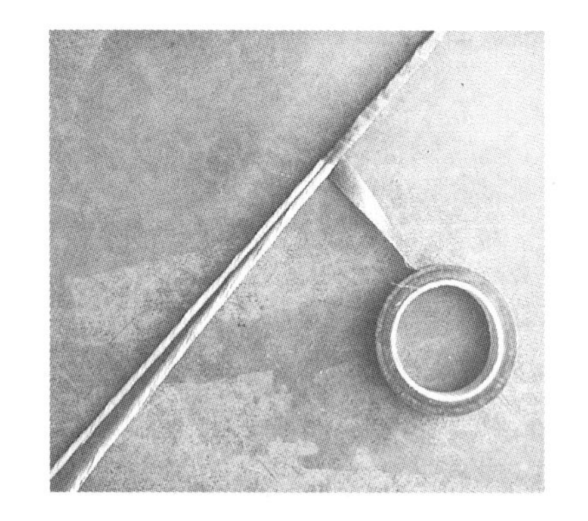

图10-6　缠茎

1. 制作花茎　花茎一般用铁丝、铜丝制作，除极少数使用裸露的铁丝之外，大都将铁丝用布料或纸张包裹起来，有缠茎、包茎、斜卷茎等方法。

（1）缠茎：将铁丝一根或数根组成一束，用刮上糨糊的布条或纸条缠好待用（图10-6）。

图10-7　包茎

（2）包茎：在制作较粗花茎时使用。将铁丝束放在包茎布的中间，刮好糨糊后卷合起来，可用单层或多层布料（图10-7）。

（3）斜卷茎：制作较细的花茎所用，一般用丝绸、绢、细布等制作。将面料斜裁成1cm宽的布条，在布条上刮好糨糊，卷起布头插入斜卷茎熨斗的大孔中，从另一侧小孔拉出即成（图10-8）。

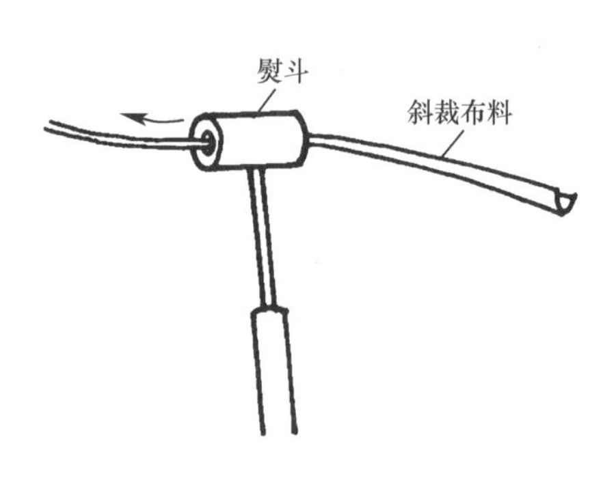

图10-8　斜卷茎

2. 制作花蕊　花蕊有许多不同的形状，除了在商店里可以买到的成品外，我们还可以利用棉线、铁丝、尼龙丝等制作出各种形状的花蕊。

（1）布蕊：先把浆好的布料裁剪成长条，再按需要剪出切口，将铁丝做成的茎头部拧弯、挂住布条的切口，刮好糨糊，卷平整即完成（图10-9）。

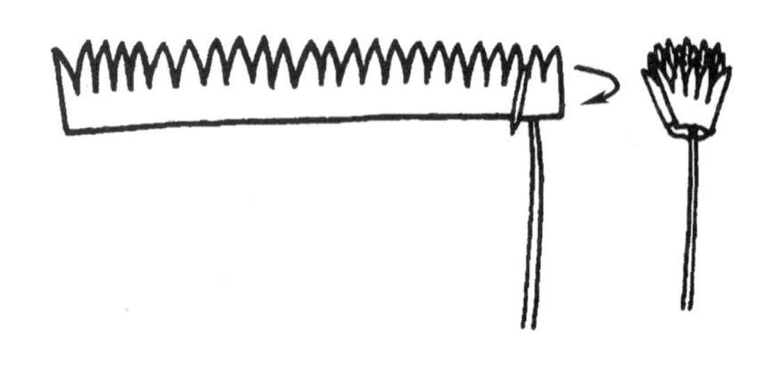

图10-9　布蕊

（2）尼龙丝蕊：在市场上购买较粗的尼龙丝（钓鱼线），剪成一定的长度并扎成一束。在每根尼龙丝的头上穿进一颗小珠子，用火烫一下将其固定住（图10–10）。

（3）线蕊：用棉线一捆包卷在棉纸中间，切口处涂上胶水，将其粘在花心部位，待固定后除去棉纸（图10–11）。

（4）纤维花蕊：用腈纶棉纤维或塑料纤维抽丝理顺、修剪平整，绑扎在铁丝上，尾端用纸条包卷起来。

3. **制作花瓣**　由于自然花卉的形态多种多样，我们在制作花瓣时需先分类，如单瓣花、复瓣花、片状、条状等，然后根据花瓣的造型来制作。

（1）单片花瓣：将面料浆好，裁剪成一片片的花瓣，花瓣要从小到大按序摆放，根据各种花朵而数目多少不等。裁好的花瓣要用熨斗熨烫定型，然后在花瓣的根部涂上糨糊，从中心开始一片一片贴在花茎上。必要时可用细线将它绑扎起来（图10–12）。

（2）翻卷花瓣：如果花瓣比较细长密集，可以将面料裁剪成条状，再分别裁剪成细长的花瓣形，但不要将布条剪断，在连接部位涂上糨糊卷在花茎上，最后将花瓣整理平伏即可（图10–13）。

（3）整裁花瓣：用于形状较大的花瓣。裁剪时考虑花卉的整体造型，无论是单层的还是多层的，可以同时裁出花瓣的每一片。如果是多层的，应考虑每一层的大小渐变，然后分别整烫每一花瓣，在花瓣的中心部位涂上糨糊，贴在花茎之上（图10–14）。

4. **制作花萼**　花萼的形状主要有圆形、齿轮形、扇形等。根据花卉的品种，将制作花萼的面料裁剪出来，然后在根部涂上糨糊，粘贴在花朵的底托部（图10–15）。

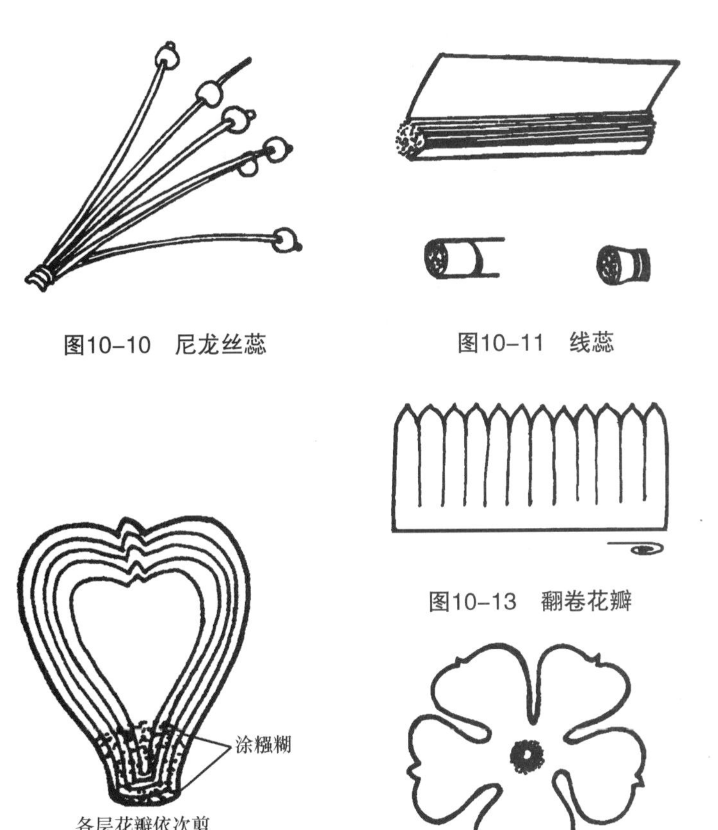

图10–10　尼龙丝蕊

图10–11　线蕊

图10–12　单片花瓣

图10–13　翻卷花瓣

图10–14　整裁花瓣

图10–15　花萼

5. **制作叶子** 叶子的形状很多，有阔叶、细长叶、圆形叶、巴掌叶、锯齿叶、扇形叶等。在制作叶片时，将布料上涂上糨糊，并用铁丝固定在叶子的背面；有的叶子需用双层，要把铁丝固定在夹层中，然后在叶片上用起筋熨斗烫出叶脉。有的叶片较大，需用铁丝多处固定，或按叶脉固定，或沿叶边固定，主要起支撑作用（图10–16）。

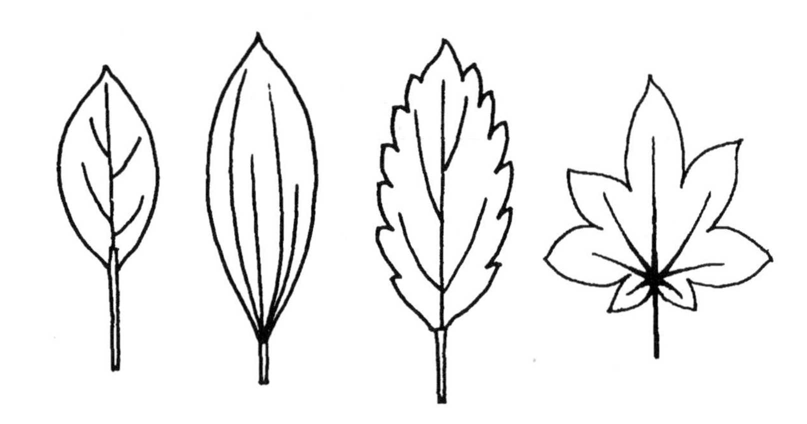

图10–16 单片叶子

有的叶子为单独使用，有的叶子则为多片组合而成。在制作多片叶子时，要掌握各种叶子的组合特点，并用细铁丝加以组合固定（图10–17）。

图10–17 多片叶子

（二）卷折缝制法

卷折缝制作花的方法在制作服装的花卉中应用非常广泛，所用的材料多为半透明、有光泽的面料或丝带。卷折的方法很多，在制作时要边卷折、边缝制。

1. **翻卷法** 选择1～1.5cm宽的丝带，将开头的部位折成三角形，然后左、右手相互配合，左手将丝带向内卷的同时，右手将丝带向外翻折。反复翻卷数次后，用针线从花朵的反面加以缝合、固定（图10–18）。

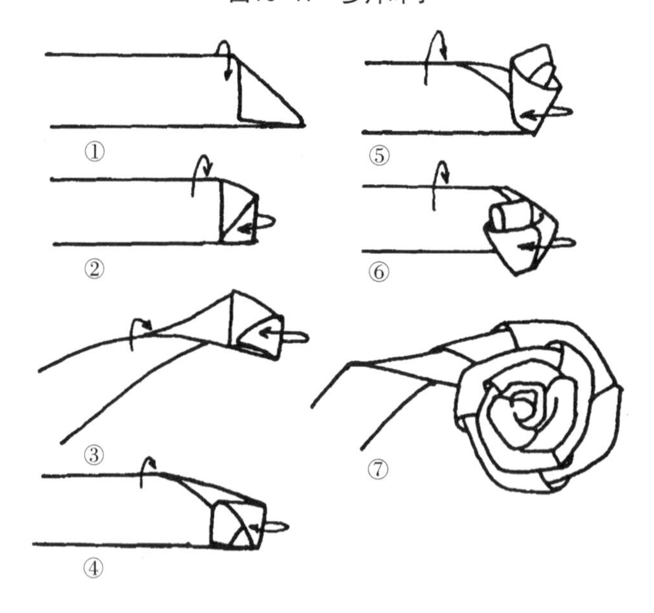

图10–18 翻卷法

2. **卷折法** 将布料裁剪成长条形，也可裁剪成由宽到窄的长条形。对折后从布条的开头部位边折边卷，花心部位卷折得紧些，向后折卷时可边卷边缝缀，最后裁剪一圆形花托缝在花朵的背部，将缝缀的花根部全部包起来（图10–19）。

有的花卉可用单层面料卷折，做出的花型比较轻盈、飘柔；也有的花卉可用双层或多层同时卷折，这种花饰的层次多，立体感强，有厚重感。

花朵做好后，将尼龙线（钓鱼线）缝在花心处作为花蕊，尼

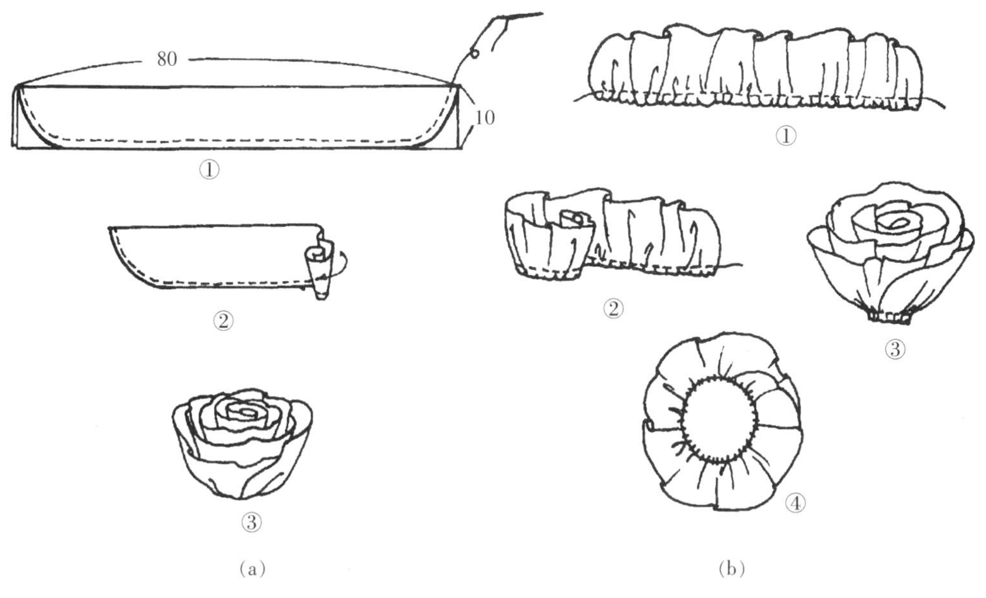

图10-19　卷折法

龙线的长短可根据设计的意图自行裁定，在线头处还可以烫上小珠子，以增加花饰的对比和动感（图10-20）。

卷折法还可分为平面卷折、立体卷折、扇形卷折等。

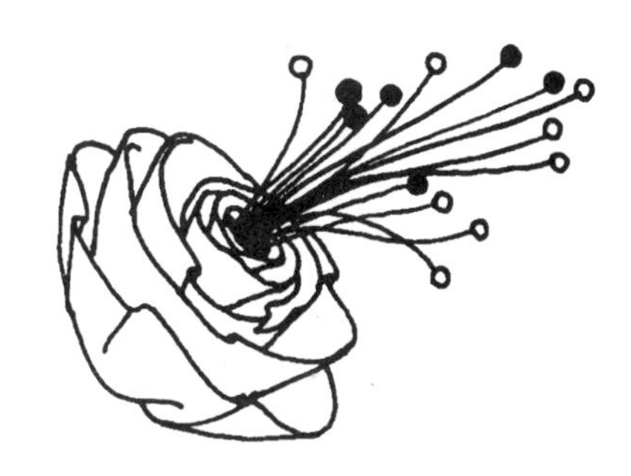

图10-20　花蕊

（三）各种人造花卉的制作方法

1. **蝴蝶结**　蝴蝶结在服装上的应用很普遍，从晚礼服、便服、职业服、儿童服装到帽子、鞋子等服饰物，都可见蝴蝶结的踪影。蝴蝶结的制作简单，外形美观。在一套服装中，可用单独的大型蝴蝶结，也可用一组小型蝴蝶结，各有自己的独特之处。

制作时，把一块布料裁剪成长方形，从反面缝合，中间留出一个开口，翻出正面，再按折扇法将中间折起，用另一细布条从中间绕紧缝合（图10-21）。

图10-21　蝴蝶结的制作

蝴蝶结的式样很多，有单片、双片或多片组合，花瓣也可设计制作成圆形、菱形、方形、三角形等各种形状。

一般的蝴蝶结内部不用加衬，但如果做一个较大的蝴蝶结，且需要较为硬挺，应在内层加上粘合衬以增加其硬度。

2. **玫瑰花** 玫瑰花的特点是花瓣从小到大重重包叠。制作时，应先缝制一个花心，将花瓣裁剪好后缝钉抽褶，再由小到大一瓣瓣地包缝上去，每瓣重叠三分之一，花的表面中心呈三角形交错，外轮廓为圆形，非常美观。玫瑰花制作完成后，还可以配上两三片叶子（图10-22）。

3. **向日葵** 向日葵的特点为花朵较大，花瓣分为圆形和细长型，用明黄色布料制作。圆形花瓣以折叠缝制的方法制成，细长型的花瓣为单片，用较厚的布料经浆洗后裁剪成型，然后一片一片缝制上去（图10-23）。

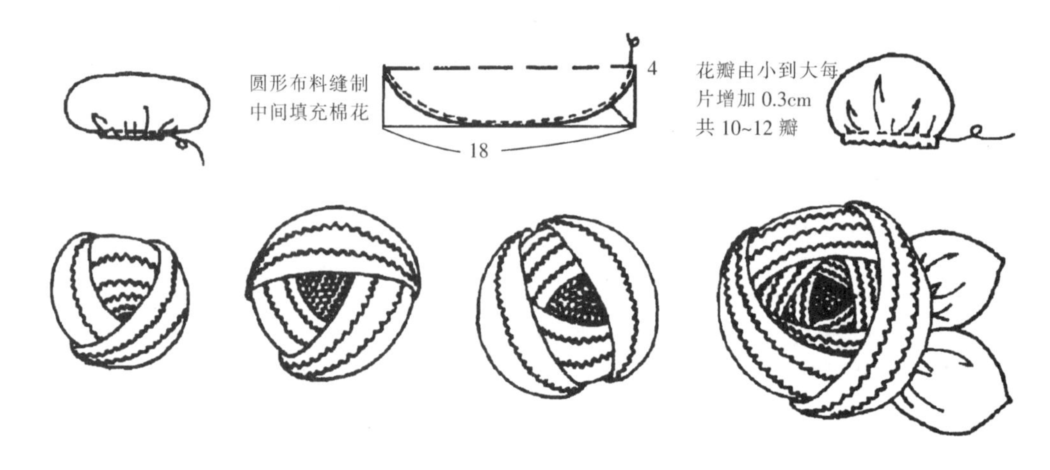

图10-22 玫瑰花的制作（单位：cm）

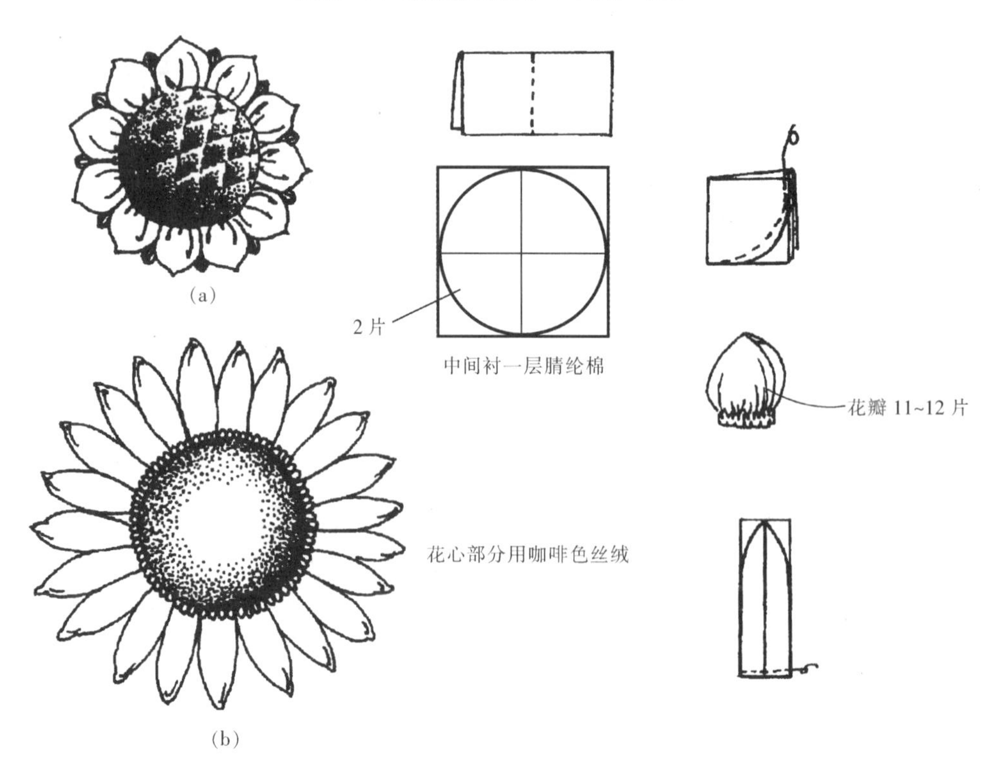

图10-23 向日葵的制作

4. 纽扣花　纽扣花中间采用一粒较好看的纽扣，花瓣选用弹性针织编带，两层或三层均可，重合后缝合抽褶，环绕纽扣一周缝合（图10-24）。

5. 山茶花　山茶花有单瓣和复瓣之分，区别在于花瓣的多少，而制作方法相同。花心部分取一条较长的白色有光布料，缝后反复折叠，用针线固定。花瓣部分裁剪出大小不等的花瓣片数枚，然后分瓣缝合在花心背上（图10-25）。

6. 绣球花　先制作一个花托，托内填入腈纶棉。用浅紫色和浅蓝色的尼龙纱裁剪成小花瓣，每4片同色的钉成一朵，再将每朵小花缝在花托上。两种颜色穿插缝合（图10-26）。

7. 海带花与太阳花　海带花：用透明尼龙纱制作而成。将尼龙纱按45°角斜裁成长短不一的花瓣数片，把裁剪好的花瓣边缘拉松些，然后用熨斗烫一下将其固定，花瓣便呈波浪状，然后有规律地缝合即成［图10-27（a）］。

太阳花：可以采用制作海带花的方法，只是尼龙纱的颜色选

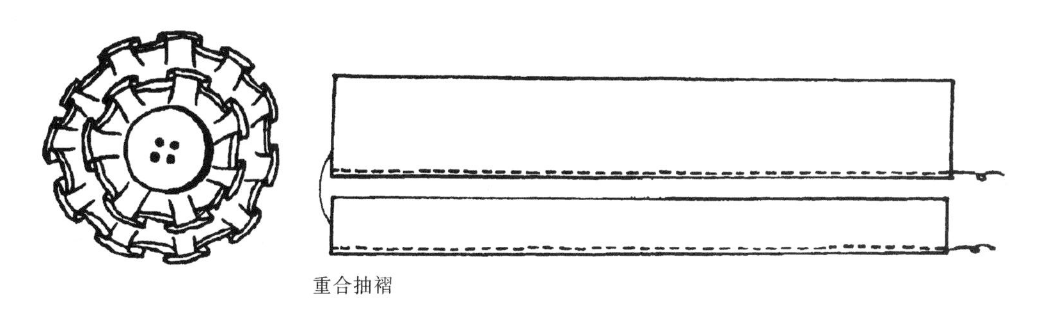

图10-24　纽扣花的制作

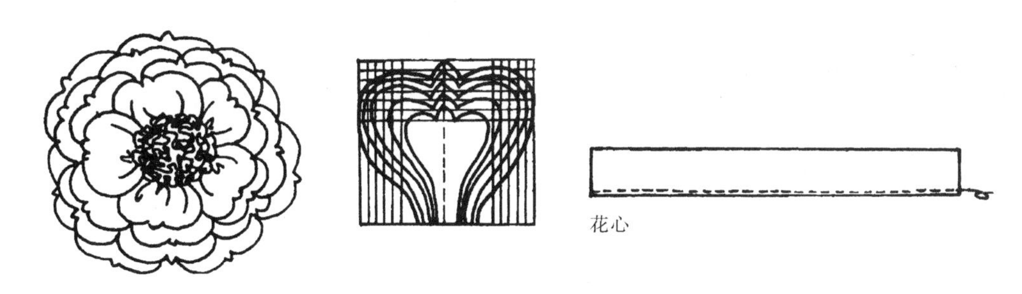

图10-25　山茶花的制作

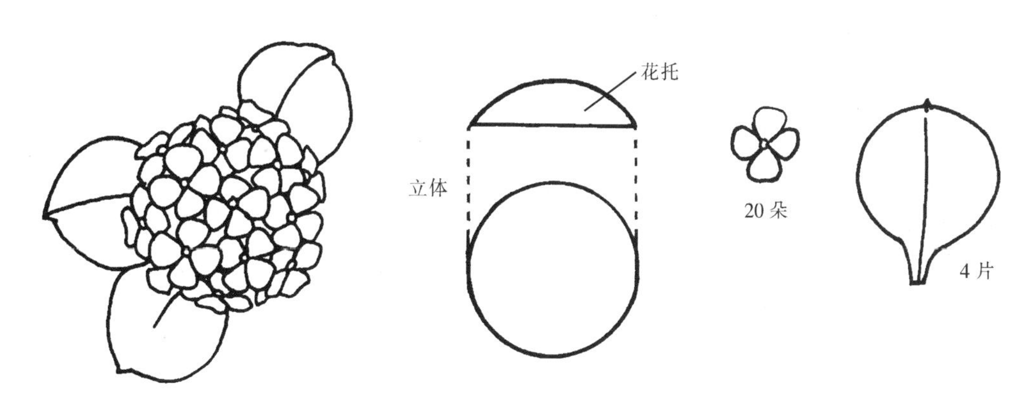

图10-26　绣球花的制作

用大红色［图10-27（b）］。

8. **蝴蝶结花环** 选一组藤条编结成圆环状，大小可自定，用彩色缎带将其缠绕起来。将布料裁剪制作成一个大的蝴蝶结，十余个小的蝴蝶结，然后逐一缝在圆环上。蝴蝶结可由数种颜色组成（图10-28）。

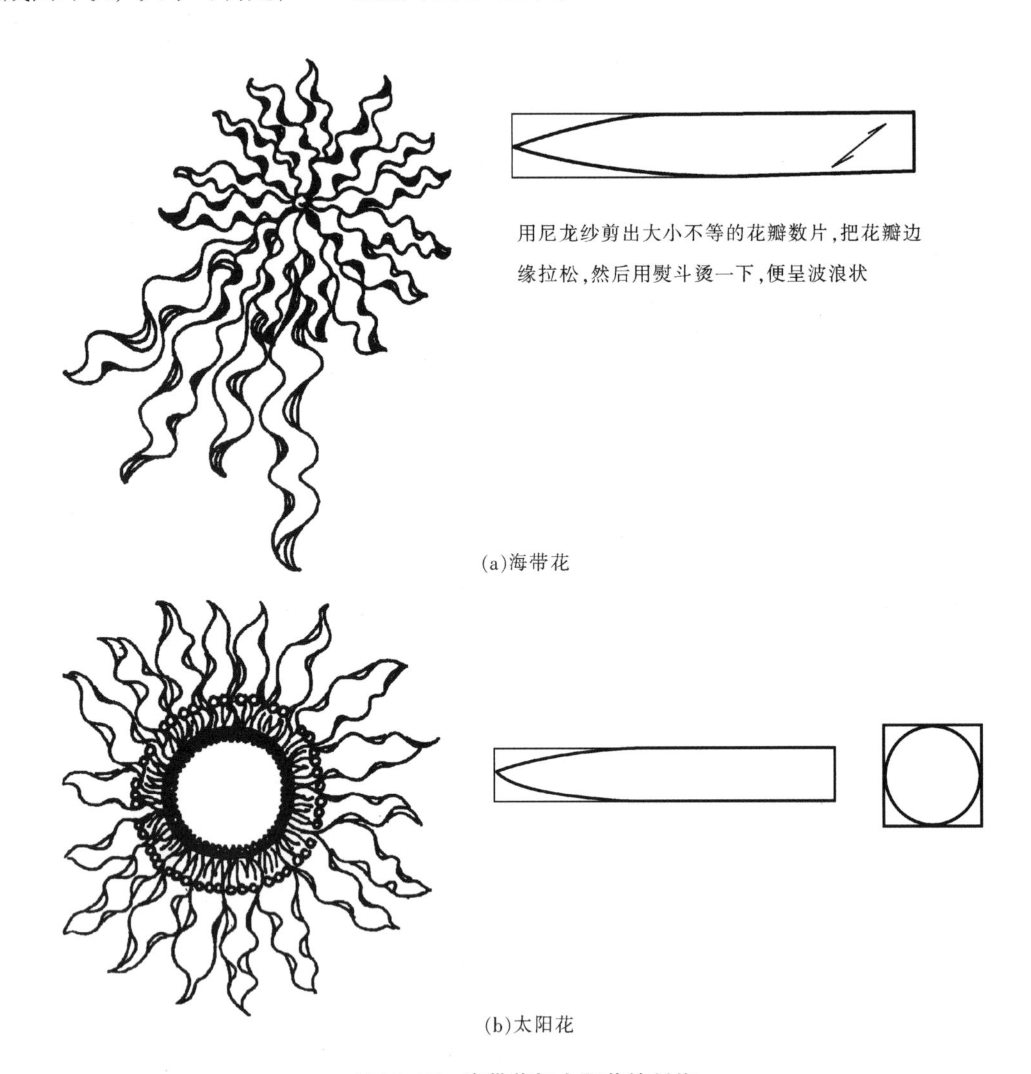

图10-27 海带花与太阳花的制作

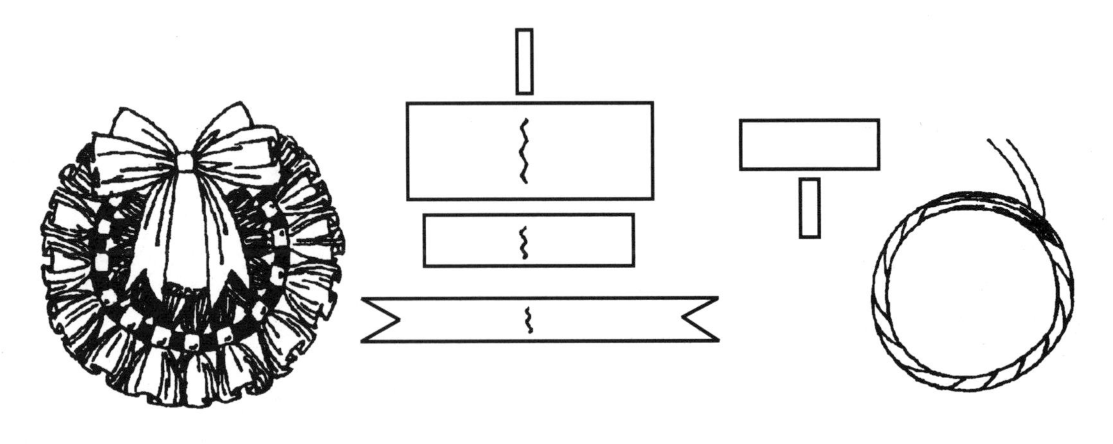

图10-28 蝴蝶结花环的制

第二节 领带、领结、围巾

一、领带和领结

领带和领结是从外国传入我国的一种男式装饰物，如今在女装中也可使用。

早在16世纪80年代，欧洲男子服装追求华丽的装饰，衣领部分奇特的装饰令人称奇。如由金属框架支撑的大褶领及扇形花边，大褶领下由缎带结成一个下垂的花结，这即为领结的最早雏形。此后在男式服装中，渐渐地出现了各式领结。17世纪以后，领前的垂饰更为精致漂亮，有的是用威尼斯式针织花边（图10-29）制成。而法国大臣的领结为较简练的方形垂片，这是一个值得注意的变化，领带的形式是否由此演变而来值得考证。

图10-29 1670年佛兰芝人的领结

领带来源的另一说法，即受克罗地亚士兵所系领带的影响。该领带为一条亚麻布制成，末端镶有花边，将领带围在脖子上后再用一条缎带系牢，领带向下垂饰而缎带结成蝴蝶结。这是一种较为古老的领带式样，后来在法国服役的克罗地亚士兵都系这种领带。另一种领带是用一块方巾按对角线折叠数次，形成一条窄长的带子围在脖颈上，然后打一个漂亮的蝴蝶结。这种领带式样在某些地区一直流行到第二次世界大战之前。在路易十四的肖像画中，我们可以看到他颈部的缎带结向两边展开，领结上的针织花边从缎带结的下边露出并整齐地垂挂在胸前，非常美观（图10-30）。

关于领结，也有一段有趣的故事：在1692年斯坦克科战斗中，一些法国士兵清晨突遭袭击而被俘，他们在匆忙之中系上领结，把领结末端的布角塞进上衣领下的一个扣眼中。以后这种方式竟然成为一种新式方法而得到人们的注意，他们称此领结为"斯坦克科"式，无论男、女都系上了这种领结且着实流行了一阵，这种领结甚至成为人们的炫耀之物（图10-31）。

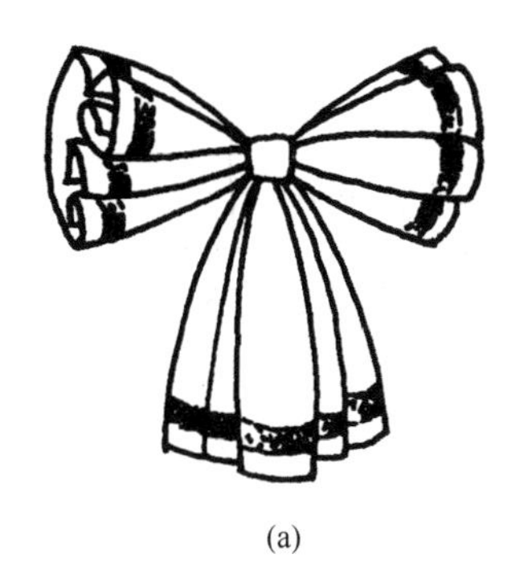

(a)

(b)

图10-30 路易十四肖像画中的领结

17世纪末流行的领带（图10-32），在18世纪80年代重又出现，领带的式样也有了新的变化，出现了许多的新造型及结法（图10-33），一直流行到19世纪20年代。此后，以往那种围在脖子上数圈的领带，改为围成平展的一层，末端打上一个平整的结（图10-34）；有时还采用领带别针加以固定，如阿尔伯特王子曾用一条端头有珍珠的领带别针来固定领带。当时的领带和领结除了黑色之外，还有白色、灰暗色调，有花形图案和条形图案等。19世纪60年代流行一种窄式蝴蝶领结，在正式场合人们多用白色领结，平时的领结带有花形图案。70年代蝴蝶领结逐渐少用，取而代之的是类似今天的活结领带和领结，而且越加讲究与礼服的配套使用（图10-35）。在许多正式场合中，领带与领结成为男装中不可缺少的装饰。

图10-31　斯坦克科式领结

(a)

(b)

图10-32　17世纪末法国式领带

德国勃兰登式领带

美国式领结

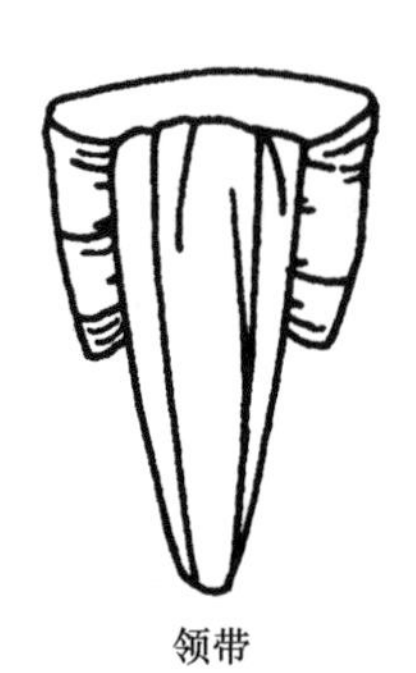

领带

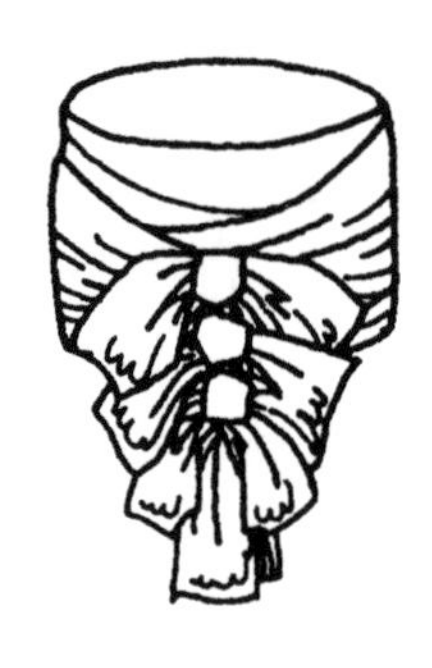

图10-33　18世纪新的领带结法

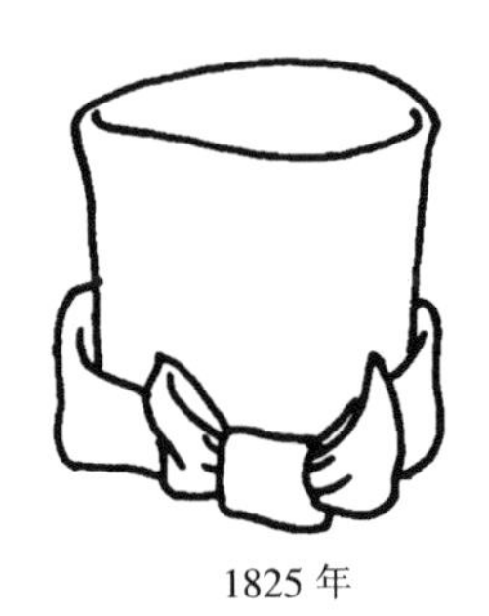

1825年

图10-34　19世纪的领带结法

图10–35 现代的领结、领带

20世纪以来，领带及领结已基本形成固定的式样，在一些正式场合中它成为必需的饰物，如音乐会中乐队男性指挥者的固定服饰是燕尾服与领结或西装与领结；男士们工作、谈判、出席宴会的正式服装是西装与领带，这种形式已约定俗成地在人们心目中成立。另一方面，传统的领带以巾为饰的方式，从领带中分化出来，与传统的围巾结合，形成了特有的围巾装饰（在后面细述）。

领带在宽窄、长短、方头、尖头上加以变化，在所用面料和加工方法上加以变化。如领带常用真丝织物、棉织物制成，现在还利用丝麻织物、化纤织物、针织物及皮革制品制成，以素色、印花、绣花、压花等方式创造出新的形式和面貌。人们还在不断改变它的系结方式，如打结式、拉链式等，使领带和领结更为舒适合体，更加实用。

今天的领带和领结，是男士服饰中重要的装饰品之一。尤其是在一些正式场合，男士们穿着正规的西装，在白色衬衫之上再系上合适的领带（或领结），无形中增添了一种严肃和庄重的感觉，这种搭配形式曾是西方男子服饰中正式着装的典范，已盛行了近一个多世纪，而今天仍不失为男装中的上乘选择。然而，另一种轻松、舒适的装扮形式正在冲击着传统方式，也影响着人们的装饰观念。穿着风衣、夹克或其他服装的人，也落落大方地系着领带，展现出一派洒脱、自然的风貌，有着独立、个性的时代风尚，这是传统装饰形式难以企及的。

在佩戴领带或领结时，要注意选择与服装搭配适当，从领带的面料、花纹图案、色彩、造型等方面综合考虑。如常用的领带或领结有丝绸面料、针织涤纶面料、毛呢面料及皮革等，它们各有不同的外观和手感。花纹图案和色彩根据面料的不同，有色彩典雅的几何型小花，富有传统魅力的波斯纹样，有色彩对比强烈的大型图案，更多的是各种不同色调的单色领带。在选择领带、领结时，要根据服装的不同面料、质感，不同的色彩花型来考虑，应做到色彩深浅相宜、冷暖适当，花型及面料、手感均有一定的搭配，起到衬托、点缀和装饰的效果，而不要过分夸张，喧宾夺主，这样才能使整个服装与饰品相得益彰、风采动人。

二、围巾

围巾是当今服饰中不可缺少的饰物之一。在许多服饰和穿着场合中，围巾非常富有表现力并具有神秘迷人的变幻力——披于头颈之间、绕于胸前、扎在蓬松的马尾辫上、缠在手腕上、飘于肩背之间……充分显示其点缀、美化的作用。围巾不分男女老幼，人人都可用之，然而有的人以实用为先，有的人更注重装饰。据史料记载，女式围巾应源于我国汉唐时期的披帛；而男式围巾则来源于欧美国家的领巾。它与巾帽之“巾”有所区别，“巾”为披戴于头上的装饰物，而围巾为披戴于肩颈之间的装饰物。

《中国古代服饰史》中介绍：披帛于唐宋期间尤为盛行。披帛的出现，一说来源于秦汉，但并无具体的形象资料可供考证。至唐宋期间，妇女披帛的形式可从众多的绘画资料及文字资料中看到。如《中华古今注》中曰：“女人披帛，古无其制。开元中，诏令：十七世妇及宝林、御女、良人等，寻常宴参侍令，披画披帛，至今然矣，……”披帛，又称为帔帛、领巾，形制如今日长围巾，因此被认为是围巾的雏形。汉唐时的披帛较长，面

图10-36　汉唐时期的披帛

料轻薄，被风吹可有飘逸之感，女子常将它披绕在肩背上，两端垂于臂旁，有的将披帛一长一短垂于膝下，也有的将披帛在胸前松松地绾结，造型非常美丽（图10–36）。宋代仍保留了披帛的习俗，其形制与唐代披帛相似，也称为领巾，具有装饰性。宋诗中常有诗句形容之："轻衫束领巾""花枝窣地领巾长"等。宋代的领巾较长，有飘逸感（图10–37）。到明清时又派生出"帔子""霞帔""云肩"等服饰，造型有所变化，已失去披帛的特色。明清以后，围巾之称谓已取代了披帛，除了装饰性外还具有保暖等实用性。后又出现用棉或毛织品制作的围巾，富有者以高档毛皮如貂、狐毛皮制作的围巾围于颈间，一则体现其富有雍容之美，二则达到保暖的效果。

到辛亥革命以后，围巾的使用面更加广泛，男女均有佩戴围巾之俗，有布料、呢料及手针编织的围巾等（图10–38）。

外国男子的领巾、领结也是现代围巾的来源之一。许多国家流传下来的领巾装饰，部分形成了程式化的领带和领结，部分则分支为潇洒飘逸的围巾。如粗犷豪放的牛仔领巾、优雅高贵的花边领巾等，如今以围巾的形式再现于男女服饰之中，并以新的装饰方式重新展现出来（图10–39）。

围巾的造型、面料、色彩极为丰富，用途也非常广泛。如围巾以长方形、正方形、三角形、圆形等几何造型为主；棉、毛、丝、麻、化纤各种面料均可制作，也可以不同面料镶拼而成；色彩花型应有尽有，组成了一个艳丽斑斓的围巾世界。在与服装的搭配方面，可根据个人的兴趣爱好及审美观刻意组合，但要考虑到其装饰性和整体性。围巾作为点缀，可带有一定的对比性，如素色衣裙可选择具有鲜艳色彩和花型的围巾搭配，男士服装也可选择有小花型的围巾作为点缀。

围巾的装饰方法也很多样，以披挂、打结、缠绕等多种形式为主，也可借助一些漂亮的饰针将其固定，有时松松散散仿佛随意而就的组合，其实已包含了佩戴者的精巧设计，体现出美的内涵。

图10–40所示为几种围巾的用法。

图10–37　宋代的领巾

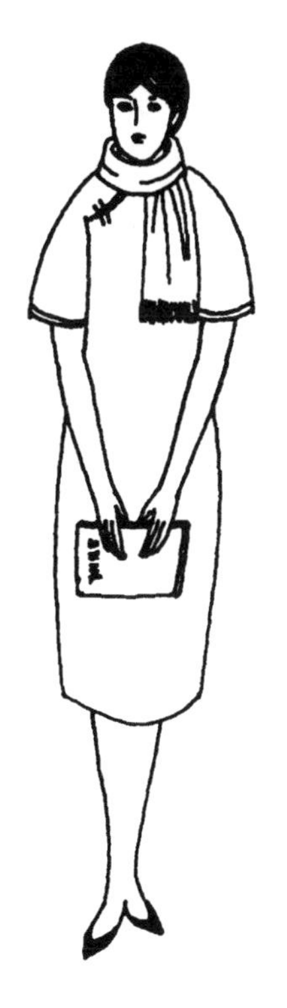

图10–38　围巾（辛亥革命之后）

(a)

(b)

图10-39　现代围巾

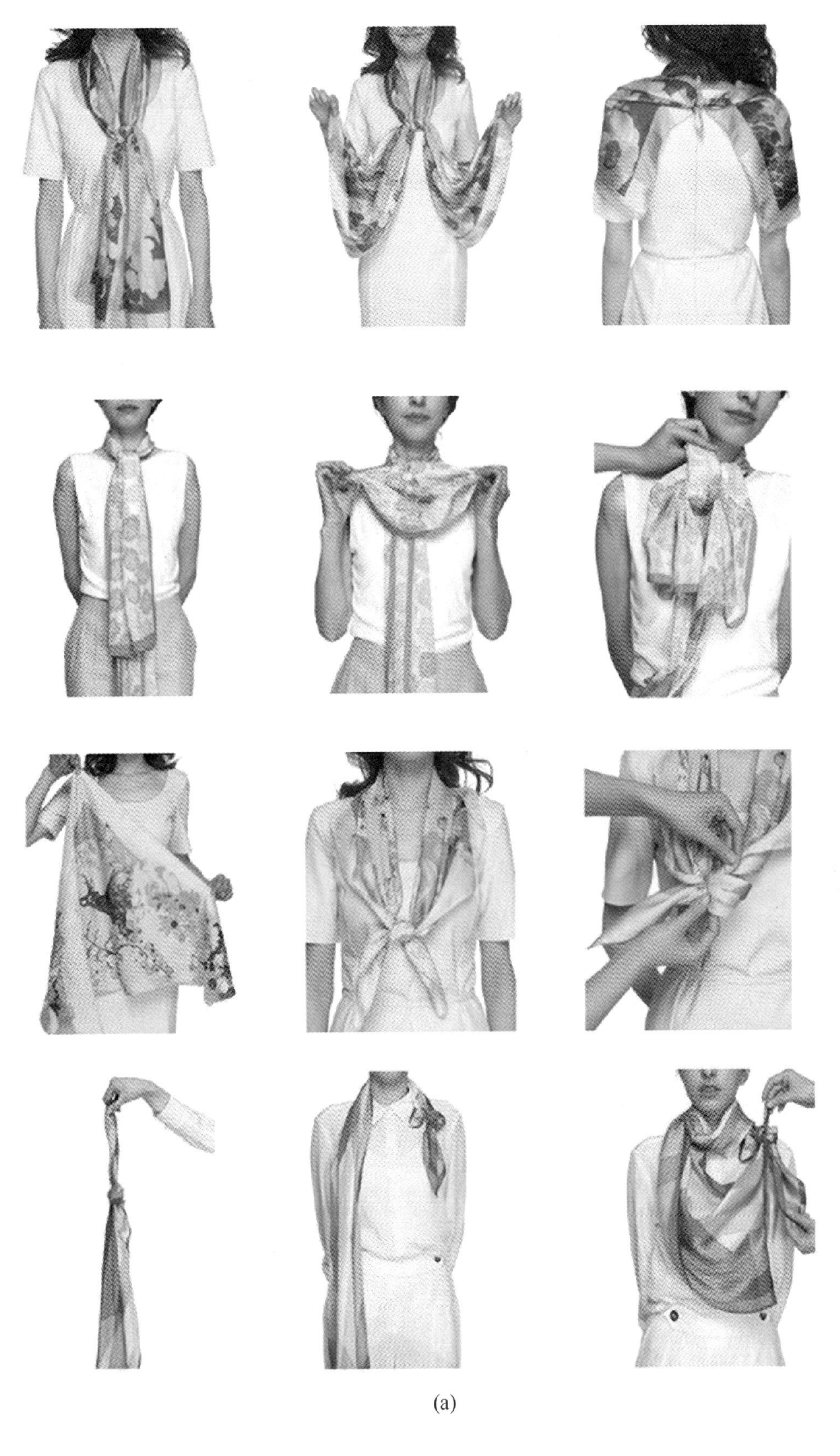

(a)

图10-40

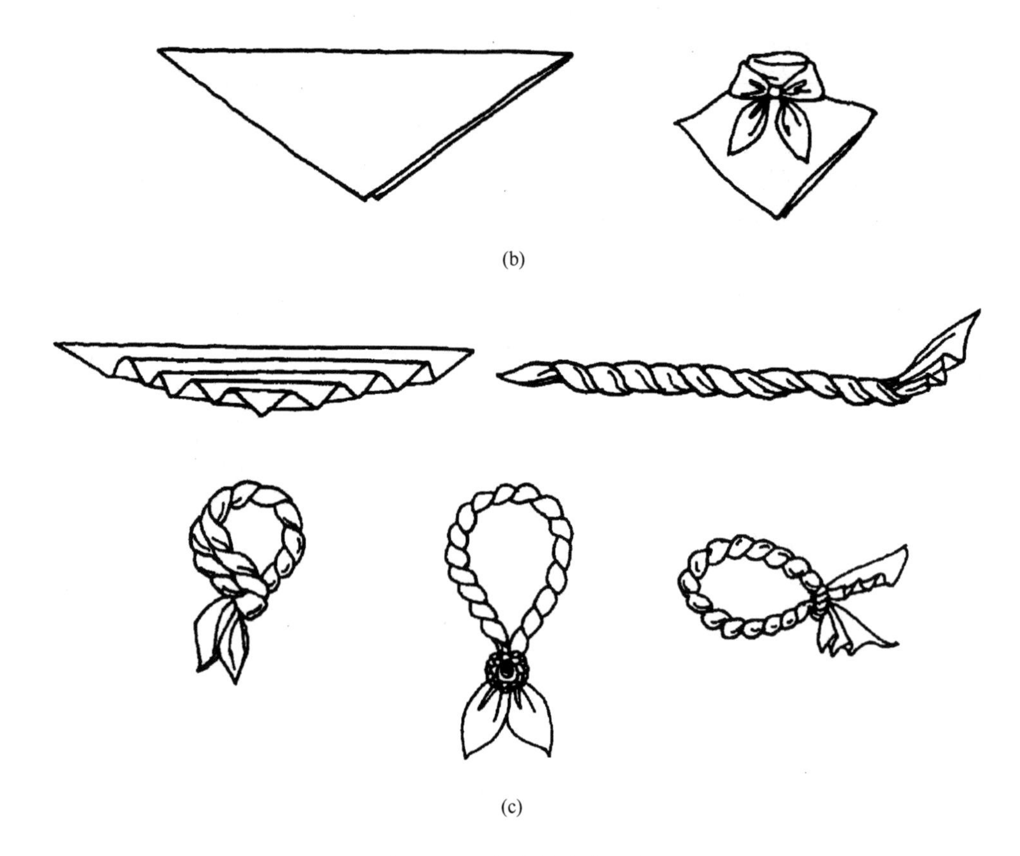

(b)

(c)

图10-40 几种围巾的系法

第三节 扇

扇子的使用在我国已有悠久的历史，在服装史中也是较为重要的服饰品之一。从功能上看，有实用为目的的引风逐暑扇，也有以表示人们权威、身份地位的仪仗扇。

在远古时期，人们在盛夏酷暑中，折取树叶或用动物皮、鸟禽的羽毛等物略微加工形成扇状，用以引风障日，逐散蚊蝇。

扇子所用的材料，多为羽毛、竹苇、树叶等，其造型如门扇或鹊翅，扇面在一侧，为长方形，这种扇式在先秦较为流行。如湖北江陵拍马山砖厂一号战国墓出土的短柄竹扇，其扇面略近梯形，用极细的红黑两色篾片编成矩形纹，造型和做工已很讲究（图10-41）。实用的扇子在汉代称为便面或障面、屏面，除扇风避暑之外，扇子还有遮面的用途。“便面”的名称或许由此而来。如《汉书·张敞传》曰：“自以便面拊马，又为妇画眉……”此处“便面”即用扇子将脸部遮住。汉代制扇的原料多用绢、纨、素、绫、缯等材料，素白色为主，扇形多为圆形，当时人称其为“合欢扇”（团扇）。合欢扇的特点以扇柄为中轴，对称似圆月，西汉时贵族妇女尤其喜欢这种式样。例如汉代班婕妤的《怨歌行》：“新裂齐纨素，皎洁如霜雪。裁为合欢扇，团团似明月。出入君怀袖，动摇微风发。”把扇子的面料、造型、用途等都形象地形容出来。

魏晋南北朝时盛行麈尾扇。这种扇用麈尾制成，麈为鹿类动物，其尾能拂尘拂蝇。据说群鹿追随麈尾而行，故麈又有师者之意。当时文人士大夫、讲学论道者常执麈尾扇以为时髦和高雅（图10-42）。

羽扇亦为南北朝时人们常用的扇式。羽扇之形常有飞禽单翅的原样，或在团扇上饰羽，有的扇为绫、羽复合扇面，品种很多。羽毛的颜色以素白为多，如描述羽扇的诗句有："有翔云之素鸟，体自然之至洁，飘缟于清风，拟妙姿于白雪。"诗中对扇子的颜色和羽毛的来源都作了交代。汉代流传下来的合欢扇在魏晋时仍很受欢迎（图10-43），在扇面上绘画、书写文字也已很普遍，人们常以手持名流书绘之扇以示自己的文化修养。上自帝王、下至庶民，都很喜欢名家字画，著名画家也常为人们在扇面上题诗作画，从侧面也反映出当时文化艺术的兴旺发达。

上层社会人士所用扇子，甚为讲究，而一般百姓多使用竹、葵、蒲为原料的扇子。其造型仍以对称的合欢扇（团扇）、长圆扇、扁圆扇为主。

唐宋以后，折扇甚为流行。折扇又称为聚头扇、折叠扇或撒扇，用时敞开、不用时折起。据考证，折扇为唐代由朝鲜传入中国。宋代苏东坡曾描述其形："高丽白松扇，展之广尺余，合之止二指。"唐宋以后，折扇一直广为流传，并一直作为贡品入宫留用。由于折扇使用、收藏方便，无论官吏还是百

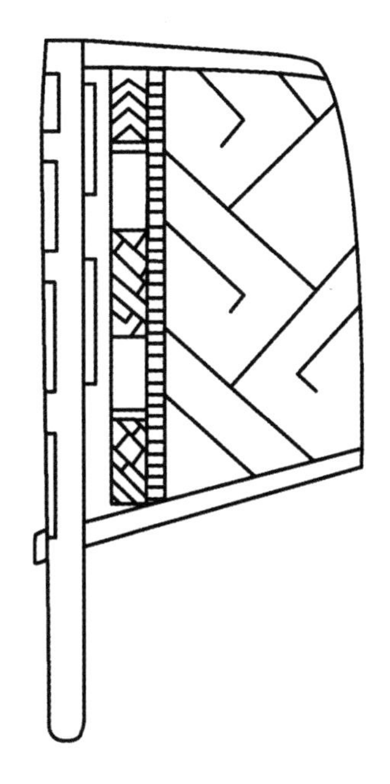

图10-41　门扇

图10-42　麈尾扇

图10-43　团扇

图10-44　羽扇和芭蕉扇

图10-45　专为国王摇扇的人

姓都非常喜欢，至清代“仆隶所持皆此物”。

以扇为服装必备饰物及在扇面上作书绘画，在唐宋以后的数百年间兴盛不衰，流传于世的扇面艺术品很多都是出自名家之手。如宋徽宗赵佶的草书纨扇“掠水燕翎寒自转，堕泥花片湿相重”诗句，运笔流畅豪放，非常精妙。明代文徵明的书画泥金扇，清代郑板桥、任伯年、吴昌硕等人都在扇面上表现了自己的艺术特色。同时，羽扇和芭蕉扇仍广为流行（图10-44）。

在外国服装史中，用扇的历史也非常悠久。有文字记载，在古埃及帝国时期，王室中使用的扇子大体上分为两类：一是羽毛扇，造型细长而简单，为国王、朝廷大臣和地方总督所用；二是鸵鸟羽毛扇，为半圆形大扇，造型美观大方、别致，只能用于宫廷之内。这两种扇子是地位和权力的象征，同时又是消热避暑、驱赶蚊蝇的佳品。上层人士所用之扇，都有专门人员为之掌扇，掌扇人地位较低（图10-45）。

在漫长的历史发展进程中，扇的演变也很有特色。扇的造型有鸟禽翅形、长圆形、扁圆形、旗帜形等，都比较宽大笨重。所用的扇材也多以羽毛、竹篾、席草为主。以后，随着纺织技术的进步，精美的织锦、棉布、丝绸逐渐用于制扇，使扇的质地变轻，制作更为精细。扇子按体积又分大与小两种，大扇仍为宫扇，起扇风逐蚊、显示身份的作用。而小扇则为人们自用，持于手中或随身携带。这类扇子以团扇、折扇为多，有丝绸、织锦扇以及插有羽毛的扇式。到了15～16世纪时，折扇更为人们普遍使用，旗形硬质扇也非常流行。这些扇子装饰得精美别致，与当时的服装风格很吻合。17世纪时，扇子的流行使人怀疑起它的作用，因为无论冬季还是夏季，人们手中都拿着一把扇子。羽毛扇和折扇同时流行，人们的服装与扇饰形成一个整体。扇子、阳伞、面具等都成为服装中不可缺少的组成部分（图10-46~图10-49）。

扇子在服饰中，还能够起到掩饰表情的作用。如同我国的“便面”效果，扇于手中，随时以其掩面，在尴尬时用之。另有一说为欧洲17～18世纪时妇女发型复杂臃肿，制作时扑粉洒浆，易长虫生异味，以扇驱味也是其一大功能。

扇子在当今仍有很强的生命力，它以消暑纳凉及其艺术性博

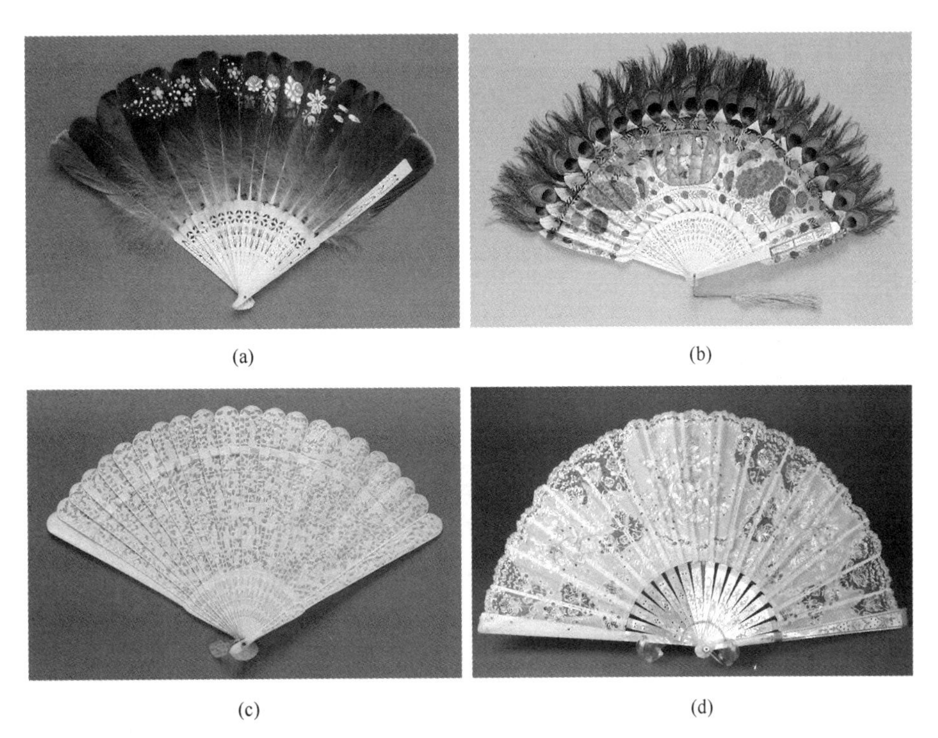

(a)　(b)

(c)　(d)

图10-46　欧洲19世纪宫廷贵妇的装饰折扇

(a)　(b)

(c)　(d)

图10-47　阳伞

得人们的喜爱。在造型上，多以传统的扇式继承，以折扇、团扇、羽毛扇及蒲团扇为多；材料以丝绢、纸、羽毛、竹编、草编、檀香木、象牙骨、金属等多品种、多材料为主，集艺术性、工艺性于一身，创造出更多的花色。雕刻、绘画、书法、刺绣、编结等方法使扇式更为精致突出，艺术性更强。

图10-48　羽毛扇

图10-49　17世纪的服饰与扇

第四节　眼镜

眼镜原本为实用之物，起着矫正视力、遮风防水、遮光挡尘等许多作用，给人类带来了诸多的方便和益处。然而，近几十年来，眼镜除了上述的功能之外，已具有越来越强的装饰含义，有时甚至被作为服饰的一个组成部分贯穿于服装整体之中。通过服饰的特征，以配套的眼镜饰物来突出个性、夸张服饰及人物的性格与外形。因此，在服饰配件的家族之中，眼镜作为特殊的饰物被接受为新的成员之一。

有关眼镜的历史，有着众多的说法，所推测的起源年代也大相径庭。但不可忽视的是，在久远的商周之前，已有用宝石磨成的镜片来观察星空或用来放大文字，起到眼镜的作用。古老的巴比伦人也在2700年以前制作和使用以宝石为材料的“眼镜”。古老的眼镜多以较名贵的宝石磨制而成，常用的有红绿宝石、水晶等。有趣的是，绿宝石最早的命名就可能来源于古印度北部的一种方言，为Veruliyam，如同德文中的buille或希腊文中的beryllos，其意均为眼镜，可见绿宝石与眼镜不可分割的关系。

早期的“眼镜”并非直接架于鼻梁之上，而是如同放大镜一样拿于手中，以单片形式为主。人们将精心磨制的镜片镶在金属或玳瑁制成的圆形框中，有的框架还装有手柄，需要时将镜片取出置于自己的眼前。我们可以从许多古代名画中看到这一情景。在我国南宋已有关于眼镜的记载。南宋赵希鹄《洞天清录》中有关“叆叇”（即眼镜）就有如下说法：“叆叇，老人不辨细书，以此掩目则明。”说明宋代已有众多人使用眼镜。明清以后，眼镜的使用更为广泛，款式也由单片、有把手式发展为以细带缚于镜框边缘，可以随时执之放于眼前，不用时架于脑后或垂悬于胸前（图10-50）。

意大利是著名的珠宝首饰业发达的国度，也是眼镜业发展最早的国家之一。据传于13世纪初叶，眼镜已从亚洲传往欧洲，以后由意大利物理学家完善了眼镜的性能，使眼镜更为科学、合理。当时的眼镜片以宝石磨制而成，加工不易且价格昂贵，因此为贵族阶层所用，有时甚至成为一种用以炫耀身份、财富的装饰品。到了16世纪，开始出现一种新型设计——将眼镜夹在鼻梁之上，这种眼镜虽然比手执式眼镜进步了很多，但仍使佩戴者感到不舒服。因此，不久又出现了钩于耳朵上的眼镜架。这种眼镜架包含了两只镜片，可以稳稳地架于鼻梁和耳朵上，不用时可随时摘取，因此这种款式一直流传至今。

眼镜的款式愈加完善，镜片的材料也由各种玻璃等替代了宝石，加工的方法也愈加合理并根据不同的视力、病症有不同的磨制方法。随着社会的进步和科技水平的提高，制镜技术更加科学、合理，还出现了许多特殊功能的保护性眼镜，如防风镜、潜水镜、防红外线镜、变色镜等。

除了上述具有实用功能的眼镜外，眼镜的装饰性也越来越为人们所接受。眼镜的外观造型变化丰富，可以在服装中起到一定的夸张强调作用。有时人们选择眼镜，不是为了矫正视力而是为了美观，因此在某种程度上，眼镜的装饰性在服装整体中能起到画龙点睛的作用（图10-51）。

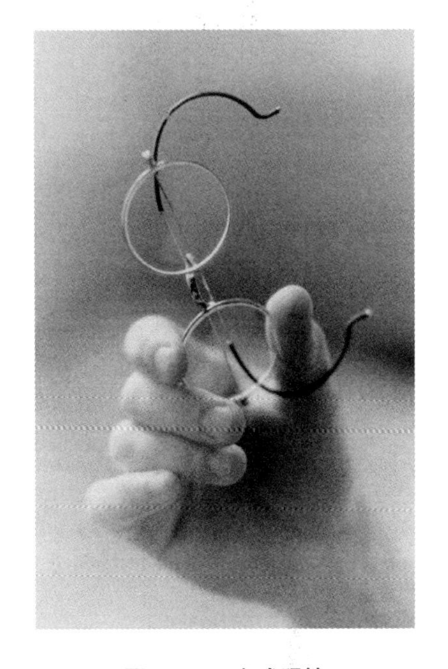

图10-50　老式眼镜

(a) (b) (c) (d)

(e) (f)

图10–51　各式眼镜

总结

本章以花饰为重点，重点讲述了中西方花饰的产生、发展以及花饰在服装中的运用，并通过动手实践使学生大致掌握花饰制作的技巧。另外，通过对于领带、围巾、扇子、眼镜等常用服饰品的讲述，使学生能进一步了解服饰品的历史与掌故，增加文化修养，从而进一步完善服饰配件设计的学习。

思考题

1. 花饰的艺术特征以及在服饰中所起到的作用如何？
2. 请以花饰形式装扮服装的设计作品为例，分析作品如何体现装饰审美性？
3. 人造花在服装中的基本装饰手法是怎样的？
4. 搜集服装中所运用的人造花资料。
5. 搜集领带款式、图形纹样的素材。
6. 了解和掌握蝴蝶结饰造型的发展演变。
7. 了解围巾造型的发展演变以及当今它的流行要素。
8. 扇子作为服饰配件之一，它在当代人们生活中的地位、作用和过去相比有何异同点？

练习题

1. 完成一套以花饰作为局部装饰的礼服设计效果图。
2. 选用玫瑰花制作技巧，设计并制作一只女士小手袋和与之配套的头饰（参考材料：仿真丝缎面料、无色透明小1号珠）。
3. 制作丝袜花和布花各一朵。
4. 利用蝴蝶结作为主要元素，设计系列化创意风格女装3款，要求尺寸为4开的彩色效果图，并注明设计理念、主要制作工艺、材料等内容。
5. 设计并制作创意风格的蝴蝶结饰2款并附设计说明。
6. 设计并制作创意风格的围巾5款并附设计说明。
7. 根据自己的围巾设计稿，选择一款制作1：1实物。
8. 设计主题扇面5款，要求尺寸为4开的彩色效果图，并注明设计理念、主要制作工艺、材料等内容。

附录

附录1　著名服饰配件品牌介绍

一、珠宝类

TIFFANY（蒂梵尼）

产品：高级珠宝首饰、腕表、瓷器、水晶和纯银制品

1837年，来自美国康涅狄格州的Charles Lewis Tiffany在纽约百老汇开设了一家文具和织品小店，后转为经营珠宝。几经变迁，逐渐成为美国首屈一指的珠宝店，为名人富贾所喜爱。1879年，Charles购得采自南非矿场的、切割后重达128. 54克拉的钻石，是现今世界上最大、级质最高的黄钻之一，他自己也因此赢得“钻石之王”的美誉。Charles的儿子Louis Comfort Tiffany创建了蒂梵尼工作室并发明了独一无二的螺旋形纹理和多面形钻石切割工艺，使钻石闪烁出更加夺目的光彩。多年来，蒂梵尼一直邀请著名的艺术家、设计师为其设计珠宝，包括吉恩·施伦伯格、埃尔莎·帕蕾蒂、帕洛玛·毕加索等，设计风格偏向简洁现代。

附图1　TIFFANY（蒂梵尼）

蒂梵尼的标志是著名的蓝色包装盒，束以白色缎带。在世纪之交首次使用了不锈钢首饰盒，强调要银色，不要金色。蒂梵尼著名的六爪镶嵌法，改变了往常将钻石直接镶嵌在指环上的传统，也是至今定情戒款中，最受欢迎的选择。

CARTIER（卡地亚）

附图2　CARTIER（卡地亚）

产品：高级珠宝首饰、腕表、香水、饰品

卡地亚于1874年创建于法国巴黎，创始人是Louis Cartier。他幸运地得到拿破仑三世堂妹的推荐，逐渐成为欧洲各国皇室的御用珠宝商，被誉为“珠宝商的皇帝”、“皇帝的珠宝商”。英国王室曾向卡地亚订购27顶加冕皇冠。1902年，卡地亚在纽约开店，纽约成为其总部的所在地，卡地亚也成了世界“首饰之王”。

但卡地亚并不满足于在华丽的店铺接待尊贵的宾客，Louis的三个孙子还不断游历世界各地，搜珍猎奇。俄罗斯、埃及、波斯、印度等地的异域文化给了卡地亚无限的灵感启迪。值得一提

的是全世界第一块镶嵌珠宝的、兼具装饰及功能性的现代腕表，就是由卡地亚设计的。卡地亚华丽古典的造型使其各类首饰配件广受欢迎。爱情是卡地亚的重要主题，20世纪70年代设计的一款名为“锁”的手镯，只有用保存在恋人手中的特殊螺丝起子才能打开，寓意着更坚实的爱情信念。除了经典的三环设计外，大自然中的动物如大象、豹、鸟也是卡地亚珠宝中常见的主题。

卡地亚精品系列，除了珠宝之外，令人瞩目的是它拥有完整的配件系列，包括丝巾、香水、打火机、笔以及太阳眼镜等。

BUCCELLATI（布契拉提）

意大利珠宝品牌布契拉提正式诞生于1919年的米兰，创始人马里奥·布契拉提（Mario Buccellati）是一位出色的金艺匠人和设计者，他继承了文艺复兴时期传下来的技艺，以独特而精湛的“织纹雕金”技术，赋予黄金和银最佳的延展性和可塑性。通过秘密传授的工具和技艺，布契拉提珠宝展现出独一无二的纹理、肌理、雕镂的微妙变化，使得金属展现出蕾丝般的轻柔精致和细腻优美。

附图3　BUCCELLATI（布契拉提）

马里奥·布契拉提的珠宝作品很快获得欧洲王室贵族和教廷的青睐，1952年开设第一个进入美国市场的珠宝店，目前在世界各大都市设有17家独立门店。布契拉提并不是一个急于扩张的品牌，它对质量的重视胜于对数量的追求，坚持用纯粹的手工打造“超凡的品质”，并在1981年获得意大利总统授予的“巨十字武士”勋章，表彰其对文艺复兴精髓的追求与古典永恒的精致风格。

布契拉提的珠宝拥有一种无可比拟的极致风格，其造型典雅，细节丰富，不同材质、纹理之间的处理巧妙精微，体现出优雅迷人的和谐感。其经典作品有编结系列、蝴蝶系列，花朵腕表系列等。

BVLGARI（宝格丽）

产品：珠宝首饰、腕表、香水

BVLGARI的创始人是来自希腊的银匠Sotirio Bulgari。1884年，他在意大利开设了一家银器古玩店，后由他的两个儿子把家族生意由银器扩大到各种珠宝首饰，并正式命名为BVLGARI（音同Bulgari）。宝格丽的珠宝设计突破了传统学院派的严谨教条，以古希腊、古罗马的典雅，意大利文艺复兴和19世纪的冶金艺术为灵感，创作出独特的地中海古典风格，最典型的则是以多种不同颜色的宝石来搭配组合，并运用不同

附图4　BVLGARI（宝格丽）

材质的底座凸显耀眼的色彩。宝格丽的经典作品有凯尔特风格的Trica系列，体现自然形式的Naturalia系列，还有将陶瓷、黄金和宝石结合为一体的新颖Chandra系列。

物我相容的理念是宝格丽珠宝设计的理想，公司至今仍保留着手工作坊形式生产的珠宝，使作品具有强烈的精致手工感和艺术工艺气息。目前，宝格丽已将产品范围延伸至手表、眼镜、皮件、银器、香水等，成为意大利精致品位的代言。

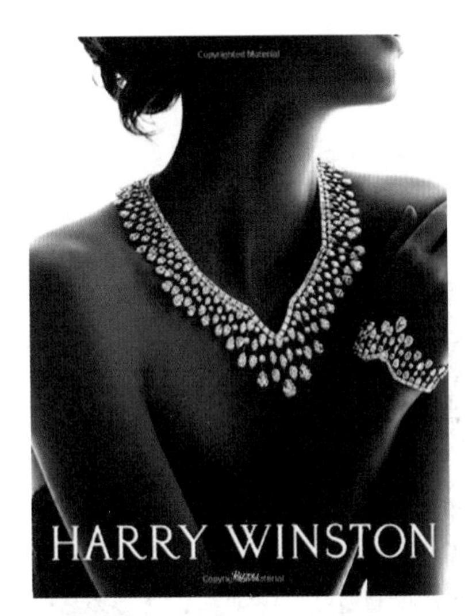

附图5　HARRY WINSTON（哈里·温斯顿）

HARRY WINSTON（哈里·温斯顿）

产品：珠宝首饰、腕表

Harry Winston出生于珠宝经营世家，自小就对珠宝有过人的鉴赏能力。1920年，他在纽约经营宝石买卖，以低价收购旧珠宝进行重新打磨、镶嵌后出售。1932年，哈里·温斯顿公司正式成立，凭其创始人个人的声望和社交能力，生产的珠宝赢得了王公贵族、名人富贾的推崇和喜爱，进而跻身于名贵珠宝行列。哈里·温斯顿热衷于收集绝世珠宝，1949年，他推出了名为The Court of Jewels的展览会，展出了多颗有“世界之最”称号的稀世珍宝，使哈里·温斯顿的声名盛极一时，成为顶级珠宝的代名词。

哈里·温斯顿也以为影视明星提供珠宝赞助而闻名，每年的奥斯卡、金球颁奖典礼，也是哈里·温斯顿的珠宝展示会。1990年，公司推出腕表系列；2000年，归属权易主，在外资的介入下，哈里·温斯顿的拓展计划将更为丰富。

MIKIMOTO（御木本）

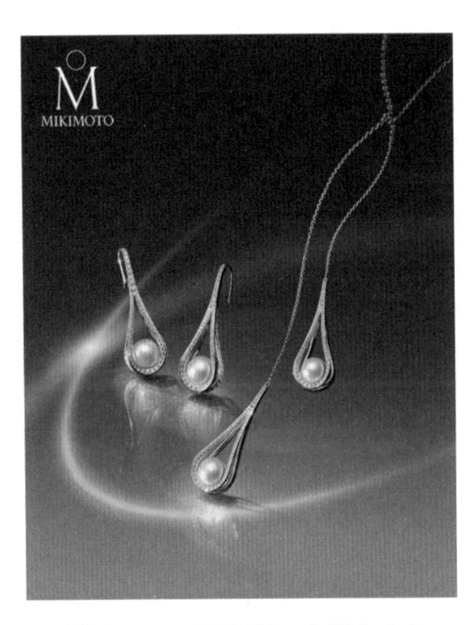

附图6　MIKIMOTO（御木本）

产品：珍珠首饰、饰品、礼品

1888年，御木本幸吉在日本志摩半岛的一个小海口开设了世界上第一个珍珠养殖场。凭着坚强的意志与不懈努力，在1893年培育养殖出第一颗半圆珍珠。1899年，他在东京银座开设了店铺，受到当时许多外国人的惠顾。其后他的珍珠养殖场又先后培育出正圆的珍珠、黑色珍珠和直径达10mm的珍珠。为了能够制作日本人自己的首饰，他特意派人去欧洲学习，开设了日本第一家“首饰工作室”，并完成从原料供应、设计、生产，到最后销售的一体化经营。

20世纪70年代，御木本获得了第一个国际首饰设计大奖，其后更不断有超凡卓越的精品问世，它不但成为日本皇室的御用珠宝，也是世界上珍珠首饰的首选代表。

BOUCHERON（宝诗龙）

产品：珠宝首饰、香水

1858年，创始人Frederic Boucheron在法国巴黎开了一家珠宝店。他不仅懂得鉴赏宝石，还精于镶嵌，并以“大自然”为主题，化自然之美为珠宝，设计出优雅生动的造型，加以独特的宝石切割及立体层次镶嵌技术，使宝诗龙珠宝展现出典雅尊贵的特质，成为名副其实的“一千零一夜”首饰，并很快成为王公贵族的御用珠宝。

附图7　BOUCHERON（宝诗龙）

在20世纪40～50年代，宝诗龙在宝石镶嵌方面研究出一种新的方式，将宝石作有层次的镶合，使饰品能随着佩戴者的轻盈动作而颤抖，产生特殊的反光，更令珠宝栩栩如生、犹如天工。70年代，宝诗龙刻意生产价格合理的“日常首饰”（Everyday Jewelry），推出著名的“现代系列”：在一件基础性的金饰上，可添加各种活动的钻石或彩色宝石，佩戴者可随着时间、地点、服装、甚至心情来替换搭配，这套成功的策略为宝诗龙开辟了新的天地。

宝诗龙还以香水著称，2000年被GUCCI集团收购后，又推出护肤和彩妆系列。

VAN CLEEF&ARPELS（梵克雅宝）

产品：珠宝首饰、腕表

1867年，Charles Van Cleef离开荷兰，到法国巴黎寻求发展，其子Alfred Van Cleef与法国珠宝世家之女Estelle Arpels联姻，于1896年在法国创立了梵克雅宝，历经百年，造就了今日的高贵帝国，是世界上硕果仅存的少数几家著名的高级珠宝首饰制造商之一。

梵克雅宝的珠宝首饰设计，走的是性感、精细、女性化的唯美路线，1930年的镶满珠宝的“Minaudiere”百宝匣，是当时上流社会时髦和流行的象征。近年来推出的幸运草系列，婀娜窈窕，勾勒女性深藏的性感风情；新世纪的小雨滴系列，精巧可爱的钻石营造出雨滴的立体感及漂浮感，凸显钻石精湛，所搭衬的蛇形链，也是梵克雅宝最著名的链条款式。最独特之处，在于钻石雨滴后方的精细夹子，能轻易的手动变换位

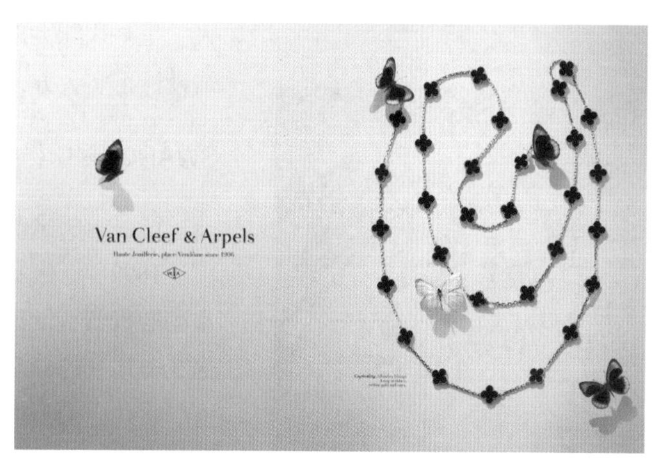

附图8　VAN CLEEF&ARPELS（梵克雅宝）

置，使呈现方式不受限制，新鲜有趣。

梵克雅宝的珠宝常于华丽中弥漫着浪漫的气息，而最不同寻常之处，是它的客户名单永远保密，为这个百年名牌增添了无法猜想的神秘。

附图9 MAUBOUSSIN（梦宝星）

MAUBOUSSIN（梦宝星）

产品：珠宝首饰、腕表

梦宝星是法国六代珠宝世家，是现今为数不多的家族式企业，创立于1827年，最早以筛选精良珍珠、珍贵宝石以及完美的切工建立了良好的声誉。如今，靠洗练细致的珠宝技艺、大胆的创意表现和对宝石材质的独特见解，成为法国的一流珠宝公司。其作品屡获国际大奖，很受王公贵族和收藏家的喜爱，成为法国文化的代表。

梦宝星以亮丽的色彩搭配著称，有“色彩珠宝商”的美誉。

H.STERN（史登）

产品：珠宝首饰

附图10 H.STERN（史登）

1949年，迁居南美的犹太人Hans Stern在盛产有色石的巴西开设了一家宝石公司，经营宝石批发业务，并逐渐开始首饰成品的零售事业。1951年，当时的尼加拉瓜总统以22000美元从Hans手中购买了一条镶满“海水蓝宝石”的项链，使史登的名声大振，并因此提高了巴西有色宝石的身价。史登以诚信、周到、良好的服务闻名，公司在20世纪80年代跻身于国际珠宝巨头行列。

有意思的是，史登是珠宝行业里少数“部门齐全”的公司，从探矿、采矿开始，到原石切割、打磨、宝石鉴定、首饰设计、精工制作、展示宣传、批发、零售，都是一手包办，从不经手他人。虽是国际大珠宝公司，但史登的顾客却是一般社会大众，首饰设计平实大方，价格便宜，适合日常佩戴。

SWAROVSKI（施华洛世奇）

产品：仿水晶、饰品

附图11 SWAROVSKI（施华洛世奇）

1892年，来自波希米亚的Daniel Swarovski发明了首部切割仿水晶的机器，结束了传统的手工切割水晶的历史，于是1895年，他在奥地利的华登斯开设了制作仿水晶石的工厂。施华洛世奇致力于将仿水晶石用于各种服饰品的点缀，成为许多设计师喜爱的装饰物品。除了品质超群、工艺精湛，施华洛世奇坚持不懈地探索仿水晶的潜力。在20世纪50年代，研制出“北极光”——一种有涂层的仿水晶石，会反射出不断变化的绚丽彩虹光芒；70年代，发明了烫贴技术，使仿水晶图案可以用热压永久固定在任何织物上；90年代，拥有丝一般柔软光亮但完全由仿水晶石制成的网布更是轰动一时。现今，施华洛世奇仿水晶可以直接烫贴于人的肌肤之上，成为璀璨亮丽的时尚新饰品。

除服饰业之外，施华洛世奇还涉足其他领域。从20世纪70年代开始进军高档消费品市场，推出了名师设计的各种水晶礼品，如今，这个品牌美丽的天鹅标记已深入人心。

FRED LEIGHTON（弗雷德·莱顿）

产品：珠宝首饰

弗雷德·莱顿是美国著名的珠宝品牌，1976年创立，其珠宝设计特点是豪华、精美、古典、隆重，显示出创办人弗雷德·莱顿高贵、奢华的品位和对此执著的追求。同哈里·温斯顿（HARRY WINSTON）一样，弗雷德·莱顿也以经常为好莱坞的影视名流提供珠宝赞助而闻名，在重大的娱乐活动场合，都可以看到弗雷德·莱顿钻石首饰的熠熠光辉。

附图12 FRED LEIGHTON（弗雷德·莱顿）

DAVID YURMAN（大卫·雅曼）

产品：珠宝首饰

1979年，大卫和Sybil Yurman夫妇创建了珠宝品牌大卫·雅曼。大卫是雕塑家，Sybil是画家，两人珠联璧合，尽情施展各自的艺术天赋。他们在早期推出绞绳状首饰，成功地将珠宝与时装融为一体。首件作品是一只镶满彩色宝石的绞绳状金银手镯。此后，他们以这款手镯为蓝本，多年来演绎出逾600多款新颖设计。

大卫·雅曼的产品设计富神秘感和古朴味，兼具豪放与力量感，其绞绳造型变化多样，凸显金银糅合所幻化的动感色彩。

附图13 DAVID YURMAN（大卫·雅曼）

POMELLATO（波米雷特）

产品：珠宝首饰

来自意大利的品牌POMELLATO已有三十余年的历史，创始人Lvigi Signori和Pino Rabolini将高级成衣的概念引进珠宝界，突破珠宝贵族化的刻板印象，设计出价格适中、可日常佩戴的高级饰品。其设计风格亲和简洁，线条圆润，常以鲜红的石榴石、晶莹的黄石英、沉稳的青金石、神秘的紫水晶搭配多变的三色黄金。波米雷特的副牌DODO更是清新可爱，它的小熊宝宝、豆豆

附图14 POMELLATO（波米雷特）

鸟等系列时尚有趣，每款珠宝都易与皮革或丝带随意相配，非常适合现代人多变的服饰风格。

波米雷特的名字源于一种优良的马匹，同时也是简单高贵、柔和圆润的设计风格的诠释。

GRAFF（格拉夫）

格拉夫是英国珠宝品牌，1950年在伦敦创立，创始人Laurence Graff是一位极具商业天赋的珠宝商，通过积极拓展海外市场建立起庞大的钻石帝国。1970年，他以18世纪凡尔赛皇室发型为灵感，创作镶嵌了钻石与宝石的珠宝发饰，奠定了品牌的设计经典。

附图15　GRAFF（格拉夫）

格拉夫最为人称道的是一系列令人瞠目的钻石交易。从20世纪70年代至今，格拉夫收购了数量可观的巨型白钻和彩钻，成为大量顶级钻石的拥有者，为品牌赢得巨大声誉。作为一家不折不扣的钻石公司，不仅拥有自己的原石矿，在约翰内斯堡也拥有最大的打磨及切割工作坊，正如公司主席格拉夫先生所言："从矿场到女士们穿戴起的格拉夫珠宝，都由格拉夫亲力亲为，倾情打造。不论是原石还是已经过打磨的宝石，我们都在世界各个角落全力寻觅。"

格拉夫的设计理念是依托材质即钻石本身做设计，设计师们不会凭空先想象一个造型然后再用钻石去填，而是根据每一块原石本身的特征做出最合理的设计。因此，格拉夫的设计总是简洁直接，形式端庄，珠宝的价值体现更多在于钻石本身的品质，而不是各种附加的造型修饰。

DAMIANI（玳美雅）

产品：珠宝首饰、腕表

玳美雅的历史可以追溯到1924 年，创始人Enrico Grassi Damiani是一位意大利珠宝匠，他设计的珠宝风格华丽，成为当时许多达官贵人的专属珠宝设计师。他的传人玳美雅不仅依循了传统而经典的设计风格，也增加了时尚与流行的创意，并将工作室转型成为珠宝品牌。1976年开始，玳美雅的作品陆续获得国际钻石大奖18次，使品牌真正在国际珠宝市场占有了一席之地。

DAMIANI
Fine Jewelry

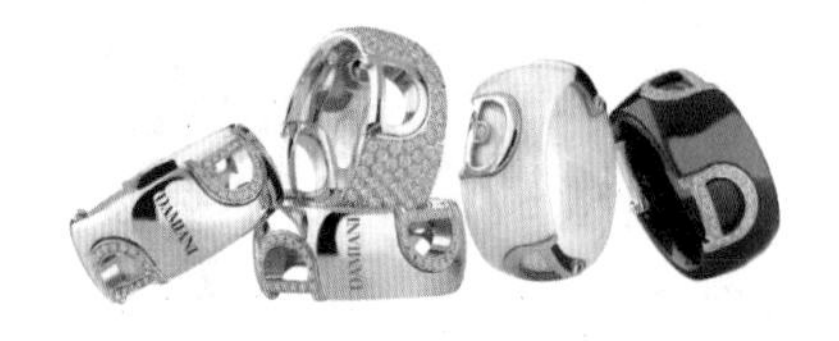

附图16　DAMIANI（玳美雅）

玳美雅以独特的Lunette（半月型钻石镶嵌）技法重新诠释钻石的璀璨光芒，其在时尚界的热门话题是设计总监Silvia与好莱坞明星布拉德·皮特一同设计了送给珍妮弗·安妮斯顿的订婚戒指与婚戒。近年来，玳美雅开发出使用黑色与白色陶瓷镶嵌金、钻石的D-side系列，设计精致而富有青春活力，迸发出强烈的现代时尚气息。

CHAUMET（尚美巴黎）

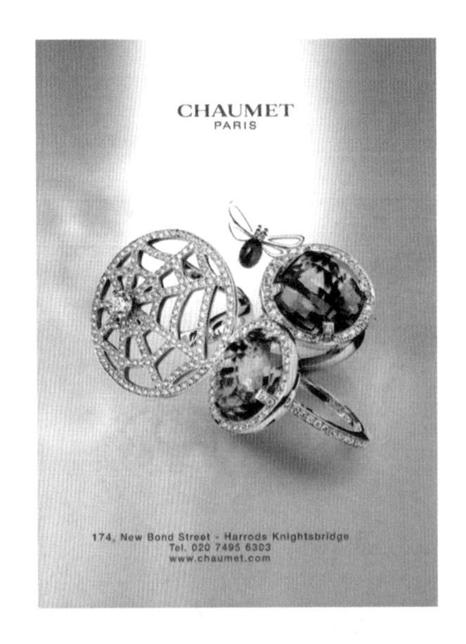

附图17　CHAUMET（尚美巴黎）

产品：珠宝首饰、腕表

尚美巴黎起始于公元1780年，与法国的历史密不可分。创始人Marie-Etienne Nitot是一位珠宝匠，继承了宫廷珠宝的工艺传承，于18世纪末开始崭露头角，并为拿破仑皇室创作了一系列尽显王权和奢华的珠宝和饰品。1885年，家族的第四任继承者Joseph Chaumet，凭借他非凡的创造力和精湛工艺使该珠宝店盛极一时，1907年他把珠宝店迁至凡登广场12号，在随后的各种艺术潮流中，尚美巴黎一直走在时尚的尖端，始终奉行着品牌一贯的承诺，与每个时代的生活方式和谐发展。

尚美巴黎的设计兼具古典与现代，线条纯净，色彩明快，经典设计有钻石蛛网、蜘蛛、萤火虫造型、约瑟芬皇后、X交叉联结系列等。

二、手袋类

HERMÈS（爱马仕）

产品：皮件饰品、设计师成衣、香水、腕表

爱马仕是最早生产大型手袋的品牌之一。1837年，生于德国、原籍法国的Thierry Herm è s创立了一家制造马鞍和马具的公司，并在1867年的世界皮革展览中获得一等业务奖章，由此奠定并开展了马具和皮革系列的坚固基础。凭着“以质悦人”的宗旨，即使汽车的问世也没有抑制公司的成长。到20世纪20年代，爱马仕家族凭借其缝制马具的精湛技艺生产各类皮制品，并靠不变的精致手工与质感，终于成为包括皮件、服装、丝巾、香水、珐琅饰品、腕表、家居用品在内的全系列国际顶级精品王国。

马车图案是爱马仕从经营马具开始的悠久历史与精致品质的传统象征，通常只会在产品内部不起眼的地方看到；由早期的“High big”转化而来，因摩纳哥王妃使用而著名的Kelly包和Birkin包均出自爱马仕的名门系列；爱马仕丝巾是巴黎游客的必购物品。爱马仕历经5代160余年的传承，始终保持一贯秉持的传统精神而屹立不动，就像每个海外专卖店的陈设均由法国原厂定制一样，为的是对爱马仕百年历史的坚持。

附图18　HERMÈS（爱马仕）

GUCCI（古驰）

附图19 GUCCI（古驰）

产品：设计师成衣、皮具、饰品、家居用品、香水

1923年，从海外归来的意大利人Guccio Gucci在佛罗伦萨开设了一间小店，售卖由完美的佛罗伦萨手工艺制造的、印有独创的G.G.标志的皮箱和马具。90多年来，古驰一直以卓越的皮具手工艺闻名于世，成为经典及优质意大利产品的代表，它的大起大落也是商界的一个传奇。在经历了20世纪40~60年代的辉煌之后，公司发展在80～90年代跌入低谷，但幸运的是，1995年，新加盟的Tom Ford 和 Domenico De Sole力挽狂澜，凭借现代而冷峻的时尚新面貌东山再起，为古驰书写了崭新的辉煌篇章。今日的古驰经过一系列的并购，已成为一个囊括众多国际品牌的时尚帝国。

时至今日，在古驰的众多产品中，皮具系列仍是品牌的核心支柱，包括手袋、皮鞋、行李袋及各种配饰，无论哪一方面都处于行业翘楚地位。其经典的配饰设计有1947年的竹节手挽袋、1952年的金扣经典鞋款、1967年的花图案丝巾和因受Jacqueline Kennedy喜爱而著名的Jackie O' Bag等。

PRADA（普拉达）

产品：成衣、皮件、饰品、化妆品

普拉达品牌创始于1913年，当时的米兰名匠Mario Prada开设了一家经营高档箱包的皮货店，以卓越精湛的工艺品质成为上流社会喜爱的品牌。1979年，他的孙女Mario Prada继承了家族生意，引进了新的包袋生产线，并别出心裁地用一种缝制意大利军用帐篷和降落伞的尼龙布作材料，配以精致金属标牌，生产出著名的普拉达尼龙包，成为沿用至今的风格标识。此后，Miuccia又开发了鞋和服装的生产线，并在1993年推出以她的小名“MIU MIU”命名的二线品牌。通过Miuccia敏锐的时尚感觉和其夫Patrizio Bertelli的稳步经营，逐渐将普拉达拓展成一个完整的精品王国。1995年，普拉达在全球掀起销售热潮，从此成为驰名世界的时尚品牌。

附图20 PRADA（普拉达）

普拉达的设计总是充满了感性和优雅，它不很讲究材料的处理，但强调制作的精湛技艺。除了尼龙包外，普拉达的小型购物提包、帆布包等都是经典的包款。普拉达的鞋也以创新著称，比如方形的楦头、楔形鞋跟、金属色娃娃鞋等都曾掀起流行的风潮，而普拉达男鞋则已成为时尚男士品位的象征。

FENDI（芬迪）

产品：设计师成衣、饰品

1925年，阿德勒·芬迪和其夫在罗马开设了一家专门为城中显贵和电影明星设计定做皮草大衣的“皮革皮草专卖店”。这就是芬迪的前身。公司从创立之初就是以母系为中心的家族企业。当第二代的五个女儿全部投入公司经营后，芬迪成功地进入了国际市场。

1965年，Karl Lagerfeld加入公司，将现代创作意识和传统手工技术相结合，使芬迪的产品既新潮前卫又不失传统尊贵，成为又一个米兰热门时尚的象征。他还将F字组合成独特图案作为芬迪公司的标志。1997年以后，芬迪推出了一系列漂亮的手袋设计，圆桶式、滚筒式、棍式等层出不穷，加上多变化的材质，成为时尚人士的必选之物。

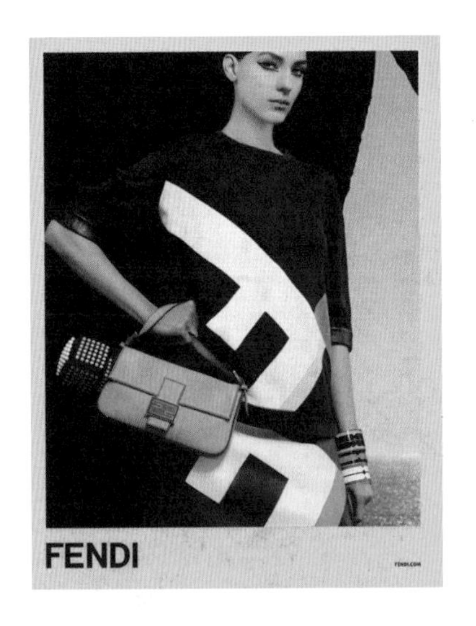

附图21　FENDI（芬迪）

以皮草起家的芬迪，是将毛皮视作面料一样使用的。许多毛皮修剪得如同天鹅绒一般，有的还经过印花、染色、补缀等工序。无论其成衣、手袋、鞋和其他饰品，毛皮的运用都是不可或缺的。20世纪80年代以后，芬迪遭到了许多动物保护者的责难，公司加强了对皮货来源的检查与核实，然而21世纪以来的奢华风潮却似乎预示着芬迪的未来将更为美好。

CHANEL（香奈儿）

产品：高级女装、设计师成衣、香水、化妆品、饰品

时尚界的传奇女王CoCo Chanel自1912年起，以宽松裁剪掀起服装界的革命，以男装形象展示独立的女性，以茶色的肌肤引导健康的生活，以假的珠宝为饰品重新定义，更以香水Chanel No.5与全世界的女人共享。

香奈儿创造了太多的世界第一，在饰品方面，香奈儿的品种十分齐全。香奈儿是第一个打破“珠宝迷思”的人。她提倡将真假珠宝搭配在一起，长长的白色珠链和山茶花是她的典型装饰。以出产日期1955年2月命名的手袋融合了实用性和艺术性，以创新和传统相结合的视觉魅力，半个多世纪以来已经成为香奈儿的经典。如今，皮条与金链交织而成的肩带、背相对交叉的双C标志和菱形格纹都是香奈儿皮件的重要标志。自Karl Lagerfeld任香奈儿的首席设计师以来，完美地继承和发展了香奈儿的浪漫、诙谐和精致，设计上更加华丽、多样，使香奈儿再次焕发出无穷的青春气息。

附图22　CHANEL（香奈儿）

COACH（蔻驰）

产品：皮具、家具

蔻驰于20世纪40年代由6位技艺高超的皮革师傅联合创建于美国纽约的曼哈顿区。蔻驰的设计灵感来源于一双棒球手套，惊异于手套的愈用愈光滑，他们决定生产柔软质佳、耐用耐磨、易于保养的皮革制品。除了上好的质地与手工外，蔻驰还极为体贴地在皮包中附上刷子、皮革清理剂等保养用具。20世纪90年代，由于对时尚化手袋和皮具的需求量大增，蔻驰顺时应变，取得了重大的发展。

蔻驰的设计风格低调平实，沿袭了美式的简洁大方。近年来，面对全球消费的变化，产品在保留传统经典之余，加入了现代都市的摩登风格。现今的设计更趋向年轻化，无论在款式、颜色和材质上都有很大突破。Hampton包是蔻驰历久弥新的常青产品，如今推出了青春系列的周末新版本；新任设计师德·克拉考夫的“Ergo”系列，线条简单，色彩鲜艳，可以说是蔻驰纽约精神的代表。

附图23　COACH（蔻驰）

LOUIS VUITTON（路易·威登）

产品：旅行箱包、设计师成衣、饰品

1854年，法国一位专门给王公贵族的旅行行李打包的技师路易·威登在巴黎开设了一家旅行皮件专卖店。他制作的皮箱不仅精良耐用、功能广泛，而且产品所营造出的高雅气息，更能显示出主人高贵的身份。渐渐地，这个标志性的LV商标从巴黎传遍了欧洲，成为最精致旅行用品的象征。

但路易·威登并不满足于旅行箱包的生产，1926年，第一瓶LV香水问世；1987年，收购Veuve Clicquot集团，拥有该集团下的香槟和纪梵希香水，同年，LVMH集团成立，由此开始了一系列的并购活动。该集团的经营理念强调与时代一致，因此路易·威登产品从品种到款式、选材都有了较大的变化。自1997年来自纽约的设计师Marc Jacobs出任集团总监以来，成功地改变了路易·威登传统、保守的形象，设计了涂鸦包、青蛙包等新款，赋予LV跳跃、活泼、可爱的青春趣味。现在，从皮包、时装、首饰到纺织品和鞋类的系列新产品，已使LV成为国际时尚界最时髦的名词之一。

精致、品质和舒适的“旅行哲学”是LV的设计基础。160年来，这个标志总给予人们关于旅行文化、艺术气息和精致生活的无限遐想。

附图24　LOUIS VUITTON（路易·威登）

BALENCIAGA（巴黎世家）

产品：旅行箱包、设计师成衣、饰品

巴黎世家由西班牙人Cristobal Balenciaga于1937年创立于巴黎，是著名的高级女装品牌，以简洁典雅的造型及出色的剪裁著称，在20世纪50年代更与迪奥齐名。巴黎世家的品牌发展颇为起伏，在成衣业的冲击下，巴黎世家于1968年亲手关闭了时装屋。1987年易主后，巴黎世家重新上线，1997年起用Nicolas Ghesqui è re担任设计师，他摆脱了品牌传统平庸的面貌，吸收多种元素，对原有的经典风格进行重构解读，进而取得在设计口碑及商业上的巨大成功。2013年，Ghesqui è re离任，现任设计师为美籍华裔设计师王大仁。

附图25 BALENCIAGA（巴黎世家）

手袋是巴黎世家的主打产品之一，其中最为人熟知的是皮质机车包，已被多个名媛明星使用。这款皮质轻软、多铆钉、多扣襻的手包一反传统的严谨拘谨，有着明显的街头气息，显示出青春不羁的独特态度。

BURBERRY（巴宝莉）

产品：饰品、成衣、箱包

以中世纪骑士为标志的巴宝莉是英国著名的奢侈品牌，它由裁缝师Thomas Burberry创立于1856年，起初经营户外服饰，逐渐成为军用风雨衣的专属。1910年，巴宝莉涉足女装，1924年推出了著名的巴宝莉格子图案，这种图案由浅驼色、黑色、红色、白色相互交叉组成，和谐中正，简洁大方，散发出成熟理性的韵味，体现了巴宝莉的历史和品质，甚至象征了英国的民族和文化。巴宝莉格子其后被广泛用于各类产品上，如雨伞、箱包、围巾乃至家居用品等，格子成为品牌的形象。巴宝莉手袋便以这标志性的格子彰显英伦风范，成为风靡全球而经久不衰的时尚经典。

巴宝莉的产品长期受英国皇室喜爱，多次获得英国皇家御用徽章，其商业征途也颇为顺利，1997年后，品牌加大了扩张步伐，从面向高端年长的消费者扩大到广泛的年轻人群体，产品及形象都面貌为之一新。

附图26 BURBERRY（巴宝莉）

Versace（范思哲）

产品：设计师成衣、皮具、香水、饰品、眼镜、丝巾

詹尼·范思哲是时装界的奇才，他1946年12月出生在意大利

附图27　Versace（范思哲）

南部，小时候就在母亲的缝纫店里干活。九岁时，他在母亲的帮助下设计了第一套用丝绒做的单肩礼服。23岁时范思哲到米兰去开创他的服装事业，1978年创立了以他的名字命名的公司。20世纪80年代，范思哲与摇滚乐明星联合推出了摇滚服，大受青年人的喜爱，使他的事业有了新的转折。1983年获柯蒂沙克奖，1986年被意大利总统授予意大利共和国“Commandatore”奖、1988年被“Cutty Sark”奖选为最富创意设计师奖，1989年开设“Atelier Versace”高级时装店并打入法国巴黎时装界，1993年获美国国际时装设计师协会奖。经过二十多年的努力，范思哲成了可与意大利另三位时装大师乔治·阿玛尼、古驰和瓦伦蒂诺比肩的奇才。1997年范思哲在美国遭枪击身亡，之后由其胞妹多娜泰拉·范思哲（Donatella Versace）接管了企业。

范思哲品牌的标志是希腊神话中的蛇发女妖美杜莎，她以美貌诱人，这种震慑力正是范思哲的追求。如今的范思哲品牌除时装外，还经营香水、包袋、皮件、眼镜、丝巾、领带、内衣、床单、台布、瓷器、玻璃器皿等，范思哲的时尚产品已渗透到了生活的每个领域。

BOTTEGA VENETA（葆蝶家）

产品：设计师成衣、饰品

意大利名牌葆蝶家创建于1966年，以手工精细的鞋和皮手袋驰名。2001年，加盟古驰集团后，深咖啡色的编织手袋成了公司的招牌产品。2002年春夏葆蝶家正式推出编织皮包，将整片皮革划分切割成条状，再以手工穿串起整片皮革，这种棋盘编织系列使这个拥有多年工艺历史的品牌大受欢迎。除了招牌的编织手袋外，葆蝶家亦沿用了传统的动物花纹，制成蛇皮、鳄鱼皮、豹纹等的小手袋。在皮革的表面处理上，葆蝶家也有突破，除了有压凸在皮面上的蝴蝶图案手袋，还有在图案旁切割出阴影的雕花手袋，华丽而富有民族气息，是极为个性化的佳作。

1998年，葆蝶家首次推出成衣系列，不仅获得媒体好评，也获得了商业上的巨大成功，如今其已成为全球最成功的奢侈品牌之一。

附图28　BOTTEGA VENETA（葆蝶家）

CÉLINE（赛琳）

产品：设计师成衣、皮件、饰品

1946年，赛琳由女设计师Celine Vipiana在巴黎创立，第一家精品店以售卖童鞋为主，之后添加了皮件系列。由于产品精细实用，受到欧洲上流社会的喜爱。20世纪60年代末，赛琳成立了女装部，生产从服装到配件的较为完整的精品系列。赛琳的产品奢华而实用，提倡美丽与自在共存，优雅但不受束缚。赛琳的皮件、配饰都要求与当季的服装完美组合，不论在款式、色彩、质感上都能互相搭配。象征赛琳精致品质的“单座双轮马车”标志，是经常出现在皮件与皮鞋上的金属装饰，还有马镫、环圈、花朵等都是赛琳特有的品牌标识。

1998年，赛琳由来自美国的设计师Michael Kors主掌设计，为这个法国名牌注入了美式的简洁风格，使赛琳在豪华大方之中体现出运动和青春的活力。现任设计师Phoebe Philo则设计了著名的“秋千包”与“笑脸包”。

附图29　CÉLINE（赛琳）

AIGNER（爱格纳）

产品：皮件、饰品

德国AIGNER的品牌标识是一个马蹄型的标志。传说“马蹄”是祈求幸运最有效的秘方，这个传说被来自匈牙利的Etienne Aigner应用，他在马蹄形中加入一条横杠，代表姓氏的第一个字母A，成为爱格纳标识的由来。爱格纳成立至今，一直强调服装与配件之间能实用地相互搭配，并且在每一个制作的过程中能够顾及人与大自然的平衡，严守环保精神。虽然并不热衷于追逐多变的时尚潮流，但精致的做工与扎实的用料，给人以端正、严谨的印象。

附图30　AIGNER（爱格纳）

在皮件部分，爱格纳只选用德国或意大利的牛的颈背与喉部的皮，因为那里的纹路最独特，耐久度与韧性也最好，符合爱格纳对皮革的基本要求。就整体性而言，丰富的可相互搭配的产品系列，是皮件与服装搭配主张的具体呈现。在每年的设计中，爱格纳也一定摄取各民族的风情，传达全球文化的主张。除此之外，不用有害的染料、不用野生牛皮等，都是爱格纳严格环保意识的体现。

JUDITH LEIBER（朱迪斯·雷伯）

产品：手袋

20世纪30年代的好莱坞明星热潮开拓了化妆用品的市场，从而令存放粉底、唇膏的化妆袋大行其道，各种金属表面、色彩斑斓并缀以艺术装饰及贝壳、门锁、花瓶、鸟笼等形状的化妆袋层出不穷，亦引发了30年后著名的晚装手袋品牌朱迪斯·雷伯。

附图31　JUDITH LEIBER（朱迪斯·雷伯）

来自匈牙利的朱迪斯·雷伯，因第二次世界大战中断了攻读化学专业成为化妆品皇后的梦想，但她学会了如何制作手袋。朱迪斯·雷伯嫁到美国后，曾在纽约手袋行业工作多年。1963

年，朱迪斯·雷伯创建了自己的品牌，并设计出由数千颗细小宝石镶成的各式精致、小巧、女性化的金属手袋，这种手袋与华丽的晚装相得益彰，因而深受好莱坞明星和社交界名人的喜爱。1998年，朱迪斯·雷伯退休。2001年，PEGASUS服装集团收购了朱迪斯·雷伯，并推出了崭新的精品——鞋和眼镜系列。

ALVIREO MARTINI（埃尔维罗·马汀尼）

产品：手袋、饰品

1987年，埃尔维罗·马汀尼在一次俄罗斯的旅行中，获得了一张旧地图，令这位热爱旅行的艺术家产生了将地图作为旅行袋图案的灵感。从此，地图就成为埃尔维罗·马汀尼的独特标志。两年后，依据这个原创理念开发的首个系列产品在北美市场一经推出，即获得巨大的成功。在此基础上，埃尔维罗·马汀尼发展出了更多的饰品系列。

附图32 ALVIREO MARTINI（埃尔维罗·马汀尼）

至今喜欢游历生活的埃尔维罗·马汀尼将公司设于意大利米兰，并不断在新的旅途中寻找着创作的灵感。这种标识明显而通俗的旅行用品激起了人们对亲身游历的向往，渴望沿着地图的方向去体验不同的历史文明、地理风俗，并尝试用新的眼光看待不同的世界。

MCM

产品：皮件、饰品

附图33 MCM

德国品牌MCM创立于1976年，创办人是模特出身的Michael Cromer，他因演艺事业经常出差旅行，却总因行李箱过多或使用不便而烦恼，因而萌发创意。MCM设计的皮件，非常注重出差旅行人士的需求，重点在于轻巧，而且防水、防污，样子则简单大方，呈现出强烈的时代气息。MCM品质优良，其引以为自豪的经典系列中，有以出生30天内的小牛皮经过手工处理制成的皮件，拥有无瑕的皮质，并有自然的润泽感。

MCM三个字母代表的含义是，第一个M——modern摩登时尚，第二个C——creation创造作品，第三个M——Munich慕尼黑，即品牌创始地，充分说明MCM品牌的特质。

LESPORTSAC（力士保）

产品：包袋

力士保来自美国，1974年创立于纽约，是面向普通大众消费的包袋品牌，尤以折叠式的尼龙包和旅行包著名。其特色在于轻便的美国式风格，丰富的色彩运用，轻质便利的功能性及采用专利高效能的布料。力士保的商品系列包括旅行包、大型购物包、手提包、侧背包、书包、背包、特殊运动用背包及各种周边商品等。民族大熔炉的性格在力士保的设计中表现得十分明显。鲜艳的色彩、防水耐磨与各类流行款式的组合，搭配逛街购物、社交应酬、家庭聚会与商业差旅，都展现出轻松、活力的时尚生活。

除了好看、耐用、方便以外，大众化的价位也是该品牌的优势，让一般人轻易就能拥有名牌，也是力士保广受各阶层人士欢迎的重要原因。

附图34　LESPORTSAC（力士保）

POWERLAND（保兰德）

产品：皮具，饰品

保兰德的创始人是意大利女士Louis Maria，她继承了家族为上流社会制作的皮件工坊。1970年，她以保兰德命名工坊及居家的小岛，继承产业并参与皮件的设计与制作。1977年，第一代PLD经典压花图案诞生，从此成为保兰德的品牌象征。1989年，Maria的侄子继承家业，正式命名保兰德品牌，并在米兰开设了第一家皮具精品店，自此开始品牌的发展历程。1994年，设计团队延伸出四个PLD重叠图案，丰富了产品内容。通过数年的开拓，保兰德在海外获得了较大的商业成功，2011年，保兰德上市，品牌运营进入国际化。目前主打中国市场。

保兰德皮件使用上等皮料，多使用传统工艺，制作精湛，手工感强，特别是压花图案的运用，为皮包增添了温婉、柔和的气质，是适合都市成熟女性的高端皮具用品，2012年推出的贝壳系列，造型简洁、色彩丰富，是品牌的明星产品。

附图35　POWERLAND（保兰德）

MULBERRY（玛百莉）

产品：手袋，成衣

英国品牌玛百莉由Roger Saul 于1970年创立，出产材质优良，造型实用的皮革精品。和多数历史悠久的品牌一样，玛百莉曾走入低潮期，但经2000年注资后，品牌快速转型，产品设计在保持英伦复古风格的特色下更趋于年轻化，即尊重品牌传统中对材质的考究与打磨，又注重实用大方的造型原则，同时在细节处流露出复古怀旧气息。玛百莉的经典产品有与爱马仕凯丽包异曲同工的Bayswater，多口袋、多扣环、多铆钉的Roxanne系列，

附图36　MULBERRY（玛百莉）

以及被广为模仿的邮差系列。

2005年以来，玛百莉在手袋、配饰和时装领域都取得长足发展，成为英伦风的又一个经典注解。

三、鞋类

FERRAGAMO（菲拉格慕）

产品：鞋、设计师成衣、饰品

1914年，年轻的意大利鞋匠Salvatore Ferragamo来到美国，希望实现制作精品鞋的梦想。最初，菲拉格慕为早期的电影拍摄设计和制作道具用鞋，很快成为电影明星的专用鞋匠，令其知名度大增。在好莱坞取得成功后，菲拉格慕回到意大利佛罗伦萨创立和不断发展自己的鞋业帝国。20世纪20年代的经济大萧条和随之而来的世界大战造成了皮革原料供应紧缺，但这反而启发了菲拉格慕的灵感与创意，各种代用材料被源源不断地开发出来：金属线、木料、毛毡、合成树脂、椰叶纤维等，并诞生了一系列的经典设计，如因玛丽莲·梦露而闻名的镶金属细高跟鞋、18K金凉鞋等。

附图37　FERRAGAMO（菲拉格慕）

菲拉格慕致力于制造“永远合脚的鞋”，但并不因为注重实用舒适而牺牲鞋子的外形。它的鞋以完美手工闻名，精致迷人、舒适耐穿，绝不会令足部变形，因此历久不衰。如今的菲拉格慕已是一个从男、女鞋业发展到各类成衣、饰品、珠宝、香水的完整的时尚王国，在保持传统的同时用敏锐的目光关注现代生活的需要，不断追求着新的材料、新的款式和新的设想。

BALLY（百丽）

产品：鞋、设计师成衣、饰品

1850年，因公出差的瑞士绅士Carl Bally在巴黎的流行大道上发现一家鞋店，他被橱窗内美丽的皮鞋深深吸引，并决定买下来送给妻子。但他忘记了尺寸，于是将同一款式不同号码的皮鞋全部买了下来。这段经历引发了他想要生产世界上最高级皮鞋的构想。第二年，第一双百丽皮鞋在瑞士正式诞生了。百丽是世界上第一个发明机器制鞋工艺的家族企业，经过350道工序才能完成的Scribe皮鞋是百丽最受欢迎的经典鞋款。平均来说，每双百丽皮鞋要经过200道严格的制作与检验工序才能上市。1999年，百丽被一家美国投资基金Texas Pacific Group收购后，不仅拓宽了饰品的范围，还推出了男、女成衣系列。

附图38　BALLY（百丽）

无论是时装、鞋类还是手袋，百丽始终努力去实现一种“整体造型”的理念，比如鞋和手袋，都具有相近的设计特色，采用相同的皮革制造，缝制方式相同，甚至连标识的手法也相同，这一切均基于一个理念，那就是创造一个丰富多元但仍整体完美的百丽时尚新世界。

A.TESTONI（铁狮东尼）

产品：皮鞋、皮件、饰品、男装

意大利名牌铁狮东尼创建于1929年，是正装皮鞋的代表之一。创始人Amedeo Testoni系统地研究了皮革的特性，发明了使皮革既能防水又利于脚部自然排汗的方法，不但鞋面能防水，鞋楦也不会凝聚水分，穿着自然透气。同时还使用古老的传统工艺，包括典型的“布袋”制鞋法，使产品能随着不同的压力变化但不变形，有一种类似“手套”般的舒适。铁狮东尼擅长使用牛皮和麂皮，这些年在材质上的使用更为大胆，使用了鸵鸟皮、鳄鱼皮等珍贵皮料，不仅为穿着者提供了健康和舒适，也彰显出品牌的气势和高尚品位。

铁狮东尼一直与上流社会的客户保持着直接的联系，迅捷地反映现代信息，不断推出具有铁狮东尼独特风格的手工制品，除了生产优质皮鞋、皮具用品以外，今天已发展到供应男装全套系列与女装皮鞋、皮衣、手袋及丝巾等服饰。

附图39　A.TESTONI（铁狮东尼）

CHARLES JOURDAN（卓丹）

产品：鞋、饰品

1921年，来自法国制鞋业首府Romans的皮革切割师卓丹，开设了自己的制鞋作坊。从第一双鞋开始，精密细致的手工和精选的珍贵材质，使每一双鞋都自然凸显女性高贵华丽的气质，成为卓丹女鞋优雅出众的品质特征，品牌因此声名远扬。随着高级女装的兴起，卓丹与克里斯汀·迪奥联手跨上时尚舞台，成为专为巴黎上流社会名媛设计服务的“高级女鞋”制造商。

1957年，已声誉卓著的卓丹，在巴黎Madeleine大道上开设了第一家卓丹精品店。从此之后，卓丹的业务开始朝多元化发展，由原本著名的女鞋与男鞋制造，拓展到皮件与饰品业，并始终保持着卓丹精致细腻的手工与浪漫优雅的魅力品质。

附图40　CHARLES JOURDAN（卓丹）

附图41 TOD'S（托德斯）

附图42 CLARKS（其乐）

TOD'S（托德斯）

产品：鞋、手袋、饰品

20世纪40年代，意大利的Dorino Della Valle创建了自己的制鞋公司，其子Dorino Della Valle于1975年加入家族产业，并创办了世界闻名的鞋业及箱包品牌TOD'S。如今已成为拥有多家品牌的行业集团。除了享誉世界的高档鹿皮便鞋（以鞋底有133个卵石形橡胶条纹为标志），托德斯更以出色的市场策略和名人效应广为人知。每当有新品推出，托德斯都会把新产品送给一些被誉为"样式典范"的名人试穿，看他们是否喜欢，与此同时他们也成为托德斯最有力的宣传者。

经典摩登是托德斯的设计哲学，志在用意大利传统的手工艺和上乘皮革材料，着重表现了女性优雅中略带刚性及浮华有度的现代风貌，传达出一种略有怀旧的舒适与奢华的美感。以此为基准，在简单的商品上创造出无穷的变化，以数量不多的经典款式走红全球已成为托德斯的一个传奇。

CLARKS（其乐）

产品：鞋、成衣

其乐诞生于1825年，由创始人Cyrus和James Clark两兄弟在英国森马斯镇利用羊皮制造皮鞋及拖鞋起家。经过两兄弟的努力开发，又经历了几代人的发展，时至今天，其乐已经成为英国皮鞋的代名词。其著名的系列包括：气垫皮鞋（Active air）、男装凉鞋（Italy&ATL）、Wallabee等等。其中，其乐休闲鞋，尤其是男式休闲鞋，凭借它新颖的工艺堪称鞋类经典。其乐时刻铭记新理念和新观念是成功打造品牌的关键，从50年前推出富有传奇色彩的Desert Boot，到现今被誉为"Active Mover"的舒适休闲系列，其乐的成功除了在于其优良的制鞋传统外，还有选用最上等的材料，利用最新的科技，不断创新突破，使每位穿着者都能感受到那份不可取代的舒适感。

现今的其乐致力于把品牌的优美造型、新颖款式、舒适惬意及质量考究四大传统特点与适合于某种特定场合的专用鞋的制作结合起来，以满足多元又方便的现代生活方式。目前，随着深受青春少女青睐的凉鞋和其他鞋的兴起，该品牌的女式鞋类也毫不逊色。

Dr. MARTENS（马汀大夫）

产品：鞋

1945年冬，Crouse Martens在一次滑雪中脚踝受伤，为了方便走路，他设计了一双鞋子，使用了一种独特的、有空气垫的鞋底，使脚的活动更舒适。这种鞋很快受到市场的欢迎，1960年4月1日，英国的老牌制鞋公司R.Griggs&Co与Crouse Martens合作推出了第一双马汀大夫鞋——“黑色八孔靴”。这款以出厂日期命名的1460号鞋直到现在，其受欢迎的程度仍不减当年。Airway loop是马汀大夫鞋的特色。而鞋边的黄色线条是历代马汀大夫鞋的标志。

附图43　Dr. MARTENS（马汀大夫）

舒适耐穿是马汀大夫的品牌理念，专有的气囊和全内垫设计，使用英国优质皮革制造，是马汀大夫受到从保罗教皇到社会精英、学生、劳工等广泛阶层欢迎的原因。

TANINO CRISCI（克里斯奇）

产品：鞋、手袋、饰品

1916年，米兰鞋匠Alfonso Crisci进入一家位于意大利Casteggio、美国投资的机械制鞋厂工作，1921年，他拥有了这家公司。随着第二次世界大战后产业革命的到来，Alfonso之子Tanino决定改变以前的经营方式，转而制作更具艺术品位、小批量、高品质的手工产品，增加女鞋生产线，并以自己的名字命名为克里斯奇。这个看似冒险的举动获得了成功。现今克里斯奇的产品种类已拓展到手袋、箱包、皮夹、领带、头巾和皮衣等多个方面。

克里斯奇的设计较为传统，但精致美观，尤其受到日本市场的欢迎，目前，公司有50%的销售额都来自日本。

附图44　TANINO CRISCI（克里斯奇）

MORESCHI（摩里斯奇）

产品：鞋、手袋、饰品

摩里斯奇创立于1946年，是以体现传统、经典、高尚、艺

附图45 MORESCHI（摩里斯奇）

附图46 TIMBERLAND（添柏岚）

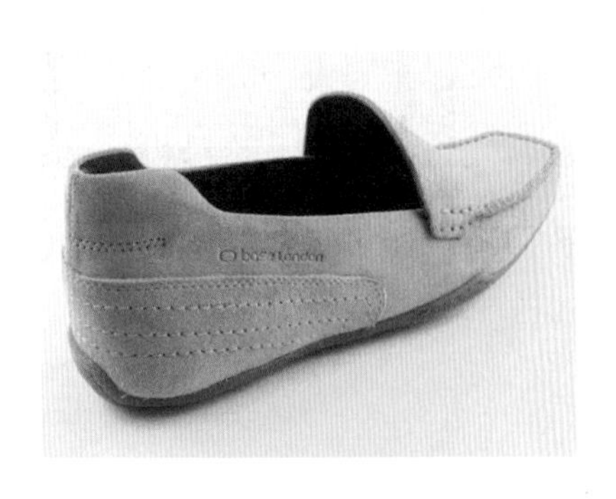

附图47 BASE LONDON（贝斯）

术和个性化为宗旨，采用优质材料、现代切割缝制设备、先进的设计和营销手段建立起来的意大利高档皮件品牌，是高水准机械化制造的代表，主要生产皮鞋和皮包、皮带、领带、手套、钱夹等男士用品。所有的生产过程，从设计到切割、缝制、检验、包装，均全部在公司内部完成，因而有效地保证了产品的质量，赢得了广大客户的信赖。摩里斯奇还严格遵守环保约定，凡使用珍贵野生动物皮革，如鳄鱼、蜥蜴等产品均有国际环保组织出具的证明。

60多年来，摩里斯奇一直在男用饰品领域稳步成长。2003年，摩里斯奇增加了女士皮鞋的生产线，未来公司的发展将满足更多女性对优质皮件产品的需求。

TIMBERLAND（添柏岚）

产品：户外用品

添柏岚的创办人Nathan Swartz，于1918年开始他的制鞋生涯。1973年，随着第一双防水靴的诞生，也开始了美国知名品牌添柏岚的历史。“从制造靴子中培养对事物的坚持”和“与自然共存的人类价值观和真诚”是添柏岚的重要象征，它成了人们渴望与自然和谐的一种表达方式。20世纪80年代是添柏岚的黄金期，具备防水性能的黄色鞋系列、纯手工制作的手缝鞋系列以及具备智能舒适系统的男、女休闲鞋系列是添柏岚的畅销商品。

进入21世纪后，添柏岚设计出色彩明快的新鞋款，再次成为户外用鞋的首选，而对品质的坚持与优质品位的塑造使添柏岚获得了“一双靴子成就一门哲学”的无上美名。

BASE LONDON（贝斯）

产品：男鞋、休闲男装

1996年开始在英国崭露头角的贝斯，正好配合了“新英国文化”的兴起，以其独有的创意和华美的手工在英伦及欧陆时尚圈内打响，赢得了一个“最佳时尚男装皮鞋品牌”的荣誉。出自英国设计师之手及生产于意大利的贝斯皮鞋，融合了传统与流行，经典但不刻板、新潮但不放肆，充满年轻不羁的时代气息。贝斯产品分为轻便（Casual）和正式（formal）两个系列，现增加了休闲服装系列，以满足日常商务工作和休闲娱乐的需要。配合一系列前卫有趣的宣传广告，贝斯已成为年轻一代的首选品牌之一。

NIKE（耐克）

产品：体育用品

1957年，未来耐克的创办人Bill Bowerman和 Phil Knight在俄勒冈大学相识，当时Bowerman是美国著名田径教练，Knight是该田径队的中距离跑运动员。1962年，Knight毕业后到日本的虎牌运动鞋制造公司联系代理业务，并自称是“蓝带体育用品公司”的代表，于是“蓝带”成为耐克的前身。1971年，“蓝带”自立门户生产运动鞋，并设计出著名的钩形图案商标，1972年，正式启用耐克（希腊胜利女神）的名字。如今耐克已是总资产超过70亿美元的世界最大的运动品牌。

附图48　NIKE（耐克）

耐克以慢跑鞋和篮球鞋著称。设计以提高运动员的表现为宗旨，注重科技的研发和运用，气垫技术奠定了耐克在技术上的霸主地位。无论是球鞋、跑鞋、多功能鞋还是经典复古鞋款，耐克都在强调专业运动科技的同时，结合时尚流行的设计元素，创造出功能和造型兼具的足下品位。

ADIDAS（阿迪达斯）

产品：体育用品

阿迪达斯创办人Adi Dassler本人不但是一位技术高超的制鞋专家，同时也是一位运动爱好者，他梦想“为运动员们设计制作出最合适的运动鞋”。由于他所设计的运动鞋获得了各界的肯定，阿迪达斯于1948年创立了阿迪达斯品牌，并将鞋侧三条线能使运动鞋更契合脚形的发现融入新鞋的设计中，从此诞生了象征典范的“胜利的三条线”。

附图49　ADIDAS（阿迪达斯）

阿迪达斯以足球鞋著称，同时在篮球、田径、网球、棒球、拳击、游泳以及最新潮的极限运动等运动项目亦占有一席之地。今日的阿迪达斯依然秉持阿迪达斯完美制鞋的理念，不断与世界级的顶尖运动员与教练交换心得与需求，经过反复的测试与检验，发展出符合人体工程学的各项产品，不但能帮助各类专业运动员提升运动表现，还能满足一般市场消费者对高品质运动商品的需求。近年来，阿迪达斯结合流行时尚，与时装设计大师山本耀司合作，开发了代表新运动风格的运动服饰系列。

REEBOK（锐步）

产品：运动鞋、运动服装

1895年，锐步的创始人约瑟夫·福斯特——英国的一位短

附图50　REEBOK（锐步）

跑爱好者，希望能有一双带钉跑鞋，于是他自己制造了一双以自己名字命名的“福斯特跑鞋”。之后的50年，这种“福斯特”钉鞋给短跑带来了历史性的变革，并帮助多位运动员刷新纪录，给奥林匹克运动会及职业体育运动以很大的促进，也奠定了锐步的事业基础。1958年，福斯特公司向体育运动的其他领域发展，福斯特的孙子们建立了综合的公司，最初叫麦柯瑞足球鞋业公司，后来命名为锐步（非洲羚羊）。1979年，美国户外器材经营商保罗·佛尔曼取得了锐步在北美的经营权，逐渐使锐步拓展成为了不起的跨国大公司。

锐步的经典产品有女子健康舞运动鞋、第一双充气篮球鞋、复合流动气囊跑鞋等，除运动鞋外，锐步已成为世界著名的运动服装品牌。

附图51　BERLUTI（伯尔鲁帝）

BERLUTI（伯尔鲁帝）

产品：男鞋、成衣、皮具

伯尔鲁帝1895年诞生于法国，是传统手工制鞋的典范，迄今已经历了四代。创始人Alessandro Berluti擅长度身定制皮鞋，现任设计师Olga Berluti是出色的女制鞋师。伯尔鲁帝只有一位设计师，不超过20位的手工制鞋技师，每定制一双鞋要手工花费250个小时才能完成，因此，此鞋出产量极少，价格昂贵，这也保证了每一双都是艺术品。

伯尔鲁帝的制鞋过程沿袭了一项老传统：在足底弓部的皮鞋的重要部位，采用小块锤打而成的皮革，这特殊的处理方法是伯尔鲁帝的灵魂所在。该品牌的宣传口号也正是：“鞋亦有灵魂”。伯尔鲁帝所用皮革和缝线均为世界顶级，牛皮为主，马皮、鳄鱼皮等为辅。其专用的皮革专利技术，能将皮革转色，使之拥有神秘而难以模仿的亮面和颜色变化。伯尔鲁帝的拥趸包括世界各地皇室、教皇、名人及社会精英人士。如要定制一双伯尔鲁帝鞋，需提前预约，等待法国来的量脚师根据自身时间和世界各地分店的状况前来与定制者会面，然后再等半年才能拿到定制的鞋子。

附图52　JOHN LOBB（约翰洛布）

JOHN LOBB（约翰洛布）

产品：男鞋

来自英国的John Lobb可谓是殿堂级的皮革鞋履品牌，品牌创于1849年，因在1862年的万国博览会上获得金奖而获得皇室认证，从此成为定制鞋履的名店。1901年罗布之子在巴黎开设分店，1976年，爱马仕集团将约翰洛布的巴黎分店纳入旗下，使得这个高端男鞋品牌逐渐在全球开辟了更大的市场。

要定制顶级男鞋，仍应该选择去伦敦总店，由手艺高超的制鞋师，用一支笔和两张白纸量鞋，把两只脚的脚型、脚背高度以及两脚长度的微小差异思量在内，制作出脚模。然后皮革师根据顾客要求的材质（小牛皮、鳄鱼皮、鸵鸟皮等）去选择最好的皮革，通常整张皮革只做一双鞋，选用最好的没有瑕疵的部分，其余则弃之。再经过数月时间精工细作，一双约翰洛布的牛津鞋可以舒适地穿上几十年。

四、腕表类

VACHERON CONSTANTIN（江诗丹顿）

产品：高级腕表

1755年钟表匠Jean-Marc Vacheron在日内瓦市创立了一间自己的工作室，为世界最古老最早的钟表制造厂，也是世界最著名的表厂之一。1819年，品牌正式成立。“悉力以赴，精益求精”是品牌的座右铭。1839年，Georges-Auguste Leschot加入江诗丹顿，他发明了新的钟表制造零件，开创了零部件生产的标准化和机械化，这个发明提高了生产速度，缩减了腕表的生产周期。

附图53 VACHERON CONSTANTIN（江诗丹顿）

江诗丹顿的设计原则是在美学外观和机械构造上均完美无瑕的设计，从而保证优越的耐用性、可靠性和精确性，因此品牌能长久以来将钟表的设计和工艺推向极致。马耳他系列是江诗丹顿的代表系列之一，因其酒桶形外壳而著称，并应用了各种广载盛誉的复杂功能和技术；包括多款调速器、陀飞轮、双地时区、月相、动力储存、计时码表和镂空机芯等。艺术大师系列则将珐琅彩绘、珠宝镶嵌、机芯镂空手工雕花零件完美结合，体现出卓尔不群的艺术气息和巧夺天工的精湛手艺。

PATEK PHILIPPE（百达翡丽）

产品：腕表、珠宝首饰

百达翡丽是瑞士手表中最尊贵的品牌之一。公司于1839年在日内瓦成立，创办人流亡的波兰贵族Antoine de Patek在1845年

附图54 PATEK PHILIPPE（百达翡丽）

附图55 OMEGA（欧米茄）

附图56 ROLEX（劳力士）

遇上了法国手表匠Adrien Philippe，后者刚刚发明了结合式上链系统，免除了使用钥匙上链的麻烦。于是两人结成伙伴，合作制造工艺细致的手表。他们总共得到了500多个奖项。客户亦包括不少王公贵族。1932年，Stem家族接收了此公司，并继续其手表发展的方向。1932年推出的Calatrava系列迄今仍是最受欢迎的设计，1989年设计的拥有33种功能的腕表是该品牌的里程碑。

百达翡丽目前是全球唯一仍采用手工精制钟表的制造商，也是日内瓦现今唯一可以在原厂内完成全部配件、工序的钟表制造商。

OMEGA（欧米茄）

产品：腕表

1848年，即瑞士联邦诞生同年，路易·勃兰特（Louis Brandt）在瑞士西北部的拉夏德芳开设了钟表装嵌工厂。1880年，路易·勃兰特的儿子（Louis Paul和和Csar）将厂房迁至人力充足、资源丰富且交通方便的比尔地区。这里至今仍是欧米茄总部的所在地。迁址后，该厂便率先放弃了传统的装配系统，采用机械化生产方式，生产统一规格的零件，并引进新式分工系统进行装配工作，装制出精密准确、品质优良且价格合理的表款。1894年，欧米茄19钻机芯面世，并以希腊字母“Ω”作为标志，象征完美与成就，迅即成为其卓越的标志，公司也因此命名为“欧米茄”。它在技术和设计方面的创新逐渐形成了其运动和奢华相结合的风格。

欧米茄曾制造出世界上第一只中置陀飞轮腕表，它的超霸专业系列是唯一在月球上被佩戴的腕表，此外，它还是第21届奥林匹克运动会、自动赛车队制锦标赛（CART）的指定计时表。

ROLEX（劳力士）

产品：高级腕表

ROLEX的创办人Hans Wilsdorf是巴伐利亚的一名孤儿，他在怀表依然盛行的年代，就坚信未来会是腕表的天下。1910年，体积小巧、可戴在手腕上的劳力士的面世，预示了未来的计时器。1914年劳力士获得了英国天文台颁发的最早的腕表A级证书。1926年，世界上第一只防水、防尘表问世，即著名的“蚝”（Oyster）式表。次年一位伦敦女记者戴此表横渡了英吉利海峡，从而使劳力士一举成名。从1931年发明了利用手臂摆动的轻微动作转换为手表的动力的自动上链装置迄今，劳力士在腕表领域获得了许多世界第一，特别是广为人知的潜水系列，潜水深度可达1220m。劳力士在产品功能上也体现出极度的精良和准确，并为它赢得了极高的声誉。

多年来，劳力士一直是自主经营，既没有与其他品牌联盟的意思，也没有兼并其他品牌的意图，其特立独行的王者风范不愧为表中至尊。

CHOPARD（萧邦）

产品：腕表、珠宝首饰

1860年，制表商Louis Ulysse Chopard在瑞士汝拉山地区设立了一所小规模的制表厂，直到1920年，他的儿子开展了钻石装饰手表的分支业务，并移师日内瓦。1950年，来自德国的Scheufele家族收购了萧邦，成为瑞士钟表王国的大家，并逐渐成为瑞士销量最大的钟表品牌之一。

萧邦创制的主力系列“快乐钻石”（Happy Diamond s），是在水晶表面下装有7粒可以自由流动的钻石。其后又有“快乐运动”系列，是在清新流畅的表壳下设计了流动的星星、月亮、鱼等钻石装饰。萧邦赋予了钻石灵动、活泼的崭新魅力，受到全球女性的青睐，从而使萧邦表成为珠宝类腕表中最闪亮璀璨的明珠。

附图57 CHOPARD（萧邦）

PIAGET（伯爵）

产品：腕表、珠宝首饰

1874年，杰出的钟表师Georges Piaget在瑞士日内瓦的一个小村庄里制成了第一只不掺杂任何外来工艺的伯爵表。在其后的一百多年里，秉承钟表大师的敬业精神，遵循以独特的个人风格展现精美别致的崭新造型和不断挑战自我的创作理念，伯爵表于细微之处追求完美，赋予了腕表高贵和谐、优雅迷人的气质。伯爵表的“豪华珠宝”（Haute Joaillerie）型号因其新颖的设计及超薄的表身而闻名。伯爵表的宗旨是追求品质上的完美，而非以数量为先，因此所有产品都是小批量生产令其形象更为高贵罕有。

伯爵还是世界上少数专门以黄金和白金制作腕表和珠宝首饰的公司之一。1988年，它成为瑞士奢侈品公司RICHEMONT家族的一员。

附图58 PIAGET（伯爵）

BREGUET（宝玑）

产品：腕表

Abraham-Louis Breguet（1747—1823），被誉为最伟大的制

附图59 BREGUET（宝玑）

表匠。他生于瑞士，长年居于法国，专门制造贵族化的珍贵稀有款式，以供皇室成员及贵族商贾享用。宝玑的一项伟大发明就是“陀飞轮”（tourbilon），此机械装置可以补偿钟表在处于不同水平位置所产生的误差，使钟表走时更为准确，陀飞轮装置是被高度推许的发明，现今只出现于顶级价格的手表中。宝玑同时还制造了一个可以连续运行60小时而不需要上发条的钟表，另一项发明是万年历（perpetual calendar）装置，可以自动调节月份及年份，连闰月亦早已计算在内，此性能亦为现代手表所乐于采用的。从当时的技术来看，上述发明都相当先进。

现今的宝玑仍以精密细致的机械表著称，其特点是表身薄，精致雕刻的侧边、底纹和独特的深蓝色指针。

TAG HEUER（泰格·豪雅）

附图60 TAG HEUER（泰格·豪雅）

产品：腕表

Eduardo Heuer于1860年在瑞士JURA的小镇创办了自己的表厂，制造将精确、可靠和美观不断推向更高境界的钟表。出于对体育运动的热爱，他开始制造适用于运动的表款，因此与运动盛事结下不解之缘。1985年公司被TAG集团收购，正式命名为泰格·豪雅。它先后制造了第一只准确度至1/10秒的计时器、多届奥林匹克运动会的指定计时表、1974年法拉利一级方程式赛车的指定计时表等。它还是世界上第一个推出石英腕表的公司。泰格·豪雅以体育运动为源泉不懈地研究新技术，积累专门经验并构筑自身独特的品牌精神。

很少有名贵的腕表品牌像泰格·豪雅那样极富挑战性地积极开拓市场。它成功地建立了世界性的运动手表的地位，亦是瑞士最高销量的手表之一。1999年11月，泰格·豪雅成为奢侈品集团LVMH的一员。

BAUME & MERCIER（名仕）

附图61 BAUME & MERCIER（名仕）

产品：腕表

1830年，当钟表制造业仍然处于萌芽时期时，Baume家族就已在瑞士汝拉地区设立了一所工场，并于1834年正式注册公司制造整只钟表。1912年，BAUME取得了日内瓦一个钟表大奖。1918年，Baume与Mercier合作，在日内瓦成立了一所新的钟表制造厂。1950年，伯爵（Piaget）入股成为大股东，直至1988年，公司被Canier收购。至今，名仕表不断向市场推出其独特的时尚设计，受到消费者的欢迎。

名仕系列成员阵容庞大，兼备了不太严肃的经典款式到镶嵌珠宝的尊贵式样。无论从创意或时尚的角度看，都是传统技术与时代精神的完美结合，充分显示高超的制表技术。

MOVADO（摩凡陀）

产品：腕表、珠宝首饰

1881年，摩凡陀之名创立于瑞士拉夏德芬，意为“永动不息”。1905年，阿齐尔·迪茨希姆创建了摩凡陀公司，之后的百年中，共获得了近百项专利，在卓越技术的基础上，摩凡陀在造型设计上也大胆创新。1947年，公司推出了由美籍艺术家Nathan Geirge Horwitt设计的无字表盘，完美地体现了20世纪20年代包豪斯设计学派的精髓，将简洁大方的现代设计展露无遗，成为闻名遐迩的表中精品。摩凡陀的典型产品还有世界上最早出现的转子自动校准表、弦月形表壳等。

近年来，摩凡陀不断扩展业务，开设多家精品店，陈设种类繁多的精致珠宝首饰、家居装饰、文具用品、眼镜和各种礼品，并充分体现出其独树一帜的现代设计风格。

附图62　MOVADO（摩凡陀）

EBEL（玉宝）

产品：腕表

1911年， Eugen Blum在拉夏德芳（La Chaux-de-Fonds）成立了公司，玉宝的取名是来自他及妻子名字Eugen Blum Et Levy中的首个字母。1970年，一位熟悉销售业务的高手Pierre-Alain Blum收购了玉宝之后，推出了极为成功的“运动”（Sports）系列，为近代瑞士钟表业写出了一个为人津津乐道的成功故事。此后，运动系列亦再推出多个改良型号。在“时间的建筑师”这一新颖创意之下，玉宝表的系列产品独具神韵。

玉宝表技术创新，工艺精湛，并持有独特的五年国际保证书，此项保证书世界罕见，显示出卓越的制造水准。1999年，玉宝被收至奢华集团LVMH旗下。

附图63　EBEL（玉宝）

GIRARD-PERREGAUX（芝柏）

产品：腕表

芝柏是瑞士最古老、最著名的钟表品牌之一。公司的起源可追溯至1791年，只有19岁的Jean-Francois Bautte制作了两只精美的表，因而被他的雇主邀请成为公司股东。其后公司的继承

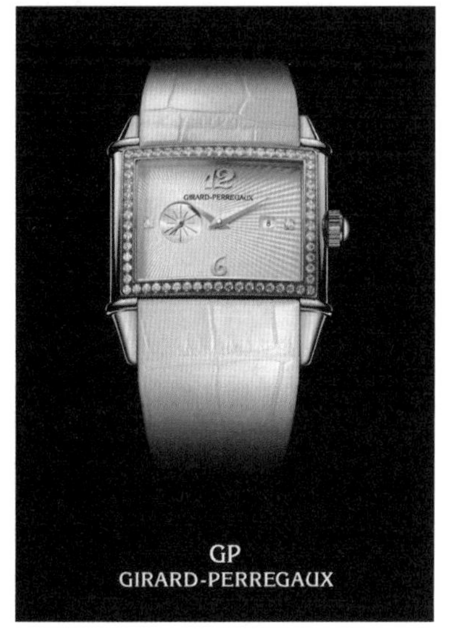

附图64　GIRARD-PERREGAUX（芝柏）

人 Constant Girard Gallet与 Marie Perregaux成婚，把公司改名为芝柏，迁址到拉夏德芳。几年之后，Constant Girard发明了“三个金夹板陀飞轮”，并于1867年在巴黎万国博览会上展出。

1966年，芝柏推出第一个每小时振动36000次的高频率机械表芯；1969年生产出第一个频率为32768赫兹的石英机芯，后来逐渐成为普遍接受的石英机芯标准；20世纪90年代还推出一系列超薄自动机芯。技术熟练和勇敢创新是芝柏名誉的保证。

附图65　RADO（雷达）

RADO（雷达）

产品：腕表

1917年，雷达公司在瑞士伦瑙诞生，早期生产钟表机芯，1957年，才生产出第一批以雷达命名的腕表。1962年，推出了世界上第一批不易磨损的椭圆形“钻星”腕表，获得巨大成功，从而奠定了公司迅速发展的基础。当其他品牌仍用黄金、铜或钢等普通物料制表时，雷达表已开始采用钨钛合金、蓝宝石水晶、高科技陶瓷、硬金属及多晶体钻石等新物料制造。在设计上也与材料相结合，线条简洁流畅，具有强烈的现代感和创新意识。

1984年，雷达成功地创制出紧贴手腕的拱形设计，紧接着推出了由高科技陶瓷制成的“精密陶瓷”表。在追求“不易磨损”的道路上，1995年的“新概念1号”成为世界上最硬的腕表。

附图66　FRANCK MULLER（法兰克·穆勒）

FRANCK MULLER（法兰克·穆勒）

产品：腕表、珠宝首饰

1983年，法兰克·穆勒创制了第一只复杂结构手表，在制表工艺中迈出了坚实的一步，并开创了制表工艺的另一途径，被称为“复杂钟表的巨匠”。其后很多表坛巨匠都加入此行列。1991年，法兰克·穆勒正式在瑞士成立了公司，所出品的手表均保留着其独特的风格。比如在他的腕表和珠宝的设计中，有很多数字的变化，给予人不可思议的、能带来幸运的、神秘而有魔力的印象。

就像第一只手表上所刻上的“Franck Geneve”一样，法兰克·穆勒的设计均是限量生产的，并享有世界上最复杂结构之手表的美誉。

SWATCH（斯沃琪）

产品：腕表

斯沃琪是瑞士最大的钟表集团SMH旗下的一个品牌，自

1979年开始研制，三年后面世，并且开始大量生产。由于表壳由塑料制成，所以有许多缤纷鲜艳的颜色可供选择。1981年夏天，这种手表才被定名为斯沃琪。

斯沃琪革命性的使用塑料做表壳，并将手表的结构简化，防水、防震而准确。与瑞士传统的机械表相比，这种靠石英推动的行针手表售价之低是前所未有的。它突破了瑞士表惯有的典雅高贵的形象，以逼人的青春气息和不羁的大胆创意在瑞士表业内掀起了一股新浪潮。作为时尚的弄潮儿，斯沃琪形状各异，设计别出心裁，名字特别，形象高调。它与时装一样，是变幻莫测的潮流，是蕴意无穷的艺术。斯沃琪麾下的设计师具有艺术家独特的好奇心和与表迷沟通的本能。他们热爱自由，格言是："不要以任何框框规范我。"并以此遵循着斯沃琪谦卑的目标：只求作为一时的时尚引导潮流，而不求经久不衰。他们培育出斯沃琪永恒的特质，那就是："斯沃琪唯一不变的，就是它不断在改变。"

附图67 SWATCH（斯沃琪）

JAEGER-LECOULTRE（积家）

产品：高级腕表

积家表诞生于瑞士"Combiers"山谷，创始人Antoine LeCoulter是一位潜心钻研齿轮制造术和冶金术的工匠，于1833年建立了生产钟表精密器件的工厂，先后推出上百种钟表机芯，奠定了在瑞士钟表业的地位。1903年，其孙与法国精密航海时器制造商Edmon Jaeger合作，成立了积家表厂。

从1833年公司创立至今，积家拥有无数的专利，为世界钟表的发展做出了很大的贡献。由于积家的机芯生产极其多样，是世上极少的机芯输出型制表公司。特别在高档机芯这一块，一些其他品牌的高档腕表由于销量很小，因此自身的机芯产量也偏少，会选用积家生产的机芯，无形中也为积家做了宣传。作为精品名表的代言人，积家钟表共有40个专职分工和20项尖端科技，兼顾每一个生产细节，研制出卓越出众的腕表。从世界上最小巧的表到多功能复杂腕表，还有超薄手表及Atmos恒动空气钟，积家钟表都奉献了最精致细腻的腕表系列。

附图68 JAEGER-LECOULTRE（积家）

A.LANGE & SOHNE（朗格）

产品：高级腕表

1845年，Ferdinand Adolph Lange在靠近德国德勒斯登格拉苏蒂建立起精工制表工厂，其打造的怀表质量出众，并成为凯瑟·威廉二世的赠送礼物。第二次世界大战后，朗格家族企业被

附图69 A.LANGE & SOHNE（朗格）

东德没收，品牌归于沉寂。1990年，两德统一后，朗格表重新投产，1994年首推的旗舰系列，以令人惊艳的偏心表盘、大日历窗口成为设计典范，再一次登上精密制表工艺领袖地位，抗衡众家著名瑞士豪华腕表品牌，重塑了“德国制造”的美名。

朗格表是纯机械表，每一只腕表都是无与伦比的精湛技术和高水准的完美手工的结晶。产品均以手工精雕，以黄金或铂金打造表壳，配备自制高级机芯，极板、桥板、杠杆、游丝、齿轮等，所有零件均由制表师们由手工精制而成，再以创作艺术品般的工序进行抛光打磨。朗格目前每年只生产5000只手表，因而价格高昂。

LONGINES（浪琴）

产品：腕表

浪琴，以“飞翼沙漏”为标志，1832年创立于瑞士的圣耶米，其后致力于机械生产方式，积极开发生产设备，改良钟表制造工艺与流程，是钟表机械化生产的先驱者之一。在19世纪后期取得了产业化的实效，工厂规模日益壮大。随后浪琴继续在工业化生产的道路上不断开拓，开发了石英机芯、超薄机芯等产品。目前，浪琴已经成为世界知识产权组织（OMPI）所有国际注册中历史最为悠久、未经任何修改、但仍活力四射的卓异品牌。

附图70　LONGINES（浪琴）

浪琴拥有传统、优雅、性能于一身的独特专有技术。凭借积累的技术优势，逐渐与运动界建立起密切的联系，为众多体育赛事提供技术支持，马术运动是浪琴的传统支持项目，它也是世界锦标赛的计时器和国际航空联合会的合作伙伴。近年来。浪琴开始重视女士腕表的开发，推出了一些样式典雅端庄、价格合理的女款，获得不错的商业效益。

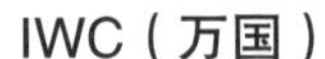

IWC（万国）

产品：腕表

万国表诞生于1868年，由美国人Florentine Ariosto Jones创立于瑞士的沙夫豪森。Jones积极创新发展工程技术，开发了“琼斯机芯”，在制表界奠定超卓的信誉和地位。1885年，万国创新地推出了以革命性的数字显示小时与分钟的怀表。19世纪末生产了第一批腕表。1936年，万国推出首款“飞行员专用腕表”，配备旋转表圈记录起飞时间以及防磁擒纵装置。随后的品牌发展中，万国与时俱进，陆续推出了自动上链、防水、万年历以及多功能复杂腕表，体现出重视高精准度、大尺寸机芯腕表的传统魅力。

附图71　IWC（万国）

万国的经典设计有飞行员系列、葡萄牙系列、达·芬奇系列、工程师系列、海洋时计系列等。目前，万国在全球有900个销售点，60家专卖店。

五、其他饰品

MONTBLANC（万宝龙）

产品：高级书写工具、腕表、皮具、珠宝首饰、饰品

1906年的德国， Claus Johannes Voss、工程师August Eberstein以及商人Alfred Nehemias合作成立了名为“SIMPLO”的小公司，制造高品质的墨水笔。1910年，当一款新笔制作完成时，纯白色的笔帽顶部让人联想起终年积雪的欧洲最高峰MONTBLANC（勃朗峰），因而以此命名并正式注册六角白星商标，象征登峰造极的工艺和完美无缺的品质。万宝龙墨水笔无论从设计、选材到工艺，每个过程都是精益求精，总共8款粗细不一的笔嘴都用高纯度的黄金制作，最后雕刻上精致高雅的花纹，笔杆采用神秘配方的高级树脂，历经世代依然能保持莹润光泽。其中，1924年的Meisterstuck（大师）墨水笔是品牌的经典之作，蕴含了百年传统工艺的精华，代表了欧洲工艺的最高级别。

附图72　MONTBLANC（万宝龙）

随着现代科技的发展，墨水笔的辉煌岁月逐渐暗淡，已成为VENDOME LUXURY集团成员的万宝龙也在选择品牌新方向。除了较早的小皮件外，近年又新推出了腕表、珠宝、皮具、饰品及女用系列，每件产品都坚守了万宝龙的精神，提供给顾客实至名归的高级享受。

PARKER（派克）

产品：书写工具

19世纪80年代，美国人George Safford Parker一边教书，一边在学校推销钢笔。经过他的研究，解决了漏墨和出墨难的问题并取得专利。1888年，他创立了自己的制笔公司，并以慧箭笔夹作为产品标志。派克钢笔的出现对墨水笔的发展有重要意义，它不仅肯定了空气压力平衡的重要性，而且也是第一支自充墨水笔。1939年，“就像来自于另一个星球”的流线型、火箭形墨水笔——派克51型使用了派克的新产品速干墨水Quink，被视为迄今为止最完美的笔。此外，61型和75型也是派克的经典产品。

附图73　PARKER（派克）

总部在英国的派克现在全球都有生产基地，作为高品质书写工具的领导者，派克笔一直伴随着世界上的许多重大活动，见证了重要历史时刻。从第二次世界大战日本投降时的受降人麦克

阿瑟将军，到美俄签署核裁军条约的布什与叶利钦，无不是用派克笔记下历史上浓重的一页，长长的历史铸就了派克笔的辉煌。

WAHL EVERSHARP（威尔·永锋）

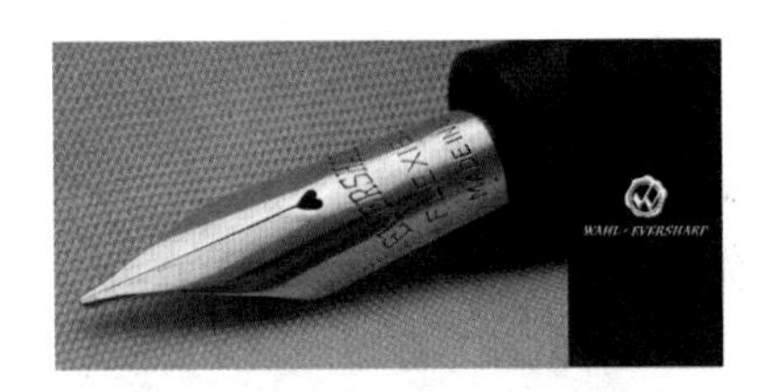

附图74 WAHL EVERSHARP（威尔·永锋）

产品：书写工具

威尔·永锋在1912~1917年间由永锋铅笔公司和威尔·艾丁（WahlAdding）机器公司合并而成。它的第一个奇迹产生于1929年，当时他们推出了金海豹（GoldSeal）系列个人用尖头墨水笔，这些笔因带有用线穿在一起且易于更换的笔尖而备受欢迎。1940年，公司出品了针对大众市场的最朴素也最畅销的地平线（Skyline）系列钢笔，威尔·永锋成为家喻户晓的知名品牌。但好景不长，由于工艺粗糙，威尔·永锋生产的圆珠笔在1947年销售不佳，公司也因陷入一系列专利纠纷而趋于沉寂。几度蹉跎之后，1995年，意大利人埃马耐勒·卡塔格罗尼（EmmanuelCaltagirone）加盟该公司，重塑了地平线系列笔的形象，威尔·永锋目前仍是世界重要的书写名牌。

A.T.CROSS（高仕）

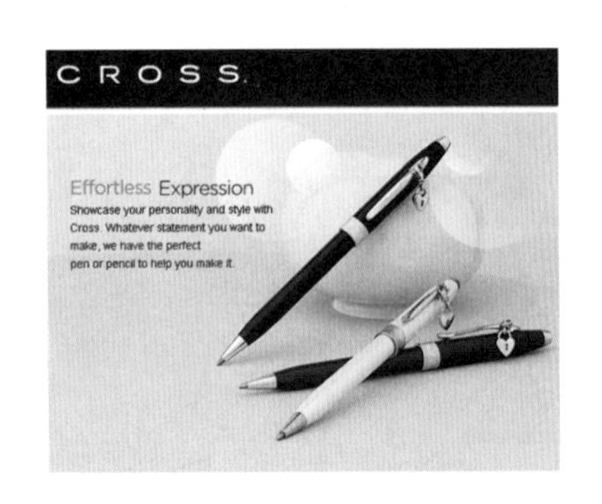

附图75 A.T.CROSS（高仕）

产品：书写工具、箱包

美国品牌A.T.CROSS诞生于1846年，创办人是来自爱尔兰的移民Richard Cross。后来由其子Alonzo Townsend Cross接管。这位才华出众的年轻人取得了制笔领域的卓越成就，一生共获得25项个人专利，其中尖头自来水笔影响最大，这是既能用墨水书写又能复写多种副本的工具。160多年来，高仕凭着精益求精、力求完美的品质追求，推出了七大系列，并成功研制出多项数码书写产品，如具有金属质感外壳的平板电脑用高级电子笔，以迎合电子通信日益普及的市场需要。

圆锥形笔顶是高仕笔独有的特征，其精致高雅的外形、获得多项专利的使用功能，使高仕笔享誉世界，深受士绅名流的钟爱，成为书写工具中的极品。

SHEAFFER（犀飞利）

附图76 SHEAFFER（犀飞利）

产品：书写工具

犀飞利是美国品牌，1913年由Walter A.Sheaffer创办。最先，他在自己的珠宝店里出售墨水笔，针对当时需用有滴孔的小瓶灌墨，犀飞利发明了一种带吸墨水装置的墨水笔并获得原创专利，从而使品牌逐渐发展起来。20世纪20年代，犀飞利推出终身保用笔尖和彩色赛璐珞笔杆，成为当时美国最畅销的笔。其后几十年间，犀飞利在灌墨技术上总有创新，如30年代的活塞式灌墨装置和可视墨水供给装置、40年代的轻压式灌墨以及50年代的“洁净”吸墨装置，都给犀飞利带来了极大的成功。

除了灌墨方式富有技术魅力，犀飞利还有独特的嵌入式笔尖，品牌还有良好的售后服务，顾客可以要求定制各种色彩与式样的笔，这也是犀飞利广受欢迎的原因之一。

AURORA（奥罗拉）

产品：书写工具

奥罗拉是意大利首席笔类品牌，1919年成立于都灵，品牌名称寓意“黎明”，以生产奢侈型和收藏型钢笔著称。奥罗拉笔善于运用多种材料，外形精美，色彩绚丽，使笔具有与手工珠宝相同的价值与美观，其85周年纪念的庆典之笔上镶上了上千颗钻石，是世界上最昂贵的笔。奥罗拉也善于同国际知名设计师持续合作，著名建筑师Marco Zanuso设计的一款Hastil成为第一支在纽约现代艺术博物馆展出的书写工具。

附图77　AURORA（奥罗拉）

奥罗拉生产的贵族用笔都出自手艺高超的工匠之手，因此，奥罗拉品牌也被赋予更多的尊贵奢华及艺术价值，深受各国富豪和收藏家的喜爱追捧。随着时光流逝，奥罗拉精品笔的价值与日俱增，也为品牌增添了许多传奇魅力。

WATERMAN（威迪文）

产品：书写工具

1883年，在纽约从事制笔的威迪文的创始人Lewis Edson Waterman，利用毛细管吸水原理，发明了新一代的墨水笔。他在墨管加设裂隙，利用空气运力原理去填补墨水空间，令墨水能稳定渗透。这项发明奠定了公司发展的基础。在以后的30年中，公司一直保持着特有的活力，但在从使用胶木到使用赛璐珞笔的转变过程中却行动缓慢，这导致美国公司在20世纪50年代停产。但法国的附属公司JIF-WATERMAN公司却在战后崛起，成为公司的旗手，并于1971年取回了美国的商标和全球控制权。此后，一系列的新款墨水笔，其中最重要的是绅士笔（Gentleman），为日后威迪文笔的设计特点奠定了基础。

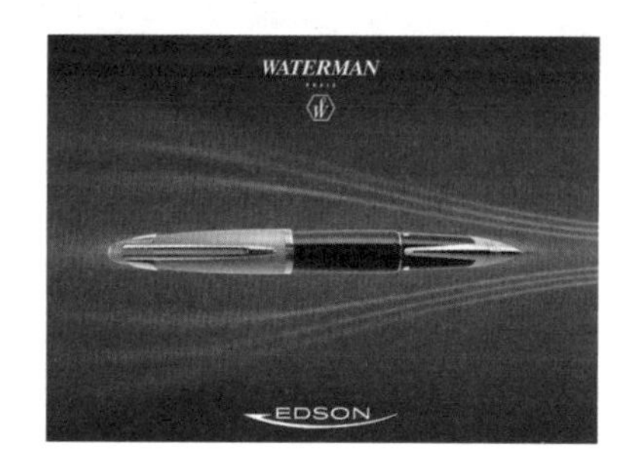

附图78　WATERMAN（威迪文）

2000年公司被NEWELL ROBBERMAID公司收购合并，现在它与派克公司、比百美（Paper mate）公司和液体纸（Liquid Paper）公司联营，成为该集团文具产品部门的一部分。

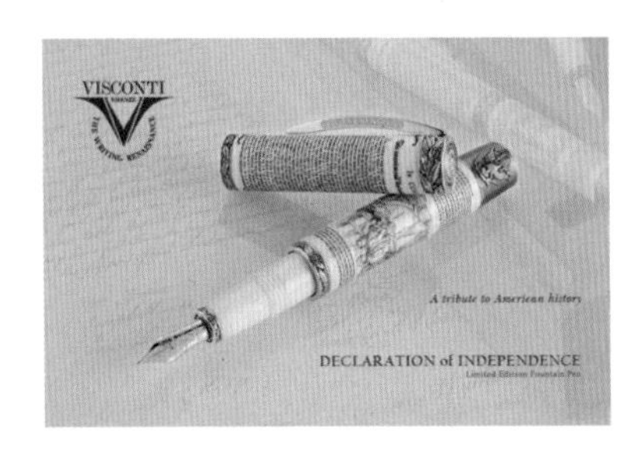

附图79　VISCONTI（维斯康提）

VISCONTI（维斯康提）

产品：高级书写工具

1988年，意大利人Dante Del Vecchio和Luigi Poli因喜爱古典赛璐珞墨水笔，而引发他们要按心仪的样式制造一支笔的想法，维斯康提便应运而生。他们奉行“在传统中产生创意，在创意中追求独特，在独特中保证工艺”的宗旨，在很短的时间内就取得了多项专利和成就，如1993年的动力吸墨装置和1994年的双重关闭吸墨装置。在造型设计上，他们采用了20世纪30年代流行的赛璐珞材料和古典装饰风格，每个作品都非常讲究，好似珠宝一样精致豪华，被人称之为笔界的“明日之劳斯莱斯”。

维斯康提的经典产品有畅销版“曼哈顿”、限量版“阿尔汗布拉”等。1996年推出的“泰姬陵”，笔身用古董象牙制造，配以极细的金丝缕笔罩，更是笔中绝品，令人沉醉难忘。

附图80　S.T.DUPONT（都彭）

S.T.DUPONT（都彭）

产品：烟具、书写工具、皮具、香水、成衣、饰品

1872年，创始人Francois Tissot Dupont在法国巴黎开始其个人事业，以制造奢华风格的皮具及手提袋成就卓越。1935年，公司创建了漆艺工坊，以中国漆和日本手绘替代传统瓷釉，生产首饰、雪茄盒等奢侈品。1948年都彭设计生产了以易燃液体作燃料的打火机，此款长方形打火机造型优美简洁，恰好符合手掌及手指的动作，开启时更是“锵锵”有声，深受时尚人士的喜爱，打火机遂成为都彭的主打产品。其后，都彭更不断给打火机披上瑰丽无比的外衣，并继续开发了瓦斯打火机和火焰调节装置。现在，制作一只都彭瓷漆打火机仍须经过492个工序和640个检验程序，不愧为打火装置中的极品。

继1971年的Classique笔系列成为书写工具的经典之后，都彭开始向多元化方向继续发展，生产了一系列配件、香水、腕表等男士随身用品和高级成衣，以配合现有的打火机、金笔及皮具，创造了一个时尚完美的都彭世界。

附图81　ZIPPO（芝宝）

ZIPPO（芝宝）

产品：打火机

芝宝诞生于美国，创始人George G.Blaisdell最初是一家奥地利打火机的美国销售代理。当时的打火机使用很麻烦，Blaisdell便萌发了设计一个好用又好看的打火机的念头。他将打火机的外

形改为方盒状，并利用合叶将打火机盖与机身相连，棉芯周围设置了一个金属防风网。因受到当时另一项伟大的发明——拉链（Zipper）的启发，Blaisdell把他的新打火机命名为Zipper。1932年，第一只芝宝打火机正式诞生，其后，芝宝以其非凡的设计、卓越的质量和终身维修的承诺而备受购买者的青睐。

作为现今唯一继续生产汽油打火机的制造商，芝宝打火机有着独到的魅力。其简洁的外形设计，特有的铰链式回转轴系列是芝宝成功的秘诀。芝宝的每一款打火机均以富有纪念意义的主题进行设计，其丰富有趣的图形装饰展现出典型的美式大众文化风格。

VICTORINOX（维氏）和 WENGER（威戈）

产品：瑞士军刀、腕表

维氏和威戈都是瑞士刀具制造商，两者的产品十分相似。1891年，当时的瑞士军方向从事刀具制造的Elsener家族订购一种便于行军携带、多用途的刀子，这种两个弹簧上面装有六个刀体的新玩意儿除去原有的刀、锥子，罐头起子和螺丝刀外，还有一个小刀和一个螺旋拔塞器。由于受到士兵欢迎，Elsener家族在1897年正式注册取得专利。VICTORINOX原意是“瑞士军官刀”，第二次世界大战后的驻欧美军非常喜爱这种多用途的精巧刀具，但因不会德文发音，而索性称之为“Swiss Army Knife”，“瑞士军刀”因此得名。

附图82　VICTORINOX（维氏）

现在的瑞士军刀经过多年的研制与创新可以有100种以上的组合功能，其中，有31种功能的“瑞士冠军”最具代表性，这种刀由64个独立零件构成，经过450多道工序，但总重量不超过95g，是值得收藏的“工业设计精品”。

附图83　WENGER（威戈）

威戈现是瑞士国防部指定的刀具品牌，它与维氏的区别在于徽标的形状是圆角方形，而维氏是盾形，两者在主刀的下端都刻有各自的名称。

TRUSSARDI（楚萨迪）

产品：皮件、成衣、书写工具、烟具、器皿

1910年，楚萨迪家族的第一代创始人，以皮革起家，从事皮革手套的生产，在第二次世界大战中，因为品质精良，被指定为国家军用手套的制造厂。直到20世纪70年代，第三代的楚萨迪才大刀阔斧地将制作皮革手套的丰富经验运用到皮件、服装、钢笔、烟斗、器皿等其他领域，使得楚萨迪成为一个全方位的精品王国。楚萨迪的皮件一直被视为品牌王国中的经典，不论是皮包

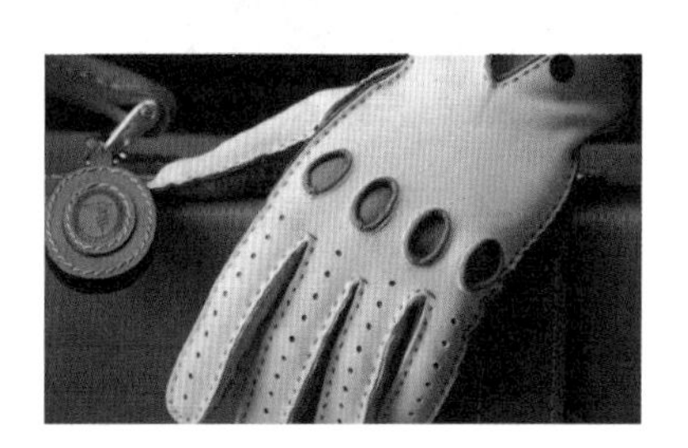

附图84　TRUSSARDI（楚萨迪）

还是皮衣，其优势在于擅长为极柔软的皮革塑型，体现出老牌企业传统独到的工艺精华。

楚萨迪的创作哲学是“除了感官和知觉的享受，更要创造渴求拥有的欲望”。在风云变幻的时尚潮流中，楚萨迪以准确的态势抓住“极简摩登”（SIMPLY CHIC）的理念，创造出简单轻松却充满都市感的摩登气息。

PHILIP TREACY（菲利普·崔西）

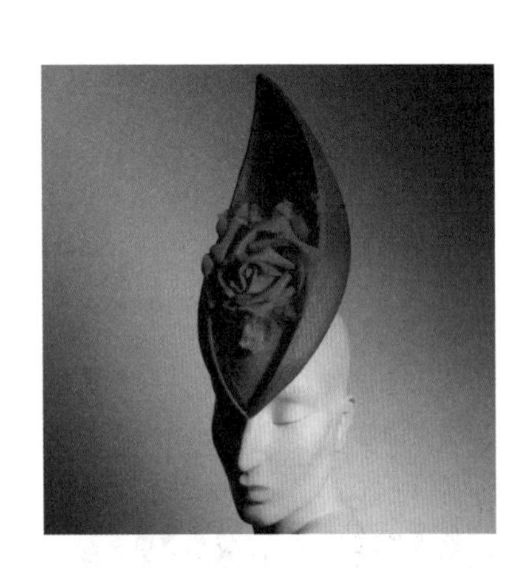

附图85　PHILIP TREACY（菲利普·崔西）

产品：帽饰、手袋、高级女装

菲利普·崔西是当代帽饰大师，毕业于伦敦著名的圣马丁学院，后从师Isabella Blow，学会了草编、毛毡等许多传统的制帽技巧。他在制帽方面展露出少有的激情和天赋，因而获邀为香奈儿和Thierry Mugler设计富有创造力的帽饰。菲利普·崔西的成就，在于大大拓展了帽子的领域，使之成为独立的人体装饰品，而不再处于附庸和陪衬的地位。

Gianni Versace曾经如此评价菲利普·崔西：“如果你给他一根小小的针，他都能做出令人惊叹的雕刻作品来；如果你给他一朵普通的玫瑰，他也能写首感人的诗篇。”事实上，除了天才的技巧，菲利普·崔西的作品还有强烈的超现实主义风格，尤其是手工制作的动物形象的配件，例如昆虫、龙造型的眼镜，刺状的王冠，变形的条状羽毛等。菲利普·崔西大多数特别的设计，都陈列在伦敦伊丽莎白大街他的专卖店里。

STEPHEN JONES（斯蒂芬·琼斯）

附图86　STEPHEN JONES（斯蒂芬·琼斯）

产品：帽饰

斯蒂芬·琼斯也是当代帽饰大师，毕业于伦敦圣马丁学院。出于对制作帽子的兴趣，斯蒂芬·琼斯较早拥有了自己的店铺，但他似乎不擅经营，直到时装设计大师Jean-paul Gaultier邀请他为自己制作帽子。之后的5年，琼斯一直和Gaultier一起工作，并通过这种关系成为时装界备受尊敬的人物。目前，琼斯正同迪奥公司的设计师John Galliano密切合作，负责帽饰部分的设计。

琼斯的设计较为柔美、典雅，在帽子日渐远离生活的时代，重新唤起女性对往昔浪漫岁月的憧憬和渴望。

RAY-BAN（雷朋）

产品：太阳眼镜

雷朋是美国光学公司博士伦旗下的太阳镜品牌。1853年，由J.J. Bausch和Henry Lomb在美国纽约创立博士伦（BAUSCH & LOMB）公司，逐渐从一家很小的光学眼镜店发展成为一个全球性的眼睛保健产品公司。1937年，博士伦因制造供应许多优质的军用光学镜片（望远镜等）而获得美国空军指定制造保护飞行员的护目镜片。博士伦研发出的一种高品质绿色的玻璃镜片，能有效地解决飞行员于高空飞行时所碰到的发光所造成的头痛、晕眩和视力减退的问题，雷朋太阳眼镜从此诞生。

附图87　RAY-BAN（雷朋）

从品牌创立到如今，雷朋一直以革新的光学技术为后盾，提供高品质及舒适的多种款式。它拥有许多创新功能的镜片，如近年来的驾车专用镜片，高尔夫、网球专用太阳眼镜及运动专用系列等。雷朋的款式简洁大方，从不刻意追求时髦，表现出率真和超然的个性品位。

VOGUE（时尚）

产品：太阳眼镜

VOGUE在意大利语中是“时尚”的意思。因此时尚的产品就像其在意大利文中的意思一样不断保持其时尚性，这也是其产品的魅力所在。作为对“血管中充满激情”的意大利人不可缺少的协调点，其产品在意大利占据着垄断性的地位。时尚在追求个性化的同时，将实用性与细节部分的精雕细刻融于一身，产品具有多种款式风格，最大限度地表现其个性，不断地给顾客提供新的满足。

时尚是一个时尚的品牌，对于它的追随者来说，它线条柔和，品质优良，是喜爱追逐时尚潮流的女性鼎力支持的眼镜品牌，并以其众多的款式和合理的价位，面向年轻一族。

附图88　VOGUE（时尚）

OAKLEY（奥克利）

产品：眼镜、运动服饰、箱包、饰品

奥克利由Jim Jannard和篮球明星迈克尔·乔丹在1975年创立。起初主要生产越野赛车的保护眼镜，经过多年的设计研发和市场经验，逐渐成为高性能、高科技时尚眼镜的代表。奥克利眼镜的设计主旨是将舒适性、实用性和艺术性融为一体，材料和形态都经过科学实验和检测，以确保舒适及品质。奥克利的太阳眼镜始终在科技领域领先，它在各种条件情形下进行测试，帮助运动员们超越极限，是运动型眼镜的不二之选。

附图89　OAKLEY（奥克利）

在款式设计上，奥克利眼镜彩艳丽，造型酷炫，具有强烈的运动风，是时尚动感与活力的组合。目前，奥克利在全球拥有600个专利，生产线全部在美国国内，以确保眼镜的品质优良。

附录2　首饰材料的简易鉴别

首饰材料的鉴别是一门非常专业的知识，一是鉴别首饰材料的真与假，二是鉴别它的好与次。在市场经济中，一些不法商贩利用人们对首饰材料知识的缺乏来进行欺骗，牟取暴利，并不时有人上当受骗。因此，我们应该增加对首饰材料知识的了解，不断提高这方面的鉴别能力。

一、贵金属首饰的特点及鉴别

（一）黄金

黄金分为生金和熟金。

生金——天然存在的没有经过熔炼的黄金，有沙金与矿金之分。

熟金——生金经熔化提炼后统称为熟金，有纯金、赤金、色金之分。

1. 纯金：纯金指将黄金内的其他金属杂质提净，又称为“足金”。但实际上“金无足赤”，100%的纯金是不存在的。目前世界上最先进的电解提炼法能提纯至99. 9999%，是专门用作标准试剂的“试剂金”。用于制作首饰的纯金则指99. 99%的黄金。

2. 赤金：过去市面上称含金量在99%以上的黄金为赤金，也有规定固定成色的赤金。如1937年七七事变前，天津规定赤金成色为99.6%，上海为99.4%，北京为99.2%。现在国际市场出售的黄金，成色达99.6%的称为赤金。

3. 色金：色金指含有银、铜等其他金属杂质的金。因其成色十分复杂，按其所含的杂质不同，又可分为清色金与混色金两种。

（1）清色金：黄金中只含有白银者，成色在95%左右为赤黄色；80%左右为正黄色；70%左右为青黄色，俗称“七青、八黄、九五赤”。

（2）混色金：除含有白银外，还含有铜、锌、铅、锡等。含铜量低于十分之一的为小混金，超过十分之一的则为大混金。

在黄金首饰上一般刻有“××K”的标记，这表明首饰的含金率。K金是金与其他金属熔合而成的金基合金。常用的有金铜合金和金银合金。K金按成色高低分为24K、18K等。24K为纯金，成色最高；18K金则说明该合金中含金18成，其他成分占6成。

K=4. 1666%

8K=33. 3%

9K=37. 5%

14K=58. 3%

18K=74. 999%

20K=83. 3%

22K=91. 67%

24K=99. 99%

黄金的简易鉴别方法：

看颜色——纯金从各个方向看都呈现相同的色泽，没有浮色。纯度越高色泽越深。足金为黄中透紫，K金中18K为黄中泛青，14K为黄中透赤。

试重量——黄金的比重为19.3g / cm^3，次于铂，重于银、铜、锌等。相同体积的铜和金比，铜的重量只有金的二分之一。纯金首饰掂在手中有沉坠之感。

试硬度——纯金柔软、硬度低，用牙咬能留下清晰的牙印。用手弯折时无弹性，易弯不易断；假的或成色低的则易断。

听声音——纯度高的金抛在地上，发出的声音厚实沉重，成色低的则尖脆，伪劣的仿制品声音脆。

火烧法——纯金用火烧取出冷却之后，依然赤黄如新；K金则表面呈一种烟灰色的氧化层，质地越差的烧后越黑。

酸试验——纯金放在硫酸、盐酸、硝酸等溶液中不起化学变化，而假金会马上起化学反应。

试金石——选择质地细腻的黑色试金石，用含金量不等的试金片在试金石上划出痕迹，再将所要测定的金在同一试金石上划痕，加以对照和比较。

另外，还有实物比较、参考戳记、科学专业测试技术鉴别等多种方法。

（二）铂金

铂金是贵金属，色泽呈银白色，质地纯正、柔软，化学性质稳定，较黄金更为珍稀昂贵。

铂金的化学性质稳定，不变色，色泽银白优雅，与各类宝石十分协调，可营造出高贵华丽的气氛。铂质软但强度比黄金高，可以较好地将宝石固定在托架上，易于加工处理。现在市场上大量使用Pt900或Pt850铂金，因其价格适中，色泽优雅而深受消费者的喜爱。

足铂金：铂含量千分数不小于990，打“足铂”或“PT990”标记。

950铂金：铂含量千分数不小于950，打“铂950”或“PT950”标记。

900铂金：铂含量千分数不小于900，打“铂900”或“PT900”标记。

850铂金：铂含量千分数不小于850，打“铂850”或“PT850”标记。

铂金的简易鉴别方法：

看颜色——成色高的铂金表面呈青白色，光泽柔和。白色K金莹白光亮带有硬感。

试重量——铂金的比重大于黄金10%，用手容易掂量出来。

试硬度——铂金的纯度越高，质地越柔软，用大头针扎、牙咬等均可留下清晰印痕。

火烧法——纯铂金火烧后颜色不变。

王水点试——用王水点抹在磨于试金石上的铂金粉末上，5分钟后用水冲去王水，不变色的为纯铂金，呈微黄色为Pt850铂金，呈紫色的铂金成色更低，化为乌有的是假铂金。

此外，还有其他化学方法和科学方法可用于鉴定。

（三）银

白银的色泽呈银白色，化学性能较稳定。因其配制不同，有纯银、纹银和色银之分。

纯银又称宝银，成色最高；纹银次之，是中国旧时的一种标准银，含银量为93.58%；色银的成色最低。

银首饰所用的银都不同程度地掺有其他金属，掺红铜的较多，也有掺少量白铜和黄铜的。按照加工方法可分为铸造银、打造银和银丝细工制品，大多数的银首饰都是打造而成的。

银的简易鉴别方法：

试硬度——银首饰成色越高，质地越柔软，用指甲等硬物可划出痕迹。

试重量——用此种方法可区别银制品与铝合金等白色轻金属制品。白银的比重是铝、镁等轻金属的4~5倍，因此银制品在手中有沉坠之感。

听音韵——铸造银声音的高低、音韵的长短可作为鉴别银制品成色的参考。97%以上的白银声音较柔和，有音无韵；90%左右成色的白银声音较高，有短韵；白银成色越低，含铜越多，声音越尖锐刺耳，并有长韵。

仿银和假银——主要有包银皮和三大兑。

（1）包银皮：是以铜、锡、铅为胎质外包银皮，反面有合缝痕迹，花纹粗糙，质地发飘。

（2）三大兑：铜三大兑，即红铜、黄铜、白铜各三分之一，熔合成伪造银；银三大兑，即红铜、黄铜、白银各三分之一熔合而成。

另外，还有银药试验、硝酸点试等方法可以采用，在鉴别时应将几种方法结合使用，逐项鉴别。

二、珠宝首饰材料的特点及鉴别

珍珠和宝石常简称为珠宝或宝石。

宝石通常指颜色鲜艳美丽、光泽灿烂、质地细腻坚韧、透明度高或具有特殊构造和色彩的天然或人工材料。

除了少数珍珠、琥珀、珊瑚、象牙、贝壳等动植物性材料之外，绝大多数重要的宝石是矿物质，并且大多具有规整的晶体结构。

（一）宝石的特征

宝石的价值主要取决于美丽、稀有、耐久、天然形成等因素，在某种程度上还取决于流行和崇尚的现状。其特征如下。

1. 光泽：宝石的折射率越高则光泽越强，在透明的宝石材料中，要求光泽灿烂、均匀，给人以鲜亮之感。钻石具有最高的折射率。

宝石光泽可分为钻石光泽、玻璃光泽、脂肪光泽、蜡状光泽、丝绢光泽。

2. 多色和闪光：有些宝石具有将通过宝石的一束光变成两束光的性质，这种性质称为双折射。在有的宝石中，由于两束光的吸收程度不同，颜色也不同，一般称这种效应为二色性或二色光。另外，还有些宝石可显示出三种不同的颜色，称为三色性或多色性。

光的波长不同，当可见光通过宝石时，由于不同的吸收和折射作用，使各种颜色的光发生分离，并且在宝石中产生各种色彩鲜艳的闪光，称为色散，在宝石界中称为闪光。

常见的闪光有一般闪光、宝光、变色闪光、丝状闪光、星状闪光、猫眼闪光或活光。

3. 色彩：大多数纯净宝石没有颜色，颜色通常是由于宝石对透过的白光作选择性吸收和反射所产生的。宝石中常见的着色剂通常是微量的金属氧化物，如刚玉质宝石中含微量的铬，称为红宝石；含适量的钛和铁称为蓝宝石。绿柱石中浓绿色称为祖母绿，淡蓝色的称为海蓝宝石。宝石一般以红、鲜红、淡红、蓝、翠绿、金黄等绚丽夺目的颜色为上品，色调和浓淡则要具体情况具体分析。

4. 耐用性：

（1）硬度：宝石是非常贵重的物品，它的硬度是衡量其质地与等级的标准之一。在珠宝界，通常用莫氏标准（也译作莫尔标准）来衡量硬度。这是100多年以前著名物理学家弗里德里希·莫斯（Friedrich Mohs）所确立的硬度标准。硬度分为10级，从1至10级的硬度标准代表不同物质的坚硬排列次序。

常见宝石的硬度分别为：

10级：钻石（Diamond）

9级：刚玉（Corundum）
红宝石（Ruby）
蓝宝石
（Blue Sapphire）

8级：尖晶石（Spinel）
祖母绿（Emerald）
海蓝宝石
（Aquamarine）
金绿玉宝石
（Chrysoberyl）
亚历山大猫眼

（Alexandrite）

7级：水晶（Rock Crystal）

紫晶（Amethyst）

石榴石（Garnet）

橄榄石（Peridot）

锆石（Zircon）

玛瑙（Agate）

6级：欧泊（Opal）

松石（Turquoise）

芙蓉石（Rose Quartz）

5级：青金石（Lapis Lazuli）

4级：孔雀石（Malachite）

珊瑚（Coral）

3级：珍珠 （Pearl

2级：象牙（Ivory）

琥珀（Amber）

（2）坚韧度：宝石的耐久性除了与硬度有关，还与坚韧度、抵抗劈裂和断裂的强度有关。

劈裂强度是表示某种矿物沿着某个晶体平面发生劈裂的难易程度。

断裂强度是指与宝石晶体结构无关的折断强度。

5. 质地：宝石的质地与其结晶、透明度、裂纹和杂质等的发育程度有关。理想的宝石，其形态应是完美无缺、质地应是均匀致密的。某些宝石内部常有暗伤裂纹，称为绵纹，常呈直线放射状。

6. 透明度：透明度指允许可见光透过的程度。宝石以透明度越高越贵重。

7. 化学性质：化学性质稳定是宝石的又一重要特性。

常见的宝石可按贵重程度分档次：

高级宝石——钻石、红宝石、蓝宝石、祖母绿、绿宝石、翡翠、欧泊、变色石、猫眼石、星彩红宝石、星彩蓝宝石等。

中级宝石——黄玉、紫晶、石榴石、土耳其玉、海蓝宝石、珊瑚、电气石、月光宝石、锆石等。

普通宝石——橄榄石、孔雀石、青金石、光玉髓、玛瑙、血石等。

（二）宝石的简易鉴别方法

宝石首饰的品种不计其数，鉴别的方法也很复杂，技术性较强，各国都有专门的宝石鉴定机构。对于我们来说，不可能掌握全部方法，这里主要介绍一些常用的鉴别方法和挑选技巧。

在天然宝石和人工合成宝石之间存在着一定的差别。由于生成过程不同，它们之间会存在某些物理的或其他微妙的差别。最明显的是宝石中包有物或杂质的种类和形状。宝石生长过程中所形成的条纹也常作为鉴定的标准。对于贵重的宝石首饰，鉴别时主要从颜色、透明度、体积大小、琢磨工艺、杂质的多少等方面入手。

科学测试法有：比重检测法、硬度检测法、折光率检测法、二色性或多色性检测法、紫外线试验法、宝石显微镜观察法、吸收光谱法等。

1. 钻石类首饰的鉴别：

（1）硬度最高，可用它刻划任何物品。

（2）具有极强的金刚光泽，光辉炫目。

（3）折光性强，虽然钻石是透明的，但从钻石表面看不到衬底的颜色和纹理。

（4）观察颜色，准确定色。

用作首饰的仿钻石或假钻石常用立方二氧化锆、二氧化钛、钛酸锶等材料，价格低、质地差，可以用试硬度、观察折光性等方法鉴别。

2. 玛瑙类首饰的鉴别：玛瑙的硬度为7级，质地细腻、断口呈贝状、玻璃光泽。鉴别时要求色泽鲜艳、质地纯正、润滑，宝石内无重结晶、无杂质、无孔洞，并有一定的透明度。

伪造玛瑙多用玻璃料和凝制石粉料制作。玻璃内含微细杂质或发白的气泡，没有天然玛瑙所具有的层纹分布；凝制石粉制品昏暗不通透，也没有层纹分布。

3. 玉石类首饰的鉴别：玉石分硬玉和软玉两大类。

硬玉——辉石类，如翡翠，比软玉稀少而贵重。

软玉——一般玉石的总称，如白玉、碧玉、墨玉、青玉等。

（1）看颜色：以白色为最好，厚如凝脂，颜色鲜亮、纯正、无杂色。杂色玉要条纹自然美观、和谐悦目。

（2）看质地：质地越细腻越好，纯净无瑕疵，不应有裂纹和碎纹。

（3）看光泽：以光泽强，色润亮、晶莹为好。

（4）看硬度：硬度越高越好。

假玉石以玻璃、蛇纹石、寿山石伪造或是硝子仿制品。玻璃伪造品表面光滑，反射光线均匀、强烈，有气泡；硝子仿制品表面比玉石还要洁白晶莹，无厚实感，有气泡，无色调变化，无杂质。而真玉石光亮柔和，有微细的凹凸现象。

4. 水晶类首饰的鉴别：水晶又名石英、水玉，是一种透明的石英晶体。纯净的水晶是无色透明的，因混入杂质或包裹体而形成变种水晶，如烟水晶等。

水晶透明而有玻璃光泽，沿裂纹常见晕色。首饰用水晶必须完全透明，可带色或无色，不允许有裂纹。

用玻璃仿造的水晶最多，尤其是铅质玻璃的仿制品，更难以分辨。这类仿制品硬度低、易擦伤划出痕迹，相互碰撞时有清脆的金属声。而天然水晶无此音。

5. 珍珠类首饰的鉴别：珍珠是珍珠贝体内的球状或变形球状珍珠体，有天然珍珠和人工养殖珍珠、海水珍珠和淡水珍珠之分。

天然珍珠——无人为因素而收获的珍珠。

人工养殖珍珠——用人工方法产生的珍珠。

（1）看光泽：珍珠表层结晶具有均匀一致的层状结构，光泽好。

（2）看颜色：有乳白色、银白色、黑色、蓝色、青铜色、铅灰色、暗绿色、暗红色、强珍珠光泽的粉红色，以粉红色为上品。

（3）看厚度：珍珠质层越厚越好。

（4）看形态与质地：珍珠以球形或近似球形为最好；质地指珍珠层的纯度，如夹有杂质，价值就低。

（5）查弹性：珍珠富有弹性而假珠无弹性。

（6）观察透明度：珍珠多为半透明体且有美丽的珠光。伪造品大多无透明感，珠光较暗淡。

（7）感觉法：用门牙轻轻地摩擦珍珠，感到毛糙有颗粒感时是真品。

6. 金绿玉石首饰的鉴别：金绿玉石属一种复杂铍铝氧化物，一般呈金绿、黄、绿黄和烟褐色，硬度高（8.5级），有半透明玻璃光泽，其中猫眼石为丝绢光泽，在紫外光下发樱红色或绿色荧光。

金绿猫眼石有金黄绿、黄绿、蜜黄、黄褐等色，有如猫眼闪光，其色泽均匀柔和，质地细腻而坚硬，透明度越高越理想，最好完全透明，无任何裂纹、杂质、瑕疵。要具有像猫眼一样的“活光”，处于宝石的正中，竖直、强烈、细窄、灵活，能反射出三道闪光且有彩色。

人造猫眼石是使用玻璃制作的，变光效果不及天然猫眼，光带较宽，闪烁不太灵活，色彩较浓重。

附录3 服饰配件专业术语英汉对照

A

accessorizing	搭配配件
accessory	配件（饰物）
accordion bag	褶饰提包
action glove	机能手套
after-ski boot	暖脚靴
ankle socks	及踝短袜
anklet	及踝短袜；脚镯，波斯脚镯
appliqué	贴布饰（绣），贴饰
appliqué embroidery	贴布绣
appliqué lace	贴布蕾丝
arch	鞋拱
armlet	臂镯袖；臂镯
arm-length glove	长袖套
arm warmer	暖臂套
army cap	军帽
attaché case	手提箱
Ascot	艾斯科特领巾

B

babushka	头巾
baby bonnet	婴儿罩帽
baby pin	婴儿服别针
baby ribbon	婴儿缎带
ballet slipper	芭蕾舞鞋
bangle bracelet	串环手镯
bar pin	棒形胸针
barrel bag	桶状提袋
barrister's wig	律师假发
baseball cap	棒球帽
baseball shoe	棒球鞋
basketball shoe	球鞋
Basque beret	贝雷帽；巴斯克贝雷帽
bathing cap	泳帽；浴帽
beach sandal	海滩鞋
beading	珠饰品；抽纱花边布
bead（s）	珠饰
beeswax	蜜蜡
beau-catch	卷髦
beauty patches	美人斑
bed socks	睡袜
bee-gum hat	丝制高礼帽
belt	腰带，饰带
black b.	柔道黑带
body-chain b.	缠身链带
chain b.	链形饰带
corselet b.	束身腰带
cowboy b.	牛仔皮带
garter b.	吊袜带
tie b.	垂尾饰带
belt-loop	带耳，皮带环
beret	贝雷帽
black tie	黑蝴蝶结领带
bonnet	罩帽
baby b.	婴儿罩帽
coal scuttle b.	煤桶型罩帽
duck-bill b.	鸭舌罩帽
hive b.	蜂巢式罩帽
sleep b.	睡帽
sun b.	遮阳罩帽
Boot	靴子
cavalier b.	骑士靴
chukka b.	马球靴
cowboy b.	牛仔靴
demi-b.	半筒靴
rain b.	雨靴
skating shoe	溜冰靴
ski b.	滑雪靴
bow	蝴蝶结
bowler	圆顶高帽
bow tie	蝶结领带
box bag	盒装提袋
bracelet	手镯
bangle b.	串环手镯
chain b.	链状手镯
hinge b.	铰链手镯
braid	（编）织袋；辫子

C

canotier	卡诺·蒂埃哔叽
canvas shoe	帆布鞋
cap	帽子
army c.	军帽
baseball c.	棒球帽
chignon c.	饰髻帽
college c.	学士帽、大学帽
Cossack c.	哥萨克帽
duck-bill c.	鸭舌帽
dust c.	防尘帽
forage c.	军便帽
Glengarry c.	船形军帽
golf c.	高尔夫帽
hunting c.	猎帽
jockey c.	骑师帽
nightcap	睡帽
nurse's c.	护士帽
polo c.	马球帽
sailor c.	水手帽
Scotch c.	苏格兰帽
catercap	学士帽
Chanel bag	香奈儿提包
change purse	零钱袋
chaplet	珠链；花冠
charm bracelet	幸运手镯
charm string	时尚项链
checkboard	千鸟花纹布
China ribbon	中式缎带
China ribbon embroidery	中国丝带绣
Chinese ball button	葡萄扣
Chinese knot	中国结
button knot	纽扣结
cloverleaf knot	酢浆草结
cross knot	十字结
double coin knot	双钱结
double connection knot	双联结
flat knot	平结
good luck knot	吉祥结
pan change knot	盘长结
plafond knot	藻井结
round brocade knot	团锦结
chopine	花盆鞋、高底鞋
coolie hat	斗笠帽
costume jewelry	廉价珠宝
crewel work	乱针绣
cross-stitch embroidery	十字绣
crown	皇冠（花冠）；帽冠；头纱；宝石刻面

cuff button　纽扣

D

darned embroidery　接针绣
demi-boot　半筒靴
derby　常礼帽
dip-top boot　牛仔靴
drawn work　抽花绣
drop earring　坠式耳环
duck-bill cap　鸭舌帽
duffel bag　帆布袋

E

earring　耳环（耳饰）
　button e.　扣形耳环
　clip e.　夹式耳环
　drop e.　坠式耳环
　hoop e.　轮形耳环
　mobile e.　动态耳环
　screw e.　螺丝耳环
embroidery　刺绣
　Arabian e.　阿拉伯绣
　back-stitch e.　回针绣
　eyelet e.　孔眼绣
　gimped e.　缀金绣
　gold e.　盘金绣
　raised e.　立体绣
　rococo e.　洛可可绣
　seed e.　籽粒绣
smocking　缩褶绣

F

fatigue hat　工作帽
foulard scarf　软绸围巾
four-in-hand（tie）　四步活结领带
fringe　流苏；刘海

G

gaiter　绑腿
garter belt　吊袜带
Glengarry cap　苏格兰无檐帽
glove　手套（手袋）
　arm long g.　长手套
　chicken skin g.　小鸡皮手套
　insulated g.　御寒手套

H

handbag　手提袋（皮包）
　accordion bag　褶式提包
　barrel bag　筒状提袋
　box bag　盒状提袋
　brief bag　公事包
　Chanel bag　香奈儿提包
　clutch bag　手携提包
　duffel bag　帆布袋（水手袋）
　hippie bag　嬉皮袋
　muff bag　手筒皮包
　over-shoulder bag　肩背式提袋
　pochette（po-shet）　小背带
　pouch bag　囊形袋
　satchel bag　手提书包（手提旅行袋）
　shopping bag　购物袋
　shoulder bag　肩背式提袋
　tote bag　万用袋
hat　帽子
　beach h.　海滩帽
　bee-gum h.　丝制高礼帽
　boater　硬草帽
　bowler　圆顶高帽
　Breton　布列顿帽
　brimmer　宽边帽
　canotier　硬草帽
　capeline　软边宽帽
　cartwheel　大轮形帽
　casque（cask）　盔形帽
　cloche（klosh）　钟形帽
　coolie h.　斗笠帽（斗笠）
　Cossack h.　哥萨克帽
　cowboy h.　牛仔帽
　derby　常礼帽、圆顶窄边礼帽
　Eton h.　伊顿帽
　fedora　费杜拉帽、软呢帽
　gob h.　水兵帽
　hard h.　安全帽
　high h.　大礼帽
　Homburg　汉堡帽；小礼帽
　lampshade h.　罩形帽
　Panama h.　巴拿马帽
　pillbox　圆盒帽
　postillion h.　骑士帽
　puggree　缠巾帽
　Quaker h.　贵格帽
　straw h.　草帽
　sugar-loaf h.　锥形帽
　toque（toke）　豆蔻帽
　tricorn h.　三角帽

M

macramé belt　编结腰带
macramé knot　编结（绳结）

N

necklace 项链（颈饰）
bib necklace 豪华型项链、多串项链
dog collar 宽带项圈
matin é e–length necklace 长串珠链
pearls 珍珠项链
pendant necklace 垂式项链
rope necklace 超长项链

S

sandal 凉鞋
beach s. 海滩鞋
clogs 木屐（鞋）
thong s. 夹带凉鞋
T–strap s. T型带凉鞋
scarf 围巾（领巾）
Apache scarf 阿帕奇领巾
babushka 头巾、祖母头巾
bandanna 印度方巾
boa 长毛围巾
sailor scarf 水手方巾
scarf cape 围巾式披风
scarf collar 方巾领
socket 钮座（戒指）
socks 短袜
ankle s. 及踝短袜
footlets 脚掌套
foot warmer 暖袜
half s. 半长短袜
sneaker s. 运动鞋短袜
stitch 针目（针法）
arrowhead tack s. 三角打结缝
basket s. 篮编缝
blanket s. 毛毯边缝
blind s. 盲缝
brick s.（brick work） 砌砖缝
broad chain s. 逆锁链缝
broken chain s. 破链缝
bullion chain s. 卷线锁链缝
bundle s. 麦簇缝
buttonhole s. 扣眼缝
cable chain s. 钢锁链缝
cable s. 绳股缝；绳股编
chain feather s. 羽毛链缝
chevron s. 山形缝
close herringbone s. 密人字缝
coral s. 珊瑚缝
couching s. 钉线缝
cross s. 十字缝（十字绣）
crow' s foot 雀爪缝
double blanket s. 双毛毯编缝
double feather s. 双羽毛缝
double herringbone s. 双人字缝
double knot s. 双结缝
double purl s. 双绣编缝
drawn fabric s. 抽纱缝
eyelet s. 孔眼缝
feather s. 羽毛缝
felling s. 直针缝
French knot s. 法式结粒缝
garter s. 带状编
hemming s. 缲边缝；缘边缝
hemstitch 花边缝
herringbone s. 人字缝
honeycomb s. 蜂巢缝
insertion s. 连缀缝
knot s. 结粒缝
lockstitch 锁缝
long and short s. 长短针缝
long leg cross s. 长脚十字缝

参考文献

［1］周锡保. 中国古代服饰史［M］. 北京：中国戏剧出版社，1984.

［2］沈从文. 中国古代服饰研究［M］.上海:上海书店出版社，1997.

［3］吴山. 中国工艺美术大辞典［M］. 南京：江苏美术出版社，1988.

［4］黄士龙. 中国服饰史略［M］. 上海：上海文化出版社，1994.

［5］戴争. 中国古代服饰简史［M］. 北京：中国轻工业出版社，1988.

［6］许星.中外女性服饰文化［M］.北京: 中国纺织出版社，2001.

［7］左汉中. 中国民间美术造型［M］. 长沙：湖南美术出版社，1992.

［8］岑家梧. 图腾艺术史［M］. 上海：学林出版社，1986.

［9］廖军.视觉艺术思维［M］.北京：中国纺织出版社，2000.

［10］首届中国民族服装服饰博览会执行委员会.中国民族服饰博览［M］.昆明：云南人民出版社, 云南民族出版社，2001.

［11］李春生.中国少数民族头饰文化［M］.北京：中国画报出版社，2002.

［12］左汉中. 雷山银饰［M］. 长沙：湖南美术出版社，1998.

［13］朱仰慈，郑菡萍. 实用绳结手册［M］. 上海：上海文化出版社，1988.

［14］冯天瑜，何晓明，周积明. 中华文化史［M］. 上海：上海人民出版社，1990.

［15］李当岐. 服装学概论［M］.北京：中国纺织出版社，1998.

［16］钟茂兰. 民间染织美术［M］. 北京：中国纺织出版社，2002.

［17］民族文化宫.中国苗族服饰［M］. 北京：民族出版社，1985.

［18］李英豪. 古董首饰［M］.香港：香港博益出版集团，台北：台湾艺术图书公司，1993.

［19］弗朗兹·博厄斯. 原始艺术［M］. 金辉，译. 上海：上海文艺出版社， 1989.

［20］玛里琳·霍恩. 服饰：人的第二皮肤［M］. 乐竞泓，译. 上海：上海人民出版社，1991.

［21］布兰奇·佩尼. 世界服装史［M］. 徐伟儒，译. 沈阳：辽宁科学技术出版社，1987.

［22］格罗塞. 艺术的起源［M］. 蔡慕晖，译. 北京：商务印书馆，1987.

［23］板仓寿郎. 服饰美学［M］. 李今山，译. 上海：上海人民出版社，1986.

［24］詹·乔·弗雷泽. 金枝［M］. 北京：大众文艺出版社，1998.

［25］列维·布留尔. 原始思维［M］. 北京：商务印书馆，1981.

［26］罗伯特·路威. 文明与野蛮［M］. 吕叔湘，译.北京：生活·读书·新知三联书店，1984.

［27］苏西·霍普金斯.百年帽饰［M］.马辛路，钟跃崎，译.北京：中国纺织出版社,2001.

［28］克莱尔·威尔考克斯.百年箱包［M］.刘丽等，译. 北京：中国纺织出版社，2000.

［29］普兰温·科斯洛拉芙.时装生活史［M］.龙靖遥，张莹，郑晓利，译.上海：东方出版中心,2006.

［30］伊丽莎白·奥尔弗.首饰设计［M］.刘超，甘治欣，译.北京：中国纺织出版社，2006.

［31］艾伦·鲍尔斯. 自然设计［M］. 王立非，刘民，王艳，译.南京：江苏美术出版社，2001.

［32］朱利安·鲁宾逊. 人体包装艺术［M］. 袁仄，译.北京：中国纺织出版社，2001.

［33］韦荣慧. 中华民族服饰文化［M］. 北京：中国纺织出版社，1992.

［34］张君默. 中国玉结［M］. 香港：香港玉结艺舍，1995.

［35］卡利·霍尔. 宝石［M］.猫头鹰出版社，译.北京：中国友谊出版公司，2005.

［36］美国时代—生活图书公司.巨舰横行：北欧海盗公元800~1100［M］.刘庆平，译.济南：山东画报出版社，北京：中国建筑工业出版社,2001.

［37］美国时代—生活图书公司.天才复生：文艺复兴时期的意大利公元1400~1550［M］.董梅，耿建新，译.济南：山东画报出版社，北京：中国建筑工业出版社,2001.

［38］美国时代—生活图书公司.伊丽莎白王朝：英格兰公元1533~1603［M］.刘新义，译.济南：山东画报出版社，北京：中国建筑工业出版社,2001.

［39］美国时代—生活图书公司.祭司与王制［M］：凯尔特人的爱尔兰公元400~1200.李绍明，译.济南：山东画报出版社，北京：中国建筑工业出版社,2001.

［40］美国时代—生活图书公司.王冠上的宝石［M］：英属印度公元1600~1905.杨敏，译.济南：山东画报出版社，北京：中国建筑工业出版社,2001.

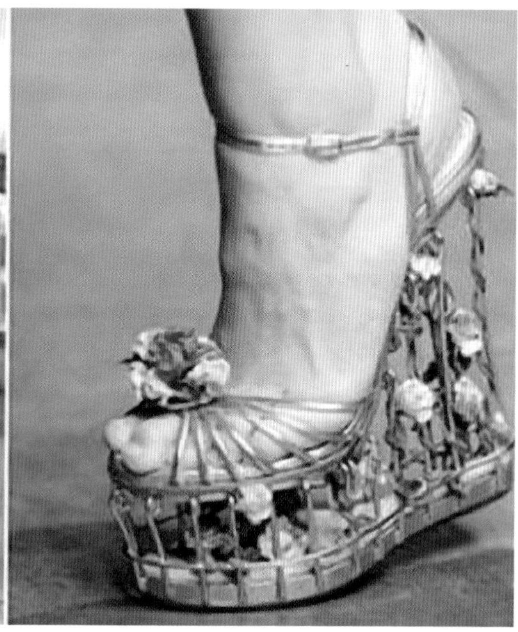

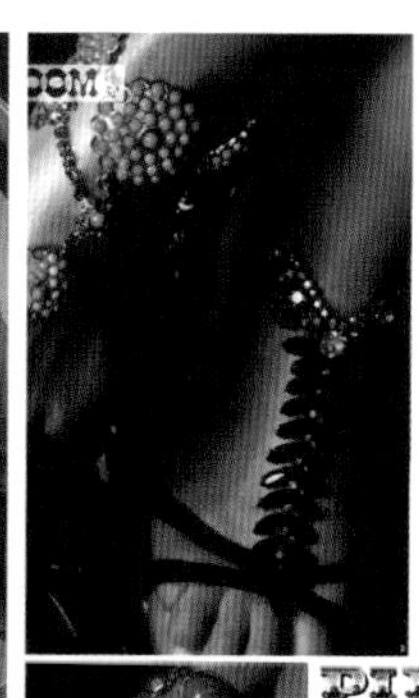

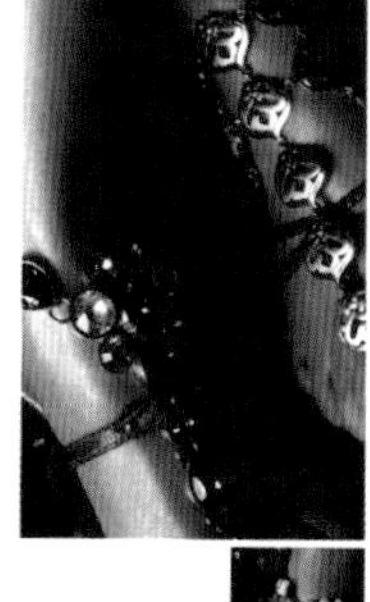

PIERRE AU PAS

Tendance COMTESSE aux PIEDS NUS, les sandales se ornent pour des BIJOUX et DEVOILENT un clinquant LEGREMENT ESTIVAL.

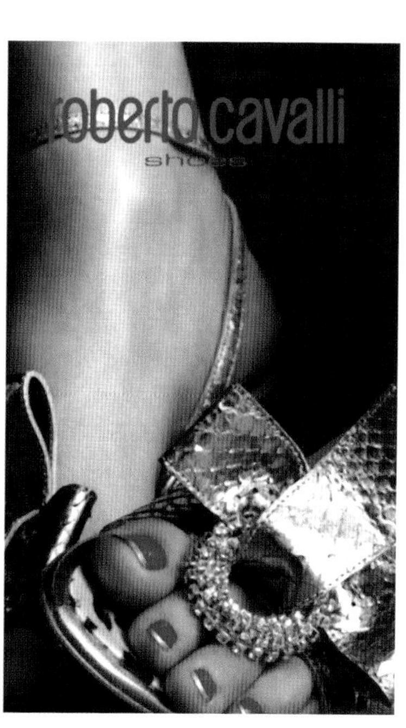

Dior
Glossy1

Dior
Dior

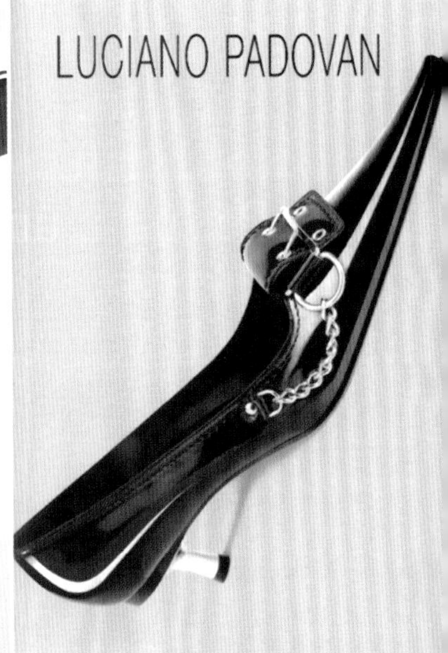
LUCIANO PADOVAN

pene.ocnk
pene.ocnk
PRADA
EYEWEAR